插图本机器人太空飞船简史

【美】约瑟夫·A. 安吉洛◎著
迟文成◎丛书主译
王志丹　杜志强◎译

图书在版编目（CIP）数据

插图本机器人太空飞船简史 /（美）约瑟夫 · A. 安吉洛著；王志丹，杜志强译 . —上海：上海科学技术文献出版社，2022

（太空探索）

ISBN 978-7-5439-8399-1

Ⅰ . ① 插… Ⅱ . ①约…②王…③杜… Ⅲ . ①宇宙飞船—普及读物 Ⅳ . ① V476.2-49

中国版本图书馆 CIP 数据核字 (2021) 第 156537 号

选题策划：张　树
责任编辑：苏密娅
封面设计：留白文化
审　　校：邢晓云

插图本机器人太空飞船简史
CHATUBEN JIQIREN TAIKONG FEICHUAN JIANSHI
[美]约瑟夫 · A. 安吉洛　著　迟文成　丛书主译　王志丹　杜志强　译
出版发行：上海科学技术文献出版社
地　　址：上海市长乐路 746 号
邮政编码：200040
经　　销：全国新华书店
印　　刷：商务印书馆上海印刷有限公司
开　　本：720mm×1000mm　1/16
印　　张：18.5
字　　数：309 000
版　　次：2022 年 1 月第 1 版　2022 年 1 月第 1 次印刷
书　　号：ISBN 978-7-5439-8399-1
定　　价：78.00 元
http://www.sstlp.com

主译的话

当我们抬起双眼遥望星空之时，我们一定会惊叹于星空的美丽，并对太空充满敬畏与好奇。虽然，人类每时每刻都受着地球重力的束缚，但从来没有停止过对太空的向往、对飞行的渴望。世界航天技术的突飞猛进使人类文明编年史从国家疆域、地球视野进入到“光速世界”。

2003年，中国成功发射载人飞船，成为继苏联（俄罗斯）和美国之后第三个能将人送上太空的国家。2005年，中国又成功发射了第二枚载人飞船。2007年，中国第一颗探月卫星“嫦娥1号”也成功发射升空。这不但激发了中国人民的自豪感，而且掀起了新一轮的公众关注航天事业的热潮。为了满足广大航天爱好者特别是青少年对最新航天技术及太空知识的渴求，上海科学技术文献出版社从美国Facs On File出版公司引进这套“太空先锋”系列丛书，旨在介绍世界最新的航天技术和太空科普知识。

丛书共6册：《火箭》《卫星》《宇宙中的生命》《人类太空飞行》《太空天文探测器》《机器人太空飞船》，不仅向人们介绍了众多科学原理和科技实践活动，还向人们介绍了太空科技对现代人类社会的诸多影响。从火箭推进原理到航天器发射装置，从航天实验设备到宇航员，从卫星到外空生命，丛书以其广博丰富的科普内容，向读者展现了一个神秘璀璨的世界。

受上海科学技术文献出版社的委托，我组织了此次丛书的翻译工作。这是一项责任重大、意义深远的工作。为了把原著的内容科学、准确地传递给我国读者，每本书的译者都做了许多译前准备工作，查阅了大量相关资料、核校相关术语。在近3个月的工作中，他们一丝不苟的态度，严谨、科学的精神令我感动，也使我对该丛书的成功翻译、出版充满信心。诚然，受译者专业知识的局限，书中难免有不足之处，望读者给予理解和支持。

迟文成

2008年5月于沈阳

前言

世界上很难说有什么事情是绝对不可能的，因为昨天的梦想不仅是今天的希望，而且也是明天的现实。

——罗伯特·哈金斯·戈达德

“太空探索”是一套综合性的科普读物。它不仅向人们介绍了众多科学原理和科技实践活动，还向人们介绍了太空科技对现代人类社会的诸多影响。实际上，太空科学涵盖了许多不同学科的科学探索。例如，它涉及利用火箭推进原理使航天器进入外层空间的发射装置；又如，它还涉及在太空中或在其他星球上执行航天任务的各种航天器；此外，它还会涉及执行一系列航天任务的航天器上所搭载的各种实验设备和宇航员。人类正是通过这些设备和宇航员实现了各项航天目标。在太空时代，与火箭有关的航天技术不断地帮助人类实现新的梦想。本丛书向人们介绍了与上述技术相关的人物、事件、发现、合作和重要实验。同时，这些科普读物还向读者介绍了火箭推进系统是如何支持人类的太空探索和航天计划的。这些计划已经改变了人类文明的发展轨迹。在未来的日子里，它们将继续影响人类文明的发展。

人类航天技术的发展史与天文学的发展史和人类对航天飞行的兴趣密不可分。许多古代民族针对夜空里出现的奇异光线创作出流传千古的神话传说。例如，根据古希腊神话传说中关于伊卡洛斯和代达罗斯编写的故事：从前，有一位老人，他非常渴望摆脱地球引力的束缚，在天空中自由地飞翔。自从人类社会进入文明时代以来，巴比伦人、玛雅人、中国人和埃及人都研究过天空并记载了太阳、月亮、可观测的行星和“固定的”恒星的运动过程。任何短暂的天文现象，例如彗星的经过、日食的出现或超新星的爆炸，都会在古代人类社会中引起人们的不安。人类的恐惧不仅仅是由于这些天文现象看上去十分可怕，还是由于在当时这些天文现象既是无法预测的又是无法解释的。

古希腊人和他们的“地心说”理论对早期天文学理论和西方文明的出现都产生了重大的影响。在大约公元前 4 世纪的时候，古希腊的众多哲学家 、数学家和天文学家分别系统地阐述了“地心说”的宇宙理论。根据他们的理论,地球是宇宙的中心，其他的天体都在围绕地球进行运行。在大约公元 150 年的时候，古希腊最后一位伟大的天文学家托勒密对“地心说”理论进行了加工润色，从而形成了一套完整的思想体系。在接下来相当长的历史时期内，这一思想体系一直在西方社会拥有权威的地位。16 世纪，尼古拉斯 · 哥白尼提出了“日心说”的理论，从而结束了“地心说”理论长期以来对人们思想的统治。17 世纪，伽利略 · 伽利雷和约翰尼斯 · 开普勒利用天文观测证明了“日心说”理论。同时，他们所进行的天文观测也为科学革命的到来奠定了坚实的基础。17 世纪晚些时候，艾萨克 · 牛顿爵士最终完成了这场科学革命。牛顿在著名的《自然哲学的数学原理》一书中系统地总结了基本的物理学原理。利用这些原理，人们可以解释众多天体是如何在宇宙中进行运动的。在人类科学发展史上，牛顿的地位是他人无法超越的。

18 世纪和 19 世纪的科学发展为航天技术在 20 世纪中叶的出现打下了扎实的基础。正如本丛书所讲述的那样,航天技术的出现从根本上改变了人类历史的发展进程。一方面,带有核弹头的现代军用火箭使人们不得不重新定义战略战争的本质。实际上，人类在历史上第一次研发出可以毁灭自身的武器系统。另一方面，科学家们可以利用现代火箭技术和航天技术将机器人探测器发射到所有太阳系的主要行星上，甚至是冥王星，从而使那些遥远而陌生的世界在人们的眼中变得像月球一样熟悉。航天技术还在“阿波罗号”成功登月的过程中发挥了关键作用。成功登月是人类迄今为止所取得的最伟大的科学成就之一。20 世纪初，俄罗斯的航天预言家康斯坦丁 · 齐奥尔科夫斯基大胆预言：人类不会永远地被束缚在地球上。当宇航员尼尔 · 阿姆斯特朗和埃德温 · 奥尔德林在 1969 年 7 月 20 日踏上月球的表面时，他们也将人类的足迹留在了另一颗星球上。在经过几百万年漫长的等待以后，随着生命的不断进化，终于有一种高级的生命形式实现了从一个星球到另一个星球的迁移。在宇宙长达 140 亿年的历史当中，这种迁移是第一次发生吗？或许，正如许多外空生物学家所说，高等生命形式在不同星球之间的迁移是各大星系内部经常发生的现象。当然，对于上述观点，科学界目前尚无定论。不过，科学家们在航天技术的帮助下，正努力在其他星球上寻找各种生命形式。有趣的是，随着航天技术的不断发展，宇宙既是人类太空旅行的目的地，又是人类命运的最终归宿。

“太空探索”丛书适合所有对太空科技 、现代天文学和宇宙感兴趣的读者。

简　介

现代太空机器人是一些复杂的且已经到达过（或很快将到达）太阳系包括冥王星在内的所有主要星球的探测器。《插图本机器人太空飞船简史》主要研究这些迷人的、遨游太空的太空飞船的发展——从太空时代最初的相对简单的行星探测器，到强大得令人难以置信的能够允许科学家在太阳系的其他星球上进行详细的第一手研究的航天器。现代机器人太空飞船出现于冷战时期的太空竞赛之后，它已经极大地改变了我们对于太阳系的认识。

在 21 世纪，一支由更为复杂的机器探索者组成的航天舰队将会继续这种探索历程，它们会飞到太阳系的最远处以及太阳系以外。机器人太空飞船与它们的制造者组成了特殊的智能组合，他们使现代人类在一个人的有生之年能够探索到的“新星球”比在悠久的人类历史长河中探索到的星球总数还要多。这种空前的探索渴望与不断的新科学知识大量认知——可能甚至是第一个关于外星人是否存在的权威的证据——都将会改变人类如何看待自身的态度以及他们在宇宙中的作用。

《插图本机器人太空飞船简史》一书描述了历史事件、科学原则以及技术突破，这些技术使得一些复杂的探测器能够围绕太阳系内的神秘星球的轨道运行，甚至是登陆这些星球。本书专门收集了一些插图来说明航天史上过去、现在和未来的机器人太空飞船，目的是使读者了解自太空时代以来人类在航天工程领域所取得的巨大进步。文中还适时加入了一些“知识窗”为读者进一步提供基本科学概念和机器人太空飞船工程技术方面的知识。本书还介绍了几位痴迷于太空探索的先驱者和科学家的简略传记，使读者得以正确评价人类在机器人太空飞船的发展和活动中的影响及贡献。

复杂的机器人太空飞船代表了人类许多激动人心的科学发现，这些智能技术是尤为重要的，而意识到这些技术途径会激起学生们想成为明天的科学家、航天工程师和机器人设计师的职业渴望。为什么职业选择重要？因为今后用于太空探索的机器人太空飞船的发展不再简单地取决于政治环境。在探索太阳系及其以外的空间过程中，人类取得了持续不断的进步，这使太空探索成为人类技术的、社会的和心理的必然。我们可以选择利用我们的机器伙伴，并且把从事航天研究作为我们人类生存目的的一部分；我们也可以选择回避我们面临的这种挑战和机遇，不去面对宇宙。后一种选择会将我们后代的生活局限于银河系中一颗偏远的普通星球上，而前一个选择会使人类成为能够向太空发射航天器的物种，能够体会到这一选择带来的所有令人激动的社会和技术影响。

《插图本机器人太空飞船简史》分析了 20 世纪中叶以后人类发展史中现代太空机器人所起的作用，同时还规划了在这个世纪后期以及今后太空机器人作用的延伸。现在谁能够预言当人们看到一种能够绕着另一颗“太阳”转的外星的智能机器时所产生的社会影响？在太空机器人科技领域一个很振奋人心的选择是其自我复制系统——一个高度智能的自动系统可以使用在其他星球上发现的原料复制自我。21 世纪后期，当这些智能机器人开始在星际空间穿梭时，我们地球上的人类也许终于能够回答那个古老的哲学问题：在这个浩瀚的宇宙中，我们是孤独的吗？

《插图本机器人太空飞船简史》也昭示了如果没有经历困难和争执，没有财政支持，现代太空机器人就没有今天的发展。本书在“知识窗”中专门写到了一些在当代太空探索领域应用现代机器人技术方面最具争议的话题，包括长久以来在太空探索项目中一直争论不休的关于宇航员和机器探测器的作用。对于美国一些太空项目的经理人来说，这种争论呈现出一种两者选一的冲突；对于其他人来说，这种争论提供了一种人与机器欣然合作的可能。本书也描述了机器人技术的发展将会如何给我们星球上的公民带来有趣的社会、政治和科技的影响。应用于高度智能太空机器人的技术将会给人类的文明轨迹留下深远的影响。

有趣的是，一些智能太空机器人的作用是：在月球和火星建立人类永久居住地；探索太阳系的最远处；作为人类的星际使者；在抵御小行星或彗星时操控一个由无人太空飞船控制的行星防御系统。复杂的太空机器人在发现地球以外的生命（灭绝的或生存的）以及探究太阳系文明的成功出现这两方面也起到很重要的作用。被人类赋予了高度智能化的太空机器人系统毫无疑问会成为今后许多引人关注的、促进未来发展的智能技术核心。

《插图本机器人太空飞船简史》一书独具匠心的构思能帮助对机器人有兴趣的学生和老师了解机器人是什么、它们来自哪里、如何工作，以及它们的重要意义。

目 录

1 从先驱月球探测器到星际使者

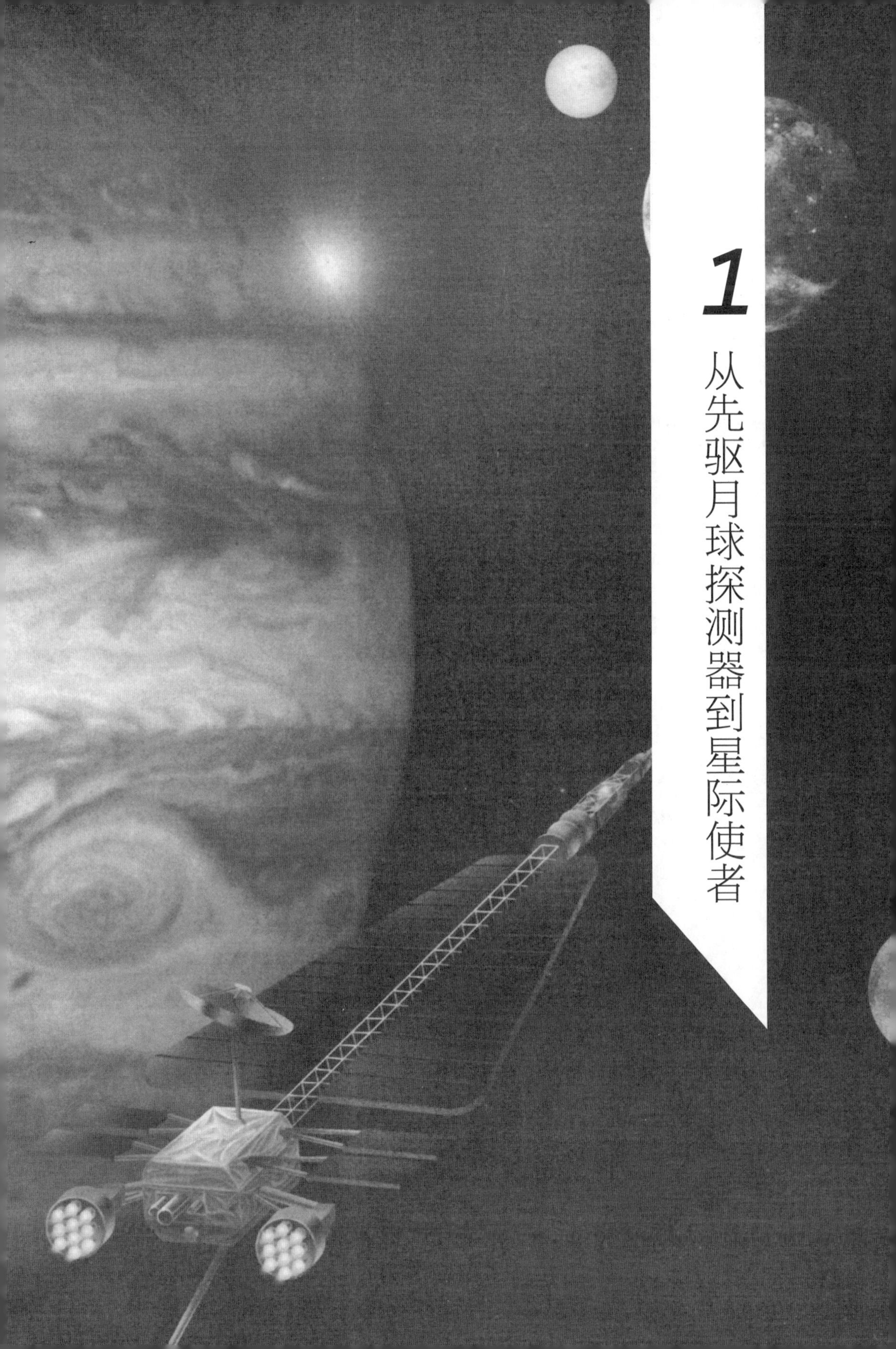

机器人太空飞船为我们打开了探索宇宙的大门。现代太空机器人是一些复杂精密的探测机器，它们已经或者即将探测太阳系中包括冥王星在内的所有主要星球。得益于冷战时期充满政治色彩的太空竞赛，功能日益强大的机器人太空飞船家族已经极大地改变了科学家对于这些与地球一起围绕着太阳这颗恒星旋转的其他星球的看法。在过去的几十年里，科学家获得的对于这些游移发光体（古希腊天文学家命名为“行星”）的了解要比在这之前的整个天文史了解的还要多。因为有了太空探测器，太阳系每个主要的行星体——以及陪伴它们的卫星（如果有的话）——才被人类更加熟悉。同样，战略性地布置在太空平台上的那些复杂的自动天文台，使天文学家和天体物理学家能够通过电磁波频谱的所有区域对宇宙进行面对面的观测。人类对宇宙的认识不再仅仅局限于从居间的大气层向地球射下的有时黑暗并且有干扰的窄带辐射了。

本章介绍基本的机器人学原理。太空机器人与陆地机器人有很多共同特征。然而，因为太空机器人涉及更复杂、更不同寻常的航空航天技术与计算机科技的结合，它们比起在地球上工作的机器人要复杂得多。太空机器人需要在外层空间恶劣的环境下工作，有时还要到人类所知甚少的陌生的外星球上去工作。

在这种环境下，遥控与虚拟现实技术使人可以与一个高级的太空机器人构成一种实时的、交互式的协作伙伴关系，此时太空机器人成为一件巧妙的机器替代品，代替人类在恶劣的外星环境下工作。例如，一个先进的未来太空机器人也许能够探索月球的遥远地区，而它的人类操作者则坐在一个永久月球表面基地内甚至是在地球上，利用虚拟现实技术得到重要的新发现。

知识窗

人工智能

人工智能（AI）一词多用来指对思考和感知这样的通用信息处理功能的研究——或者是机器智能科学（MI）。在过去的几十年中，计算机系统被设定各种程序：可以诊断病情；证明定理；分析电子电路；玩各种复杂的游戏，如国际象棋、扑克和西洋双陆棋；求解微分方程式；使用机器人操纵臂和末端执行器（在操纵臂末端的“抓手”）安装机器设备；驾驶无人车辆穿过地形复杂的陆地，以及穿过无边无际的宇宙空间到达行星际空间；理解人类的语言；甚至为其他计算机编程序。

所有的这些由计算机完成的功能都需要达到与人类的脑部活动相似的智能程度。未来的某一天，正致力于研究人工智能的科学家和工程师也许会提出一种通用的智能理论。这种通用的理论会引导人们设计和开发出更加智能的机器人太空飞船和探测器。

人工智能总的来说包括一些具体的分支领域。较为重要的分支领域是：计划和问题解决、感知、自然语言、专家系统、自动化操作、远距离操作和机器人技术、分布式数据管理以及认知与学习。

所有的人工智能都涉及计划和解决问题的原理。这种解决问题的活动指的是一系列广泛的任务，包括决策、优化、动态资源配置和许多其他的计算与逻辑推理。

感知是从一个或多个传感器获取数据并进行处理，或者是分析这些数据以有助于作决定或采取后续措施。感知方面最基础的问题在于从大量（遥远地）探测到的数据中提取出能够辨别物体的特征或特点。

数字计算机的进化过程中一个最具有挑战性的问题是必须发生在人类操作者与机器之间的交流。人类操作员愿意用日常、自然的语言去操作计算机系统。机器与人的通信过程非常复杂，而且经常需要复杂的电脑硬件与软件的支持。

专家系统允许计算机储存某一个人类专家的科学或技术的专门知识，目的是以后可以供其他不具有相同专业水平或技术经验的人使用。专家系统已经应用于广泛的领域：医疗诊断、地质勘探、数学问题求解等。制造这种专家系统需要一个软件专家小组与一个技术专家一起建立一个基于计算机的交互对话系统，这种系统至少能够从某种程度上，使得这个专家的专业知识和经验能够为其他人所用。在这种情况下，这台计算机或者叫思考机器，不仅能储存一个专家的学术科学（或专业）知识，它的人工智能系统还能够允许其他的人类用户使用这些有价值的知识。

自动设备不需要人类的直接控制就可以工作。美国国家航空航天局已经使用了许多这样的高智能自动机器去实现他们的外星球探索。例如，“海盗（Viking）1号”和“海盗2号”登陆器于1976年在火星表面的登陆代表了早期机器人太空探索的一次巨大成功。在与海盗号轨道飞船分离之后，登陆器（在气壳的保护下）以大约每小时1.6万千米的速度落入稀薄的火星大气层。这个下降的登陆器利用气动阻力来降低速度，直到抛掉气壳。每个机器人登陆器放出降落伞再次减速，然后自动启动制动火箭系统，最终缓慢降落在火星表面。没有任何直接的人为介入和指导，两个海盗号登陆器都成功地完成了火星软着陆的全过程。

远距离操作是指一个人类操作员可以遥控一个机器人系统。控制信号可以通过硬接线（如果这个被控制的装置在附近）传送，也可以通过无线方式经由发射的电磁信号——如激光或者无线电波——传送（如果机器人系统距离较远但处于发射器视距电波可达到的范围之内）。美国国家航空航天局1997年的火星探路者任务成功地展示了微型无人自动探测车行星际距离间的遥控操作。这个高度成功的火星探路者任务包括一个静止的着陆器和一个小型的表面探测车。美国国家航空航天局把这个着陆器命名为卡尔·萨根纪念站，以纪念美国天文学家卡尔·萨根（Carl Sagan，1934—1996）在普及天文学知识和研究外星生命中所做的贡献。这个微型的火星探测车以美国民权倡导者索杰纳·特鲁斯（Sojourner Truth）的名字命名，名为索杰纳。

这个6轮的微型火星探测车实际上是由位于美国加利福尼亚州帕萨迪纳市喷气推进实验室的地球基地航天组（遥控操作）控制的。人类操作员利用了探测车和着陆器所获取的火星表面的图像。这些行星际的遥控操作需要探测车能够进行半自主性操作来配合，因为在执行任务的过程中，地球与火星之间相对位置的不断变化导致信号传送有10~15秒钟的延迟。这个探测车设有一个危险规避系统，因此在火星表面的移动十分缓慢。

从2004年开始，当美国国家航空航天局的火星探测车“勇气号（Spirit）”和“机遇号（Opportunity）”在这颗红色星球的不同地区行驶的时候，它们给我们提供了更为复杂的行星际远距遥操作的体验。

当然，在行星际探索时遥远的距离也会使人们陷入困境，当距离远到一定程度时，电磁波的发射就无法传递任何有效的“实时操控”。当需要控制的设备在距离我们许多光分甚至光时远的外星球上的时候，以及当一些行动或者发现需要我们要在瞬间作决定的时候，遥控操作就必须为自主性逐渐提高的、依靠机器智能的自动操作系统让步了。

机器人装置是由计算机控制的机器系统，能够熟练操纵或者控制其他机器设备，如末端执行器等。有的机器人可以自由移动，有的被固定于某处；有的是全自动，也有的靠遥控。机器人具有的人工智能程度越高，它对人类监控的依赖性就越小。

自动的机器人装置的操作总是离不开大量的数据。分布式数据处理的领域关乎如何在独立却交互作用的数据库中建立操作的方式。一个先进的机器人探索器会利用它的人工智能有选择地处理数据，并只传送回最有意义的数据，而不是将大量的数据一股脑地传送回地球。

对人工智能来说，认知和学习能力指的是对于机器智能水平的开发，使其具有能够处理新情况与预期之外的事件，甚至矛盾性信息的能力。今天，智能机器能通过预先设置的程序或者逻辑推理步骤处理新数据。明天，当更高智能的机器人遇到新情况并且需要改变它们的操作方式时，它们就需要具有学习甚至理解的能力。

也许在21世纪晚期，当人工智能发展到足够成熟的阶段时，科学家就能够将完全自动化的机器人探测器送往太空。每个星际探测器都必须能够独立地搜寻可能支持地外生命的合适的外太阳系行星作为候选星系。

当一个太空机器人在遥远的太空工作时，它与后方地球上的人类控制者之间的往返通信距离必须以光分为单位迅速测量出来，而不是用千米。与深空探测相关的遥远距离即便没有完全抹杀人类实时控制机器人太空飞船的可能性，也令这一任务艰难异常。因此，为了在遥远的外星上或者外星周围生存和运行，太空机器人需要高智能——就是说，它们需要具有不同水平的机器智能，或人工智能。在 21 世纪机器智能水平不断提高的前提下，真正的自主操作的太空机器人将会变成现实。某一天，人类工程师将会开发一种特殊的能够展示自己的认知型“机器大脑”的智能机器人。人工智能专家们认为，未来的智能探索器具备足够的智能来检修自己，躲避外星球上的危险环境，识别和报告所有它们遭遇的所有值得关注的物体和现象。

自从 20 世纪 50 年代晚期以来——大约从冷战时期的太空竞赛开始——机器人（地球上与地球外）变得更加实用而且更多样。这种重要改变的原因之一是在同一时期计算机科技和电子学（尤其是晶体管的发明）取得了飞速的发展。信息处理和存储的革新仍然继续着。随着电脑芯片和微处理器在信息技术方面取得更大的进步，未来的太空机器人将会配备比现在更复杂、更高级的人工智能。40 年以后，机器人宇宙太空飞船将会在太阳系及其以外地区完成更加激动人心的探索任务。这本书的后面几章将会讨论到一些这样的任务。

机器人太空飞船的使用，使人们对于太阳系的了解发生了根本性的变革，人类已经拜访过所有主要的行星了（对冥王星的访问也正在进行中）。这是一幅由美国国家航空航天局的太空飞船拍摄的不同行星的图片复合而成的图片。从上至下依次是：水星、金星、地球（和月球）、火星、木星、土星、天王星和海王星。内层行星（水星、金星、地球和火星）之间大致互相成比例；外层行星（木星、土星、天王星和海王星）之间大致互相成比例（美国国家航空航天局 / 喷气推进实验室）

从这一点来说，我们一定要认识到复杂的机器人太空飞船代表了智能科技，它能帮助人类利用这个世纪去完成许多最重要的科学发现。太空机器人是人类的机器伙伴，使人类能完成他们作为智慧物种向太空发射飞行器的使命。如果不能完全意识到和利用这种由太空机器人所提供的机会，那么人类的子孙后代将只能生活在银河系外围一颗围绕着普通恒星旋转的行星上。认识并能有效地利用太空机器人，人类则会在星系中成为活跃的航天物种。通过最初使用非常智能的机器去接触外星球，人类的后代将会感受到所有成为星际航天人所带来的激动人心的社会和科技的影响。

机器人探索太空方面的进步与计算机技术和航空航天技术的平行进步之间存在一种有趣的相关性。为了强调这种联系，本章简要介绍一些最有趣的美国太空机器人，在美国先驱者、漫游者、水手、海盗者和旅行者等计划中都有它们的身影。接下来的章节将会更详细地洞察这些非凡机器的技术特性以及它们所带来的重大科学发现。这一章的主要目的是简述太空机器人如何从简单不可靠的电子机械探索仪器，演化成复杂的将人类意识和智力的研究延伸到太阳系边缘甚至更远处的科学平台的过程。

◎机器人技术的基本原理

机器人技术是设计、建造和控制机器人的一门科学技术。机器人装置，或者通常所说的机器人，起初是一些智能机器，它们的操作装置能够被设定程序来自动完成不同的体力或者脑力劳动，它们有传感器能探索周围的环境，包括有趣的外星球地形。因此机器人是一种简单地按照人的指令从事机械与常规任务的机器。“机器人”这种概念的最初引入者是捷克剧作家卡雷尔·萨佩克（Karl Capek），他写了《洛桑的万能机器人公司》（*Rossum's Universal Robots*）一书。这部剧的英文版在1923年首次出版，讽刺了文明社会的机械化。机器人这个词来源于捷克语，意思是强迫劳动或奴役。在地球上，现在一个典型的机器人通常由一个或者多个操纵器（手臂），末端执行器（手），一个控制器，一个电源，以及一组传感器组成。传感器给机器人提供关于它所在的外部工作环境的信息。因为大多数现代机器人都应用于工业，它们的传统分类如下：非伺服（取放）机器人、伺服机器人、程控机器人、电脑控制机器人、传感机器人和装配机器人。

非伺服机器人是最简单的一种。它拾起一样物体并将它放到另一个地方。这种机器人的移动仅限于两三个方向。

伺服机器人代表了工业机器人的几种类型。这种机器人装备了自动的操作臂和抓手，不需要触动限位开关就能在空中变换方向或动作。一般能变换 5~7 个方向的动作，但也取决于操控手臂上关节的数量。

程控机器人基本上是由程序控制的伺服机器人。控制器能记忆一系列的动作，然后不断地重复它们。工程师通常在编程时赋予这种机器人的操作臂和末端执行器在规定动作中自如“行走”的能力。

电脑控制机器人就是由计算机控制的伺服机器人。这种机器人的程序是通过电子设备输入它们的控制器的。这些聪明的机器人甚至有改进基本工作指令的能力。

传感机器人是由电脑控制的具有一个或多个人造传感器，能够观察和记录工作环境并把信息传回控制装置的机器人。使用较多的人造感觉是视觉（机器人或计算机视觉）和触觉。

最后，装配机器人通常是一种有传感器的、由计算机控制的机器人，是为了地球上和太空中的生产线和制造任务而设计的。

在工业中，机器人主要是为了操作目的而设计的。末端操作器或抓手可以执行的动作包括：（1）运动（从一端到另一端，沿着一个设定的轨道或者某种轮廓表面）；（2）改变方向；（3）旋转。

非伺服机器人可以实现点对点运动。操作臂以全速向一个目标点移动，一直到它行进的界限才会停止。因此，非伺服机器人通常也被称作限定顺序的取放机器人。当非伺服机器人到达某一动作的终点，一个机械停止或限位开关就会使这个运动停止。

伺服机器人也能够进行点对点的运动，但是它们的操作臂能够以不同的速度在不同轨道的控制下运动。伺服机器人无需用停止或限位开关来控制。

目前，已经开发了 4 种不同类型的操作臂来完成机器人的动作。它们是直角式、圆柱式、球式和拟人式（有关节的）手臂。每一种操作臂的设计都体现 2 个及以上的自由度（DOF）——指一个机器人操作臂能够移动的方向。例如，简单的直线或者线形运动代表 1 个自由度。如果操作臂沿两维曲线路径运动，它就需要 2 个自由度：上下和左右。当然，更复杂的运动则要求更多的自由度。使一个末端操作手定位于任何点，并向某一工作目标方向移动需要 6 个自由度。如果要避开障碍物或其他的设备，就需要更多的自由度。每个自由度都需要一个线形或者旋转的关节。机器人设计者们有时会结合这 4 种基本操作臂结构中的 2 种或 2 种以上以增加某个机器人操作臂的多功能性。

驱动器用来移动机器人的操作臂关节。用于当代机器人的 3 种基本驱动器是：气动、液压和电动驱动系统。气动驱动器使用气压来移动操作臂的关节，当气体被泵挤压入管道达到操作关节部位时，操作臂就引发或者开始动作。气压驱动器价格低廉，原理简单，但它的运动不准确。因此，这种驱动器常用于非伺服机器人或取放机器人。液压驱动器很普遍，能够产生巨大的力量。其主要的缺点是它的附属设备（泵和储罐）以及液体泄漏的问题。电动驱动器能提供更流畅的运动，控制非常精确，而且很可靠。然而，电动驱动器不能像液压驱动设备那样传送巨大的力量。如果需要中等功率的驱动器，电动驱动器通常是首选。

许多工业用机器人都固定于适当的位置或者沿轨道和导轨运动。一些陆地机器人建在轮车上，而另一些可以用它们的末端执行器抓住扶手移动自己。高级的机器人把装有关节的操作装置当成腿来实现行进的动作。

机器人的末端执行器（抓手或抓取装置）通常是连接在操作臂的末端。这种末端执行器的典型功能包括抓、推、拉、扭，使用工具，插入和其他各种装配行动。末端执行器可以是机械、真空和磁力操作的，能使用诱捕装置，或者有其他特别的设计。需要抓取的物体形状决定了末端执行器的最终设计。通常大多数的末端执行器都是些抓或者夹的装置类型。

机器人的控制方式有很多种，从简单的由操纵臂启动的限位开关到复杂的能提供机器视觉、触觉和听觉的计算机遥感系统。对于计算机控制的机器人，其操作臂和末端执行器的动作是程序化的：就是说，机器人能记忆需要做的事情。安装在操作臂上的传感器装置帮助建立末端执行器与被操作物体之间的联系，一旦操作臂的轨迹需要改变就将信息传送回计算机控制器。

另一种有趣的陆地机器人系统是野外作业型机器人，最近也投入实际使用。野外作业型机器人是在不可预知的、开放的、尤其是在野外（地球上）环境下作业；有时是自主操作，或是在巨大的工作空间中（尤其是 1 平方千米或以上）遥控操作控制。例如，在测量一个有潜在危险的地点时，人类操作员会保持自己身处安全的距离，待在一个有保护的工作环境里操纵（通过电缆或无线电波连接），而野外机器人就在危险的环境中作业。美国空军的“捕食者”无人机配备的空中监测机器人和各种炸弹嗅探、炸弹处理（EOD）机器人就是一些最先进的野外作业机器人。从技术上来看，这些陆地上的野外作业机器人是那些更为复杂的能够通过遥控操作在月球或者火星上漫游的无人行星际登陆车的堂亲。本书中提到的大多数太空机器人都沿用了它们陆地机器人兄弟的一些设计传统。

在太空或者未知的外星球上生存的需要对即使是最简单的太空机器人都提出了更为严格的设计要求。当一个工厂机器人出现零件故障，或者一个陆地上的野外作业机器人缺失了一个轮子，技术人员通常能够在现场快速有效地维修。但是当距离地球几百万公里的一个太空机器人出现故障，它将是孤立无援的，而这种困境将会是个灾难，会导致整个探索任务毁灭性的失败。一个简单的例子就能说明这个道理。当地球上的一辆移动探测车的机器视觉系统的镜头上沾了灰尘或者泥土，一名技术人员就可以轻轻地替它去掉这些麻烦的物质。可是当火星的尘埃被一股突来的大风吹落到探测车的表面，没人能够在旁边为它“拂去”灰尘。探测车得自己将尘埃清理掉，否则它的机器视觉就会减弱，或者如果讨厌的红色尘埃覆盖住它的太阳能电池，能源供给就可能会减少。因为这个原因以及其他相似的“小问题”威胁着各项任务的完成，一些航空工程师建议进行智能行星探测车团队作业。可以将一组先进的太空机器人设计为遇到困难时能够互相帮助。在这个落灰的例子中，另一个探测车能够开过来，扫描落了灰的同伴，然后用一个特殊的刷子（握在它的操作臂中）来解决这个问题。

此处描写的操作观念是将未来的太空机器人设计成设计全面、精力充沛的机器人。那样的话，也许在地球上的人类控制者的指令下，智能机器能够修复自身，或者至少是能采取权宜之计，使得探索任务得以继续。另外一个重要的设计策略是把太空机器人设计成可以进行团队工作。那样，具有一个或者更多功能的机器人就可以帮助或者修复它陷入困境的机器人同伴了。

◎飞往月球及以外地区的先驱者

先驱者在词典中的定义为冒险进入未知领域的人。事实证明这个定义非常适用于美国第一个深空机器人家族，它们被命名为“先驱者”。美国空军最初发射的探测器和第一个真正实施的太空计划就是1958年的先驱者月球探测器。它们是航天史上经常被忽略的一页，这些早期的先驱者月球探测器却进行了世界上首次深空任务的尝试。

最早的先驱者系列探测器发射于1958—1960年之间。“先驱者1号”“先驱者2号”和“先驱者5号”由太空技术实验室股份有限公司开发，由空军弹道导弹师（AFBMD）为美国国家航空航天局实施发射。“先驱者3号”和“先驱者4号”是由喷气推进实验室研发，由美国陆军弹道导弹局（ABMA）在阿拉巴马州的红石（Redstone）军火场为美国国家航空航天局发射——1958年1月31日，这个团队还负责了美国第一颗卫星“探险者1号”的发射。

在1958年1月，空军弹道导弹师和它的技术顾问团，太空技术实验室（STL），提议使用新开发的“雷神”（Thor）导弹和“先锋”（Vanguard）火箭的第二级来执行第一个月球探测任务。新的运载火箭配置被称为雷神·艾布尔（Thor Able）。这些早期月球探测计划对外宣称的目的是从太空收集科学数据，并且通过比苏联更快地做到这一点来为美国赢取国际声望。在冷战时期，这两个超级大国是政治上不共戴天的仇敌，而太空探索给两个国家提供了在全球范围内显示其国家制度的优越性的展示机会。

1958年2月7日，德怀特·D.艾森豪威尔（Dwight Eisenhower）总统当局启动了先进研究项目局（ARPA），其后，这个新机构对军事服务部门的第一个指示就是发射月球探测器。后来空军弹道导弹师使用雷神·艾布尔结构发射了3颗月球探测器；陆军弹道导弹局使用丘诺Ⅱ（Juno Ⅱ）型运载火箭发射了2颗月球探测器；位于中国湖的海军武器试验站（NOTS）提供了月球探测器所携带的微型成像系统。

太空技术实验室设计和组装了“先驱者0号”“先驱者1号”和“先驱者2号”月球探测器。“先驱者0号”是美国首次月球计划的尝试，也是人类第一次向地球轨道以外发射太空探测器。“先驱者0号”自动探测器的设计是进入月球轨道，它还携带了电视摄像机和其他的设备作为国际地球物理年的科学负载。不幸的是，当雷神火箭在卡纳维拉尔角（Cape Canaveral）发射77秒后爆炸时，这个38千克的自动探测器丢失了。雷神火箭在升空到16千米的高度时爆炸，那时运载火箭与它的负载位于大西洋上空顺发射方向16千米处。爆炸后123秒不稳定的遥感测量信号从“先驱者0号”的负载和火箭的上节传来。发射场安全官员追踪上节火箭和负载的信号直到它们落入大西洋。

最初的计划是“先驱者0号”探测器向着月球飞行62小时，届时一个固体火箭发动机点火，把探测器推入2.896万千米的月球轨道，并在那里飞行2周。“先驱者0号”

的科学仪器包总重 11.3 千克。这个包裹有一个用来研究月球表面的图像扫描红外电视系统、一个微陨石探测器、一个磁力计和记录探测器内热量状况的变温电阻器。电池为探测器提供电源。最后，“先驱者 0 号”会以每秒 1.8 转的速度稳定旋转。

“先驱者 1 号”是美国早期太空探索行动中第二个也是最成功的一个探测器，同时也是由当时新建立的民间太空机构，美国国家航空航天局发射的第一个探测器。在设计上与“先驱者 0 号”相似，1958 年 10 月 11 日，34.2 千克重的“先驱者 1 号”在卡纳维拉尔角由雷神 · 艾布尔运载火箭发射。由于运载火箭的故障，“先驱者 1 号”只到达了弹道轨道，却没有按计划到达月球。这艘太空飞船的弹道轨迹的最大飞行高度是 11.38 万千米。在 10 月 13 日，经过 43 小时的飞行，当探测器在南太平洋上空重新进入地球大气层时中止了数据发射。尽管因为运载火箭没有能为探测器成功脱离地球引力提供足够的速度，“先驱者 1 号”的仪器却带回了一些有用的关于地球网罗辐射带宽度的科学数据。“先驱者 1 号”的科学仪器包重量为 17.8 千克，比“先驱者 0 号”所携带的科学负载稍重一点。“先驱者 1 号”包括一个用来研究月球表面的图像扫描红外电视系统、一个用来测量太空中辐射水平的电离室、一个微陨石探测器、一个磁力计和一个用来记录太空飞船内部温度情况的变温传感器。“先驱者 1 号”以每秒 1.8 转的速度稳定旋转，从使用期有限的电池中获取电量。

“先驱者 2 号”是最后一个用雷神 · 艾伯尔火箭发射的太空探测器，它被设计为绕月旋转并且在地球与月球之间的行星际空间——一个被称为地月空间的区域进行测量。这艘太空飞船几乎与“先驱者 1 号”完全相同。1958 年 11 月 8 日从卡纳维拉尔角发射，但是“先驱者 2 号”太空探测器没有到达它预定的绕月轨道。在发射后不久雷神 · 艾伯尔火箭的第三级分离，却没能点火。由于缺乏足够的速度，“先驱者 2 号”在非洲西北部进入地球大气层之前只达到了 1 550 千米的高度。短暂的飞行使“先驱者 2 号”只收集到了少量关于近地空间的有用的科学数据。

紧随在美国空军 / 美国国家航空航天局 1958 年不成功的“先驱者 0 号”“先驱者 1 号”和“先驱者 2 号”月球探测任务之后，美国陆军和美国国家航空航天局合作发射了另外两颗探测器。“先驱者 3 号”和“先驱者 4 号”的体积比前期的先驱者探测器小，每一颗只进行一个探测宇宙射线的实验。美国陆军和美国国家航空航天局任务计划者的意图是让这两个太空探测器完成对月球的飞越，并传送回关于地月空间辐射环境的数据。喷气推进实验室建造了“先驱者 3 号”和“先驱者 4 号”太空飞船，两者在质量、形状、大小和功能上几乎完全相同。

"先驱者 3 号"——一个重 5.9 千克，稳定旋转的圆锥形飞行器——于 1958 年 12 月 6 日从卡纳维拉尔角由美国陆军弹道导弹局使用丘诺Ⅱ型火箭发射。"先驱者 3 号"是与美国国家航空航天局联合研发的，它被设计成在发射后的 34 小时左右飞临月球然后进入太阳轨道。然而推进剂的损耗导致第一级火箭引擎提前 3.7 秒关闭。正是因为提前终止的推力，"先驱者 3 号"没能达到脱离地球的速度。最终"先驱者 3 号"飞行器还是成了地球引力的俘虏，飞行了一个相当高的惯性飞行轨迹，在到达了 10.236 万千米的高度后落入地球。在 12 月 7 日，"先驱者 3 号"再次进入地球大气层，在非洲上空烧毁。

1959 年 2 月"先驱者 4 号"探测器在卡纳维拉尔角被安装到丘诺Ⅱ型运载火箭的顶部。"先驱者 4 号"是第一艘绕太阳旋转的美国太空飞船［美国国家航空航天局 / 马歇尔太空飞行中心（MSFC）］

这次探月行动中发射的月球探测器在其近 38 小时的飞行中发回了约 25 小时的遥感测量记录。另外 13 小时（失踪的遥感勘测）是由于两个跟踪站的位置造成的通讯中断。汞电池为"先驱者 3 号"提供了能源。太空飞船的科学负载包括盖革—弥勒（Geiger-Mueller）管辐射探测器，提供的数据表明地球周围存在两个明显的网罗辐射地区。

"先驱者 4 号"于 1959 年 3 月 3 日由丘诺Ⅱ型火箭发射，是第一个摆脱地球引力的美国飞行器，也是第一个进入太阳轨道的飞行器。像它技术上的兄弟"先驱者 3 号"一样，"先驱者 4 号"也是圆锥形、稳定旋转的飞行器，由喷气推进实验室开发，美国陆军弹道导弹局与美国国家航空航天局共同完成发射。这个飞行器质量为6.1千克，主要的科学任务是月球辐射环境实验（使用盖革—弥勒管辐射探测器）以及一个月球拍照实验。

这个圆锥形的“先驱者4号”探测器高度为51厘米，底部直径为23厘米。圆锥本身是由薄玻璃纤维镀金而成的电导体，外涂协助控制飞行器内部温度的白色条纹，底部有一圈汞电池提供能源。

成功发射之后，“先驱者4号”完成了它的初始任务，（地月轨道）并发回了辐射数据，为太空探测追踪提供了一次有价值的实践。自动探测器于1959年3月4日在距离月球表面不到6万千米的上空飞过，飞行速度为7 230千米/小时。这个与月球交会的距离是原计划飞临高度的2倍，因此太空飞船上的月球拍照仪器的光电传感器没有被触发。尽管“先驱者4号”确实飞越了月球,但苏联的“月神1号”（Luna 1）早在几周前就完成了绕月飞行（1959年1月4日）并获得了第一个脱离地球引力飞越其他天体的人造飞行物的殊荣。一个俄罗斯太空机器人（而非美国机器人）在冷战期间竞争激烈但尚未正式宣布的登月竞赛中赢得了第一轮。

这种政治上令人不舒服的“第二”持续了20世纪60年代的大部分时间，直到在那个年代末（1969年7月20日）美国宇航员尼尔·A. 阿姆斯特朗和小埃德温·奥尔德林宣布成功地将人类的脚印留在了月球表面那个决定性的一天。人类太空飞船这次耀眼的成功容易使人们忘记这样一个事实，通向月球的路径是由那些名为先驱者、勘测者和月球轨道器的美国太空机器人家族所铺垫的。

在经过了几次早期的登月尝试后，美国空军和美国国家航空航天局将稳定旋转的“先驱者5号”太空飞船送往太空执行研究地球与金星的行星际空间任务。这颗43千克重的自动太空探测器于1960年3月11日在卡纳维拉尔角由雷神艾布尔运载火箭成功发射。“先驱者5号”上配置的仪表测量了磁场现象、太阳耀斑粒子和电离。在1960年6月26日，太空飞船执行任务的最后一天，“先驱者5号”首次取得了距离地球3 620万千米的远距离通信成功。在它的科学贡献中，“先驱者5号”确认了行星际磁场的存在，还帮助解释了太阳耀斑引发磁风暴的原因以及地球上的北极与南极的极光现象。

知识窗

苏联早期的探月计划

“月神”（Luna）这个名字赋予了苏联在20世纪60—70年代之间成功发射到月球上的一系列自动探测器。在1958—1959年间，有一些“月神”号的失败发射“秘而不宣”，因为苏联企图在美国之前成功发射月球探测器。在冷战时期苏联官方没有公开其失败的宇航任务。然而，冷战结束后太空探索的合作使西方分析学家得以拼凑和推想出这些早期不成功的月球探测任务。初步确定失败的月球探测器包括“月球1958A”（1958年9月23日）、“月球1958B”（1958年10月12日）、“月球1958C”（1958年12月4日）和“月球1959A”（1959年6月18日）。

“月球1号”是由苏联发射的人类历史上第一个到达月球的星际探测器，也是苏联自动行星际站向月球成功发射的一系列探测器中的第一个。这个重361千克的球形“月神1号”又被称为“梦想（Mechta）”。这个自动探测器是于1959年1月2日在拜科努尔（Baikonur）人造卫星发射基地（丘拉塔姆）由一颗改良的洲际弹道导弹发射的。苏联人在发射基地发射“月神1号”时使用了一个暗示探测器很可能强行着陆的轨道。然而，经过34小时的飞行后，1月4日“月球1号”在距离月球表面6千千米处飞过月球。与月球失之交臂之后，它进入地球与火星之间的太阳轨道。“月神1号”也因此成为第一个脱离地球引力场进入太阳轨道的人造物体。

“月神1号”是一个球形的探测器，从一个半球向外伸出5个天线。这个自动探测器没有携带飞船上使用的推进系统，寿命相对较短的电池为其提供了所有所需的电力。这个探测器包含了无线电设备、一个追踪发射机、一个遥感勘测系统和研究行星际空间的科学设备。“月神1号”的测量给科学家提供了关于地球网罗辐射带的新数据，以及月球上没有可测量的磁场的重大新发现。“月神1号”上的仪器也确认了流向太阳系空间的太阳风的存在（从太阳发出的电离等离子）。发射三天后探测器电池耗尽，“月神1号”停止了数据传送。根据它的高速度以及它携带了有苏联国徽标记的各种金属徽章的重要包裹，西方分析学家认为“月神1号”最初的设计是坠落月球并且（用一种口语表达的方式）“插上苏联国旗”。

“月神2号”是苏联早期向月球发射的系列探测器中的第二个，是第一个登上月球的人造物体。这个苏联太空探测器在澄海以东（Mare Serenitatis）的阿基米得（Archimedes）、阿里斯基尔（Aristides）、奥托吕科斯（Autolycus）三座环形山附近撞上月球。这个390千克重的探测器在设计上与“月神1号”相似。这意味着“月神2号”也是球形，带有向外伸出的天线和仪器进出口。科学负载包括辐射探测器，磁力计和微流星体探测器。这个探测器还携带了政治负载，就是苏联徽章和旗帜。

“月神2号”空间探测器于1959年9月12日从拜科努尔人造卫星发射基地发射。在9月14日，经过大约34小时的空间飞行，无线电信号突然中断，表明“月神2号”已经撞上（硬着陆）月球。这个无人的太空探测器证实在月球没有测量到磁场，也没有发现月球有网罗辐射带的证据。

“月神3号”是第三个由苏联成功发射的无人探测器，也是第一个传回月球背面图像的探测器。这个探测器拍下的相对模糊的图像显示，月球的背面是多山的，与总是朝向地球的正面有很大的不同。“月神3号”拍的图像令全世界天文学家异常激动，因为这些图片（尽管比今天的太空探索任务拍的模糊得多）让他们第一次能够尝试绘制月球背面的地图。“月神3号”是稳定旋转探测器，通过地球上的无线电进行控制。

这个279千克的探测器是个圆柱形的罐状体，一端是半球形，顶端是个宽大的凸缘。“月神3号”无人飞船（在苏联宇航史料中有时称为自动行星际站）有130厘米长，它的最大直径（在它宽大的凸缘处）是120厘米。为了给探测器内部的化学电池充电，苏联工程师在圆柱体的外面安装了太阳能电池。探测器内部也有一个双镜头的照相机，一个自动底片处理系统，无线电设备和回旋装置控制姿态。当底片冲好后，地球的指令就会启动一系列的自动行动，把底片从冲洗机移动到扫描仪。每一张照片都被扫描后转换成电子信号传回地球。

“月神3号”的任务描述中包括绕月旋转一圈以便拍摄未知的月球背面。1959年10月4日从拜科努尔人造卫星发射基地升空之后，“月神3号”飞离地球沿行星际轨道飞向月球。在距离月球6.5万千米时，姿态控制系统启动，探测器停止旋转。探测器较低的一端朝向太阳，此时太阳正照亮月球的背面。10月6日，“月神3号”在距离月球南极上空6 200千米（与月球距离最接近处）处飞过，然后向月球的背面飞去。10月7日，探测器顶端的光电池探测到月球被太阳照亮的背面并开始拍照。第一张照片是在距离6.35万千米处拍摄的。40分钟之后，“月神3号”拍下了它的最后一张照片，此时它距月球表面6.67万千米。在这个具有划时代意义的任务中，总共拍有29张照片，覆盖了前所未见的月球背面的70%。拍照任务完成后，“月神3号”继续旋转，飞过月球的北极然后飞回地球方向。到10月18日“月神3号”接近地球时，总共向苏联飞船控制部门发回17张可解析的照片（画面杂乱且粗糙）。10月22日，他们与探测器失去联系。西方分析学家认为，“月神3号”一直在轨道上运行，直到1960年4月重返地球大气层后烧毁。

随着“先驱者6号”（又被称为新机器人太空飞船系列的“先驱者A号”）在1965年12月发射，美国国家航空航天局重新开始使用这些航天探测器去补充由水手号探测器获得的行星间数据。经过这么多年之后，美国国家航空航天局绕日旋转的先驱者探测器已经为太阳风、太阳磁场、宇宙辐射、微流星体以及太阳系空间的其他现象的研究提供了大量的数据。

“先驱者7号”“先驱者8号”“先驱者9号”（第二代机器人太空飞船）是在1966年8月到1968年11月间发射的，它们继续着美国国家航空航天局对于太阳系物质的研究。这些探测器提供了大量的关于太阳风、磁场与电场，以及行星际空间的宇宙射线的有价值的数据。第二代先驱者太空飞船收集的数据帮助太空科学家描绘出了一幅新的太阳——太阳系空间的主现象——的图画。

“先驱者10号”和“先驱者11号”太空飞船被设计成真正的深空自动探测器——第一个穿越了主要的小行星带，第一个飞越木星及其巨磁场，第一个飞掠土星，第一个飞离太阳系的人造探测器。这对旅途遥远的自动航天器在它们飞过太阳系空间的同时也研究了磁场、宇宙射线、太阳风以及太阳系空间的粉尘浓度。

先驱者金星任务包括了1978年美国向金星发射的两个独立的探测器。“金星先驱轨道者号”（Pioneer Venus Orbiter，即“先驱者12号”）是一个553千克重的探测器，其中包括有45千克的科学仪器负载。“先驱者12号”在1978年5月20日升空，1978年12月4日进入绕金星的大椭圆轨道。14年来（1978—1992），“金星先驱轨道者号”收集了大量关于金星大气层和电离层的数据以及它们与太阳风相互作用的数据，还记录了这颗行星表面的特征。然后，在1992年10月它按计划坠入金星的大气层，它的数据收集工作一直持续到它坠入金星大气层的最后一刻，戏剧性地结束了先驱金星探测计划的操作部分。

“金星先驱多探针号”（即“先驱者13号”）包括1个基本的运载太空飞船，1个大探测器和3个相同的小探测器。这个“金星先驱多探针号”探测器于1978年8月8日发射，在进入金星大气层约3周之前分离。1978年12月9日，这4个（现已分离）探测器与它们的运载太空飞船分别从4个极为分散的地点成功地进入金星的大气层，在它们冲向这颗行星表面的同时返回了重要的科学数据。尽管这些探测器没有被设计成能够在降落后生存，但其中一个较为坚硬的探测器却做到了，而且在撞击后仍然传送了大约1小时的数据。

◎喷气推进实验室——美国首席太空机器人工厂

随着美国的第一颗卫星于1958年1月31日升空，美国的太空时代开始了。这颗卫星是“探险者1号”（Explorer 1），一颗绕地球运行的飞行器，由美国喷气推进实验室制作和控制。在大约50年中，喷气推进实验室用无人飞行器引领着世界对于太阳系的探索。

喷气推进实验室是一个由联邦政府资助的，由加利福尼亚理工学院为美国国家航空航天局进行管理的研究和开发的部门。这个实验室坐落于加利福尼亚州帕萨迪纳市，洛杉矶东北32千米远处。除了帕萨迪纳基地，喷气推进实验室还负责全球的深空间跟踪网（DSN），包括位于加利福尼亚州的金石（Goldstone）的深空间跟踪站。

喷气推进实验室的创始起源于20世纪30年代，当时加州理工学院（Caltech）的教授西奥多·冯·卡门（Theodore von Kármán，1881—1963）正在指导一项美国陆军火箭推进方面的初始研究，包括将捆绑式火箭应用于携带了重物的飞行器的喷气助推。那时，冯·卡门是加州理工学院古根海姆气动力实验室（Guggenheim Aeronautical Lab）的主任。在1958年12月3日，美国国会创立了美国国家航空航天局后，喷气推进实验室就从美国陆军的管辖范围转移到了新的民用航空局。实验室现在占地72公

在20世纪60年代早期美国国家航空航天局向月球发射的“漫游者号”探测器，目的是为20世纪60年代末的阿波罗人类登月计划作铺垫。这些飞行姿态控制的自动探测器被设计成能够在硬着陆之前近距离拍摄月球表面（美国国家航空航天局／喷气推进实验室）

1965年3月24日，“漫游者9号”撞击月球前几分钟拍摄的近距离月球表面的电视图像。（美国国家航空航天局）

顷，位于阿洛约·塞科一片干涸河床的荒野上，与冯·卡门早期的火箭试验地相邻。

在20世纪60年代，喷气推进实验室就开始构思、设计以及试验能够探索其他星球的无人飞行器。努力最初集中于美国国家航空航天局的“漫游者”(Ranger)和“勘测者”(Surveyor)的月球任务——为阿波罗计划中人类宇航员成功登月铺路的自动飞行器。漫游者号探测器是在20世纪60年代早期美国向月球发射的首个自动探测器，为20世纪60年代末阿波罗的人类登月计划作了准备。漫游者号探测器是一系列完全由飞行姿态控制的自动探测器，它们被设计成能够在撞击月球硬着陆之前近距离拍摄月球表面。“漫游者1号”在1961年8月23日从卡纳维拉尔角的空军站发射升空，它通过测试探测器飞行表现，为后来的其他漫游者号任务奠定了基础。“漫游者2—9”号探测器在1961年11月至1965年3月间陆续发射。所有早期的漫游者任务（它们是“漫游者1—6号”）都经历了这样或那样的故障而失败。最终“漫游者7号”“漫游者8号”和“漫游者9号”成功了，它们的飞行传回了数以千计的月球表面的图像(着陆前)，并使人们对于月球的科学认识又前进了一大步。

美国国家航空航天局高度成功的勘测者（Surveyor）计划开始于1960年。它包括了1966年5月到1968年1月之间发射的7个无人登陆飞行器，成为人类在阿波罗计划中登上月球的直接的先驱。这些多用途的太空机器人被用来开发在月球表面软着陆技术，勘测可能的阿波罗计划着陆点，并且增加人类对于月球的科学认识。

“勘测者1号”探测器于1966年5月30日发射，在月球的风暴洋（Ocean of Storms）地区软着陆成功。太空机器人发现月壤的承压强度足以支撑阿波罗计划中的载人月球登陆车（登月舱）。这一发现有悖于当时普遍流行的假想，人们的假想是一个像登月舱这样重的探测器也许会沉入预期的滑石粉状的、超细的月球灰尘微粒中不见踪影。“勘测者1号”也通过电视广播传回许多月球表面的影像。

“勘测者2号”是软着陆机器人系列中的第二个。1966年9月20日在卡纳维拉尔角由宇宙神–半人马座(Atlas-Centaur)运载火箭成功发射，这个无人登月车在飞往月球时中途发生微调发动机故障。其中一个微调发动机点火失败导致的平衡失灵使“勘测者2号”坠于月球表面。美国国家航空航天局对于这次任务的援救尝试宣告失败。

美国国家航空航天局的下一个无人登月任务进展就顺利得多了。“勘测者3号”于1967年4月17日发射，并在风暴洋的另一个区域的一个小环形山的一侧软着陆成功。这个洋洋得意的太空机器人使用连在它机械手臂上的铲子掘出岩样，于是发现了月壤

这张照片，拍摄于“阿波罗 12 号”登月任务期间（1969 年 11 月），显示了宇航员小查尔斯 · 康拉德（Charles Conrad Jr.）正在检查 “勘测者 3 号”机器人探测器。在 1967—1968 年，在把人类送往月球之前，美国国家航空航天局使用了若干个勘测者登陆探测器仔细地勘探月球表面。“勘测者 3 号”是于 1967 年 4 月 17 日在卡纳维拉尔角发射的，于 1967 年 4 月 19 日在风暴洋的另一个区域的一个小环形山的一侧成功软着陆［背景中是在月球上行走的宇航员康拉德和艾伦 · L. 比恩（Alan L. Bean）的登月车“无畏号”］（美国国家航空航天局）

的登陆承压强度随着深度而加强。“勘测者 3 号”也从月球表面传送回了许多图像。

在喷气推进实验室忙于“漫游者”和“勘测者”任务的同时，他们也在进行向水星、金星和火星发射“水手号”探测器的计划。这个从 20 世纪 70 年代早期的“水手”计划具有划时代的意义，它极大地改变了科学家对于类地行星和内层太阳系的科学理解。第一个“水手”任务，被称为“水手 1 号”，实施的是飞越金星的计划。（第 3 章介绍不同种类的机器人探测器以及它们的不同任务）美国国家航空航天局和喷气推进实验室在“漫游者”的基础上设计了这个探测器。1962 年 7 月 22 日携带着“水手 1 号”的宇宙神——半人马座 B 型运载火箭的成功起飞很快就变成了灾难。当运载火箭偏离轨道后，在卡纳维拉尔角空军基地的发射场安全官员就被迫在发射后

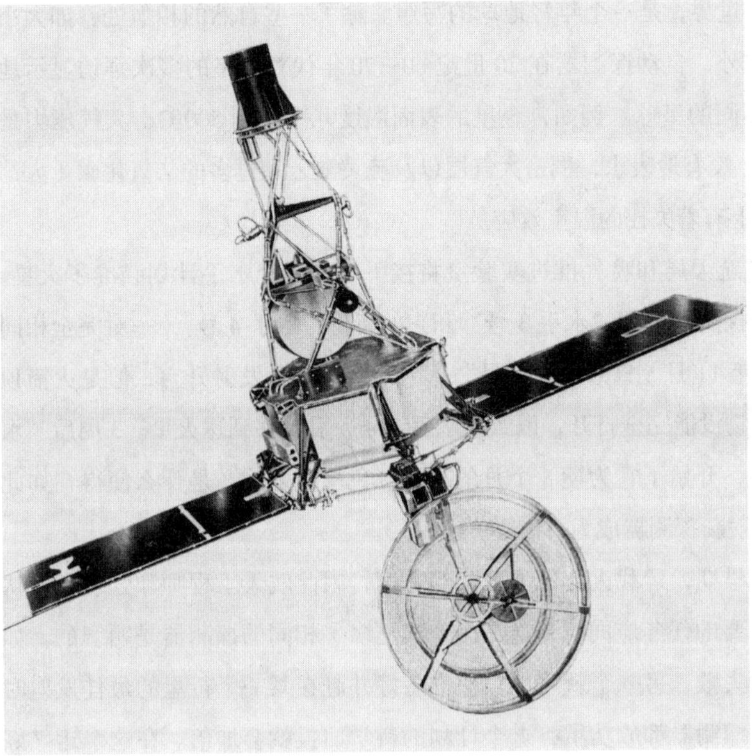

随着1962年8月27日的发射成功，“水手2号”成为第一个成功飞越另一颗行星（金星）的自动探测器。与它完全相同的孪生兄弟“水手1号”在1962年7月22日一次发射场安全官员摧毁一艘偏离轨道的火箭时毁灭。这幅图片显示的是“水手2号”这颗探测器在执行行星飞越任务的飞行途中展开的太阳能面板和它的高增益天线（美国国家航空航天局）

293秒摧毁了它。因为错误的命令导致火箭的控制异常，因而“水手1号”会在地球上的某处，很可能是在北大西洋的海洋航路或者某个居民区坠毁。失去“水手1号”是令人心痛的，它甚至没有得到展示能力的机会，坚强地面对了这一损失的美国国家航空航天局和喷气推进实验室的设计组成员们很快准备了一个与它完全相同的探测器，命名为“水手2号”，来替补它完成世界上第一次行星际的飞越任务。

继1962年8月27日卡纳维拉尔角的成功发射以后，“水手2号”在行星际空间飞行，成为第一个飞越另一颗行星（金星）的无人探测器。1962年12月14日，“水手2号”在大约4.1万千米远处与金星相遇。随后，“水手2号”进入太阳轨道。“水手2号”做出的科学发现包括金星的缓慢逆向自转，高温与高压表面，以二氧化碳为主的大气，最高达60千米厚的稠密云层，没有能勘测到的磁场。在它飞往金星的行星际飞行途中，“水手2号”收集到的数据显示太阳风持续流向太阳系空间，宇宙尘埃浓度比近地区域要低得多。

“水手2号”的飞越经历帮助科学家驱散了许多太空时代之前人们关于金星的美好遐想，人们普遍推测（在科学文献和科学幻想的作品中都曾提到）这颗云层包裹的行星是个史前世界，是一个年轻地球的写照。除了一些自然的相似处，如大小和表面重力水平之外，自动探测器在20世纪60—70年代对金星的多次拜访显示地球和金星是非常不同的星球。例如，金星的表面温度几乎达到500℃，大气压力是地球的90倍还多，没有地表水，稠密大气层以及硫黄酸云和过多的二氧化碳（大约96%）表明了金星上有着失控的温室效应。

美国国家航空航天局和喷气推进实验室将接下来的一个水手计划瞄准了火星。他们准备发射2个探测器，即"水手3号"和它的备份"水手4号"（一对完全相同的双胞胎）。1964年11月5日"水手3号"从卡纳维拉尔角发射升空，但是火箭顶部的探测器的包裹物没能完全打开，以致"水手3号"没能够到达火星。3周后"水手4号"发射成功，开始了它为期8个月的飞向红色星球之旅。是什么使得在如此短的时间回收并发射新探测器成为可能呢？

在太空探索的早期，运载火箭的失败相当普遍，因此航天工程师和管理人员认定要完成每一个重要的任务应同时建造2个（或更多）相同的探测器是明智的。如果一个探测器发射失败，另一个就可以很快准备好并赶在某一个行星的最佳发射时期发出。如果两个探测器都成功了，这个计划的科学回报就会加倍。在这个运气好的例子中，当第二个探测器几周之后飞往目标行星的时候，科学家就能够使用第一个太空探测器的初步发现来引导第二个探测器的数据收集计划。美国国家航空航天局在20世纪70年代3个最为成功的"自动孪生探测器"是"先驱者10号"和"先驱者11号"（飞越任务），"海盗1号"和"海盗2号"（登陆器和轨道探测器），以及"旅行者1号"和"旅行者2号"（飞越）。从2004年开始，幸运之神再次降临，美国国家航空航天局的孪生火星探险漫游车"勇气号"和"机遇号"平安地在火星上着陆，并开始在其表面漫游，开始了它们高产的科学探索。

发射时限就是一个特定的时间段，必须在这段时间内发射才能将探测器送到它预定的目的地。由于地球环绕太阳所处的位置变化，一个行星际发射时限在一年里通常只限于几周（甚至更短）。合适的时机使运载火箭能在自己的综合轨道中借助地球自身的旋转运动。如果探测器想要与目标行星同步到达行星际空间的一个特定点，地球离开时机也是非常关键的。通过谨慎地选择发射时限，行星际探测器能够使用最低能量路径，被称为霍曼（Hohmann）转移轨道，以纪念德国工程师沃尔特·霍曼（Walter Hohmann，1880—1945），他在1925年描述了这个轨道转移技术。轨道力学、有效负载质量和火箭飞行器的推力都影响着行星际的飞行。

从地球到火星最节省能源的发射时限每 2 年有一次。决定探测巨大的外层行星的发射时限更复杂一些。例如，每 176 年 4 颗巨行星（木星、土星、天王星、海王星）都会特殊排列，这时在地球上向木星发射的探测器，如果利用引力助飞技术可能在这一次任务中同时飞临另外 3 颗巨行星。（重力助飞技术将会在第 2 章讨论到）这种特殊的机会出现在 1977 年，美国国家航空航天局的科学家充分利用了这次天体的特殊排列现象，他们将两个复杂的自动探测器“旅行者 1 号”和“旅行者 2 号”送上了这次的多巨行星飞越之旅。简而言之，“旅行者 1 号”飞越了木星和土星，而“旅行者 2 号”完成了所谓的“大旅行”，在一次任务中飞越了全部 4 颗巨行星。

在 20 世纪 60 年代早期的冷战环境下，太空探索的成就引起了极大的政治重视和全球关注。能够首先完成这个或那个太空探索项目的超级大国就能够在世界政治舞台上赢得中心地位。因此美国国家航空航天局的管理者很快就认识到建造完全相同的孪生探测器（以防一个不能完成任务）事实证明是相对便宜的，而且是既能赢得政治资本又能追求主要科学目标的方法。冷战时期超级大国的竞争给太空探索以极大的动力，同时也开创了一个历史上前所未有的发现时代。这主要是得益于自动探测器，1960—2000 年间收集到的关于太阳系以及宇宙的信息比以往人类历史上收集到的还要多。这种发现的潮流在冷战后期一直持续着，因为有更多的像卡西尼 / 惠更斯（Cassini/Huygens）一样复杂精密的太空机器人在探索着未知的世界。

在讨论“海盗计划”的惊人成就或者“旅行者号”探测器的壮游之前，这一章先回到重要的“水手 4 号”的火星任务。“水手 4 号”于 1964 年 11 月 28 日从卡纳维拉尔角成功发射，在太

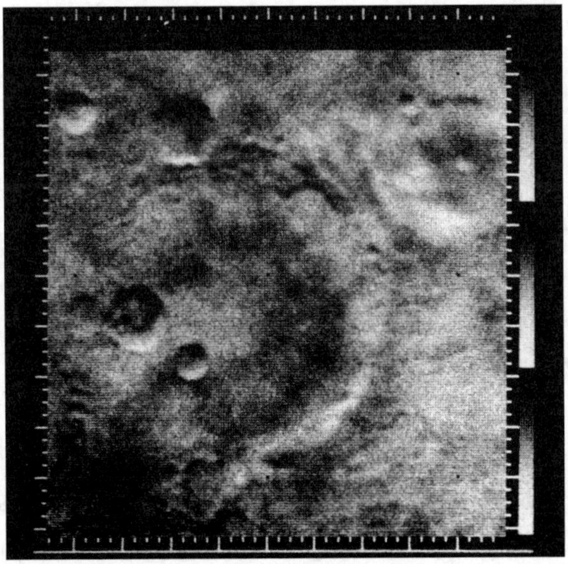

美国国家航空航天局的“水手 4 号”在 1965 年 7 月 14 日飞临火星时，从 1.255 万千米高空的倾斜距离拍下了这张火星的照片（美国国家航空航天局）

阳系空间飞行了近 8 个月，于 1965 年 7 月 14 日从火星身边呼啸而过。在飞越火星过程中，最接近的时候只距火星表面 9 845 千米。在飞越火星上空时，太空探测器第一次收集到了另一颗行星的特写镜头。经过很长一段时间从一个小型录像机中播放出来的这些图像显示了一些与月球相似的环形山，一些环形山在火星夜晚的严寒中结霜。与当代的自动探测器拍摄的高分辨率图片相比，“水手 4 号”所拍下的 21 张完整照片以及第 22 张照片上的 21 条线相当模糊。然而从这些另一颗星球的早期照片开始，人们完全改变了长期以来对这颗红色星球的看法。

在整个人类历史中，这颗红色的星球——火星一直是天文思索的中心。古巴比伦人密切注意这颗在夜空中游移并闪着红光的星球的运动，并以战神奈格尔（Nergal）的名字命名它。后来，罗马人也出于对他们自己战神的敬意，给了火星现在的名字。火星表面的大气层存在着极冠，加上其表面昼夜更替的形式使得太空时代前的许多天文学家和科学家认为它是一颗“类地行星”——地外生命的可能居住地。美国天文学家帕西瓦尔·罗威尔（Percival Lowell，1855—1916）就是运河理论最直言不讳的支持者之一。在若干个民间的出版物中，他强调火星是一个将死的行星，智慧的火星居民在这个外星球上修建巨大的运河来分配稀少的水资源。来自火星的入侵是当时科幻小说和娱乐业的一个流行主题。例如，当 1938 年演员奥森·威尔斯（Orson Wells）播出改编自赫伯特·乔治·威尔斯（H.G. Wells）的科幻经典《世界大战》（*The War of the Worlds*）的广播剧时，相当多的人相信这个火星入侵的报道，几乎在美国北部一些地区引起了恐慌。

然而，在“水手 4 号”的带领下，一支精密复杂的机器人探测器队伍——飞越探测器、轨道探测器、登陆探测器和探测车——打破了这个运河理论——这个长期以来夸大且荒诞的关于古代火星人在这个将死星球上为了将极冠的水注入有生产力的地区而奋斗的说法。来自探测器的数据显示这颗红色的星球实际上是个“处于中间状态”的星球。火星表面部分地区是古代的，就像月球和水星的表面，还有一部分是进化的，像地球一样。火星在新一轮的精密太空探测器的深入研究中仍然处于中心位置。对微生命（存在的或灭绝的）的持续探索，以及对于曾经在古代火星上大量存在的液态水命运这一不解之谜的分析，成为目前探索计划的首要任务。

其他成功的“水手号”使者还包括 1967 年向金星发射的“水手 5 号”，1969 年向火星发射的“水手 6 号”，1969 年向火星发射的“水手 7 号”，以及 1971 年向火星发射的“水手 9 号”。1971 年 11 月“水手 9 号”成为第一颗火星的人造卫星以及首个环绕其他行星公转的探测器。这个自动探测器耐心地等待着巨大的覆盖全星球的尘暴减弱，然后拍下众多高质量的火星表面的照片，这些照片给科学家提供了这颗红色星球的第一次全星球组合图画。“水手 9 号”也首次给火星的两颗小卫星，即火卫一（Phobos）和火卫二（Deimos）拍了近距离特写。

“水手 10 号”成为第一个借一颗行星的引力协助飞抵另一颗行星的探测器，这是太空飞行中关键性的创新方法，它使得无人探测器对外层行星的探索成为可能。“水手 10 号”在 1973 年 11 月从卡纳维拉尔角发射，将这颗探测器在 1974 年 2 月送上了金星，并在那里获得引力助飞的协助使它在当年 3 月和 9 月飞越水星。“水手 10 号”是第一个，也是目前为止唯一的一个探索太阳系最内层行星的探测器。在 2004 年 8 月 3 日，美国国家航空航天局在卡纳维拉尔角发射了“信使号”（Messenger），并将这颗轨道飞行器送上了飞往水星的遥远的行星际旅途。2011 年 3 月“信使号”成为第一个实现环绕水星运行的自动探测器。

第一个关于火星生命的深入研究开始于 1975 年，当时美国国家航空航天局发射的“海盗号”包括两个轨道探测器和两个登陆器。这个精密的无人探测器的开发任务由美国国家航空航天局的几个中心和一个私人的美国航天公司共同完成。喷气推进实验室建造了“海盗号”的轨道探测器、执行探测器通信，并且最终管理这次任务。“海盗号”的任务和在火星上寻找生命的部分将在后边的章节讨论。

拜访巨行星数量最多的一个单一的太空探测器的荣誉属于喷气推进实验室的旅行者计划。1977 年发射的孪生的“旅行者 1 号”和“旅行者 2 号”在木星（1979）和土星（1980—1981）身边飞过。“旅行者 2 号”继续飞越天王星（1986）和海王星（1989）。现在“旅行者 1 号”和“旅行者 2 号”都在不同的轨道上向星际空间飞去。在 1998 年 2 月“旅行者 1 号”超越“先驱者 10 号”，成为太空中最遥远的人造物体。旅行者星际任务（在第 12 章描述）会成功地在下一个 10 年继续。

知识窗

“信使号”任务

“信使号”是美国国家航空航天局“水星表面，空间环境，地球化学和探索”任务的英文缩写。这个自动空间探测器将会在对水星实现 3 次飞越后环绕水星运行。环绕的相位将会使用飞越时收集到的数据初步指导它对这颗神秘星球进行集中的科学研究。水星仍然是太阳系中探索得最少的类地行星（或内行星）。

在2004年8月3日，这个485千克的“信使号”探测器在卡纳维拉尔角空军基地由波音戴尔塔II（Boeing Delta-II）型火箭成功地送入太空。在计划的79亿千米中包括了15次绕日的太阳系旅行，“信使号”探测器已经飞过地球（2005年8月）一次，将要飞越金星两次（分别在2006年10月和2007年6月），然后三次飞过水星（在2008年1月、10月和2009年9月），最后坠毁在水星上。

对地球和金星的飞越是利用引力协助“信使号”探测器飞往水星轨道。对水星的三次飞越将会帮助“信使号”探测器达到符合水星的速度与位置，使其能够在2011年3月进入水星运行轨道。飞越水星也使“信使号”探测器能够收集重要的数据，科学家会用来计划这个持续一年的环绕相位。

“信使号”探测器由美国约翰·霍普金斯大学（John Hopkins）应用物理实验室（JHUAPL）为美国国家航空航天局设计和建造，是第二个派往水星的自动探测器。“水手10号”在1974—1975年间三次飞越水星，但由于轨道力学的局限，只能收集到这颗行星表面不到一半的数据。

“信使号”任务是个雄心勃勃的科学计划。这个探测器上的七个科学仪器装备可以确定水星的构成，拍摄全球基础行星表面的彩色图像，绘制水星的磁场并测量水星内核的性质，探测水星奇异的两极并确定在这些永远照不到阳光的地区是否存在任何水冰或者其他冻结的挥发物，以及搞清水星稀薄的大气和类地球的磁力圈的特点。

从现在开始的几百万年里——很有可能那时人类文明已经从地球表面完全消失了——这四颗探测器（“先驱者10号”“先驱者11号”“旅行者1号”和“旅行者2号”）将会继续在空旷的星际空间飘荡。每个探测器都是人类的聪明才智与求知渴望的遗迹。携带着来自地球的信息，每一个远征的探测器同时也永久地见证了至少在人类历史的某个时刻，一些人向天空抬起了头并且竭力去触摸星星。尽管最初是为了探索太阳系而设计的，这四个相对简单的自动探索设备现在是人类文明中比任何

艺术家设想的美国国家航空航天局的“海盗号”太空飞船（轨道探测器和登陆器的结合）1976 年靠近火星时的情景

这张图画展示了艺术家设想的美国国家航空航天局远航的“旅行者 2 号”自动探测器在 1989 年 8 月 25 日飞越最临近海王星的位置 7 小时后回望海王星及其卫星海卫一（Triton）的情景。画家唐·戴维斯（Don Davis）在创作这幅画时用电脑合成了探测器穿越海王星星系时的模拟轨道（美国国家航空航天局 / 喷气推进实验室）

洞穴绘画、高大的纪念碑、雄伟的宫殿，或者地面上高耸的城市都更持久的人造物品。

新一代更精密的太空探测器在20世纪80年代末至90年代初出现了。这些航天器使美国国家航空航天局能完成更详细的对于行星和太阳的科学研究。伽利略（Galileo）计划中的木星自动航天器和卡西尼（Cassini）计划的土星自动航天器代表了传感技术、计算机技术和航天工程的重大进步。

伽利略计划开始于1989年10月18日，这个精密的探测器被阿特兰蒂斯（Atlantis）号航天飞机送入低空绕地轨道，然后由惯性上级运载火箭（IUS）发射进入它的行星际之旅。依靠引力助飞方能抵达木星的“伽利略号”探测器飞过金星一次和地球两次。在飞往木星的途中，当“伽利略号”通过火星较远一边的行星际空间时，访问了小行星伽斯普拉（Gaspra）（1991年10月）和艾达（Ida）（1993年8月）。“伽利略号”在1991年10月29日飞过伽斯普拉时，让科学家第一次近距离看到了一颗小行星。在它绕木星做最后一圈飞行时观测到了这颗巨行星被苏梅克列维9号彗星（Shoemake–Levy–9）的碎片撞击的场面。1995年7月12日，“伽利略号”的母太空飞船与它的搭乘同伴（大气探测器）分离，这两个自动探测器各自奔向它们的目标。

1995年12月7日，“伽利略号”点燃它的主发动机进入木星的环绕轨道，并且收集这个大气探测器在降落伞辅助下降过程中发来的关于木星大气的数据。在它最初两年的任务中，“伽利略号”实现了10次对木星主要卫星的预计飞越。1997年12月，这个精密的自动太空飞船开始了8次飞越光滑的冰层覆盖的木卫二（Europa）和2次飞越比萨饼色的满是火山的木卫一（Io）的扩展任务。

2000年初“伽利略号”开始了第二次扩展科学考察任务。这次任务包括对木星的木卫一、木卫三（Ganymede）和木卫四（Callisto）的飞越，以及与“卡西尼号”联合对木星进行观测。在2000年12月，“卡西尼号”飞过这颗巨行星以获得使这颗巨大的太空飞船能最终飞越土星所必须的引力协助。“伽利略号”在2002年11月呼啸着飞过木星的木卫五（Amalthea），从而完成了对木星卫星的最后一次飞越。

这次与木卫五的会面之后，在2003年9月“伽利略号”踏上了预定的最终与木星相撞的旅程。美国国家航空航天局的任务控制者们有意地使这艘“伽利略号”的母太空飞船在其完成众多科研项目之后撞击木星，目的是为了避免地球微生物污染木卫二的可能。因为作为一个不被控制的遗弃物，“伽利略号”很可能最终在今后几十年里的某个时刻撞上木卫二。许多外空生物学家怀疑木卫二的冰层表面之下拥有

艺术家设想的美国国家航空航天局“伽利略号”太空飞船于 2002 年 11 月正在近距离飞越木星的微小的内卫星木卫五（Amalthea）的情景

能够孕育生命的液体水构成的海洋。因为“伽利略号”太空飞船有可能隐匿着一些搭乘太空飞船而来的地球微生物，科学家认为应该谨慎地避免对木卫二造成任何可能的污染。最简单的解决这种潜在难题的方法就是把退役的“伽利略号”丢弃在木星冰冷的旋涡云层中。因此，美国国家航空航天局和喷气推进实验室的任务控制人员在对“伽利略号”的动向和轨迹仍然保持着良好控制的时候就实施了这个计划。

今天，喷气推进实验室仍然大量地从事与深空自动科学有关的计划。帕萨迪纳的实验室进行的研究包括分系统工程、仪器开发、更高水平的数据自动换算，以及支持深空研究的分析。正在探索土星系统的复杂的“卡西尼号”以及现在正在火星这颗红色的星球上漫游的精力充沛的“勇气号”和“机遇号”探测车，都是由喷气推进实验室成功开发的当代复杂的机器探测器。

在地平线上有像“黎明号”一样激动人心的太空机器人计划——第一个预计在离开地球后环绕两个不同天体的太空飞船。“黎明号”预计在 2007 年发射，于 2011 年开始环绕一颗较大的主带小行星即灶神星（Vesta），然后在 2015 年开始环绕最大的主带小行星即谷神星（Ceres）。

◎应用于天文学的机器人太空飞船

电磁波频谱的每一部分（无线电频、红外辐射、可见光、紫外线、X射线与伽马射线）都能给天文学家和天体物理学家提供宇宙与宇宙内物质的独特信息。例如，某种无线电频率信号（RF）可以帮助科学家描绘冰冷的分子云。宇宙微波背景辐射（CMB）代表来自宇宙大爆炸的化石辐射。大多数科学家认为现代的宇宙起源于150亿年前那次巨大的古代爆炸。光谱的红外线（IR）部分能够让天文学家观测看不见的物体，如临近星（褐矮星）和相对冷的恒星。红外辐射也可以帮助科学家偷偷观察尘埃遮蔽的恒星摇篮（新恒星形成的区域）的内部并且揭开银河系核心区域中的光学不透明区的面纱。紫外线（UV）射线给天体物理学家提供特殊的关于非常炽热的恒星和类星体的信息，而可见光帮助观测天文学家描绘行星、主序星、星云和星系。最后，天基天文台的伦琴和伽马射线集给科学家提供了特殊的关于高能量现象，如超新星、中子星和黑洞的情报。黑洞的存在是依据极热物质穿过某个黑洞表面之前在一个吸积盘里旋转时放射出的剧烈的高能量辐射所推断出来的。

科学家认识到如果他们可以观察电磁波频谱所有的部分，他们就可以极大地增强对宇宙的了解。由于天基天文学的技术在20世纪末的成熟，美国国家航空航天局建立了大天文台计划（Great Observatories Program）。这个重要的计划包括一系列4个高精度的天基天文望远镜，每一个都是精心设计的，代表最新技术发展水平，专门收集电磁波频谱中某一个（或几个）波段的“光线”的仪器；一个天文台太空飞船就是一个不需要飞到天上的目的地就能够探索它的自动探测器；天文台探测器占据一个特殊的绕地轨道或者绕日轨道，那里是它们的有利观测点，可以不受地球大气层气流的影响而清晰地观测远处的目标；红外线天文台也能将来自巨大的背景热辐射源，如地球或太阳的干扰降到最低的轨道上进行观测。

美国国家航空航天局最初给每一个大天文台一个开发名，后来又为了纪念一些著名的科学家而将这些轨道天文仪器重新命名。第一个大天文台是空间望远镜（ST），后来成为哈勃太空望远镜（HST）。它是1990年由航天飞机发射的，后来在轨道上接受了一系列后续的航天飞机的维修。随着持续升级的仪器以及改善的镜头，这个长期的天基观测台被设计成能收集光谱中的可见光、紫外线和近红外线光谱的望远镜。这颗天基观测台卫星以美国天文学家爱德温·鲍威尔·哈勃（Edwin Powell Hubble，1889—1953）命名。美国国家航空航天局现在正在检查另一次（也许是自动的）维修任务的计划，以使哈勃望远镜能够再多工作几年直到2011年被詹姆斯·韦伯太空望远镜（JWST）代替。

第二个大天文台是伽马射线望远镜（GRO），1991年航天飞机将它发射升空后，美国国家航空航天局将它重新命名为康普顿伽马射线太空望远镜（CGRO）。这个望远镜是为了观测高能量的伽马射线而设计的，从1991—1999年间，它收集到了宇宙中一些最猛烈的爆发现象（violent processes）的有价值的科学信息。美国国家航空航

1977年2月美国国家航空航天局的哈勃望远镜正从停泊处升起，并被小心地从“发现者号”的负载港提出，然后被航天飞机的机械臂放到阳光下。这次事件发生在STS-82任务期间，又被美国国家航空航天局称为第二个哈勃服务任务（HST SM-02）[美国国家航空航天局 / 约翰逊太空中心（JSC）]

天局重新命名这座天文台来纪念美国物理学家和诺贝尔桂冠的得主亚瑟 · 霍利 · 康普顿（Arthur Holly Compton，1892—1962）。康普顿望远镜的科学任务在 1999 年正式终止。第二年，美国国家航空航天局的任务管理官员命令这个大块头的卫星完成人工控制的脱离轨道坠落。这次操作致使它在 2000 年 6 月重返地球时，它的残骸在太平洋上空散落。

美国国家航空航天局最初把这个系列里的第三个望远镜叫做高级 X 射线天体物理学设施（AXAF）。后来为了纪念印度裔美国天体物理学家和诺贝尔奖获得者萨拉马尼安 · 钱德拉塞卡尔（Subrahmanyan Chandrasekhar，1910—1995），重新将它命名为钱德拉 X 射线太空望远镜（CXO）。1999 年这个观测卫星被放到了一个大椭圆的地球环绕轨道上。钱德拉望远镜能够观测从多种宇宙能量源包括超新星和围绕在可疑的黑洞周围的吸积盘中发出的 X 射线发出物，它的工作至少能够持续到 2009 年。

美国国家航空航天局系列大天文台计划的第四个也是最后一个成员是太空红外望远镜设施（SIRTF）。美国宇航局在 2003 年发射了这个天文台并且为纪念美国天体物理学家小莱曼 · 斯皮策（Lyman Spitzer, Jr.，1914—1997）将它重新命名为斯皮策太空望远镜（SST）。这个精密的红外线波段望远镜为科学家提供了崭新的有利位置，使他们可以研究那些直到现在仍然处于黑暗中的现象，如恒星、星系以及行星系统的形成。斯皮策望远镜也是一个重要的技术桥梁，是对通向美国国家航空航天局的起源计划（Origins Program）———项正在进行的用科学原理来解释“我们从何而来”以及“我们是否孤单”的重要问题的尝试。

2 机器人太空飞船是如何工作的

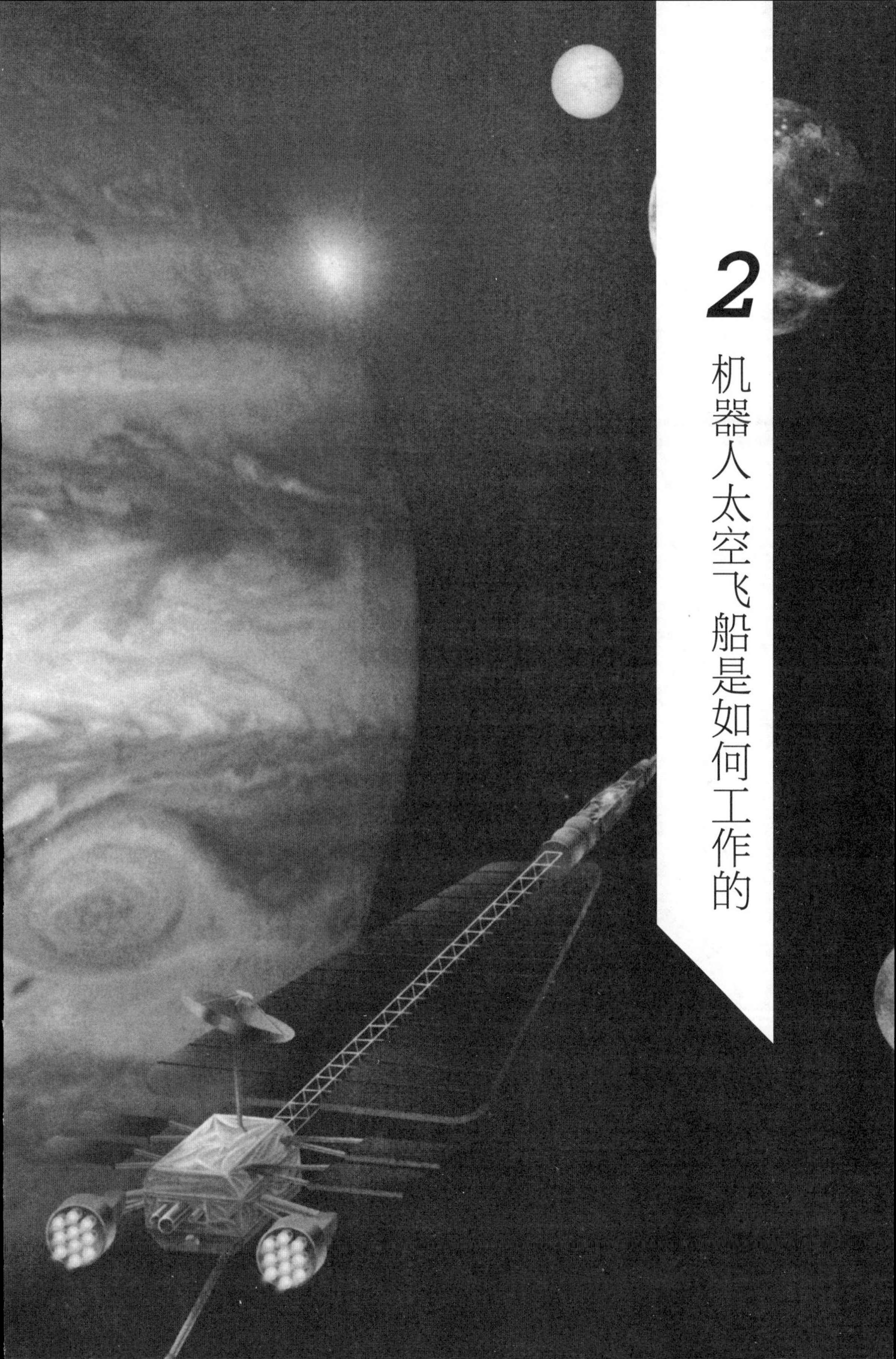

机器人太空飞船是一个无人平台，工程师将它设计成为能够围绕地球轨道或者另一个天体的行星际轨道运行或者能够在深空中飞行。太空机器人本质上是组成任务导向的太空飞船的硬件组合。太空探测器的硬件组合包括结构、热控制、线路和分系统功能，例如姿态控制、指令、数据处理和电力。

美国国家航空航天局的工程师通常称机器人太空飞船为飞行系统，以区别于留在地球上执行某个计划或任务的地面系统中的一部分装置。机器人太空飞船本身可能包括 10 个或更多的分系统，如包括一个姿态控制分系统（本章稍后讨论），这个姿控分系统依次包括许多的组装部件，例如反轮部件或者惯性参考部件。在那些涉及无线电通讯系统的实例中，在太空飞船和地面分别有传输（飞行系统的一部分）和回收（地面系统的一部分）子系统。因此，在航天领域里对系统和子系统的术语的使用有些混乱，甚至有时候系统名被包括到了子系统里，例如在成像子系统里包括了透镜系统。要记住航天硬件的层次按向下顺序依次是系统、子系统、部件和元件（或零件）。然而，正是因为机器人太空飞船的复杂性以及许多系统和子系统互相依存的特性，工程师和科学家在命名这些硬件的分类体系时显得格外的随意。幸运的是，一点明显的命名方面的混乱不会减损机器人太空飞船的硬件的质量，正是这些硬件使太空飞船能够运行和完成自动探索和科学数据收集的非凡壮举。毕竟那才是这些神奇的机器装置被建成的首要原因。

单个的机器人太空飞船在设计和复杂程度上都极不相同。这种不同包括子系统的种类和数量以及每一个单独的子系统的组成零件和部件。本章所讨论的不同种类的机器人太空飞船并不都需要同样的子系统。例如，在单程科学任务中最终将会落入行星大气层的自动探测器通常不会有推进子系统或者姿态控制子系统。但是这个探测器会携带科学仪器，需要电力和一个有效的热控系统，使用船载计算机，并且传送收集的数据。本章侧重讲述能够满足现代复杂的飞越和环绕类任务要求的机器人太空飞船的基本子系统。然而，讨论范围将会很广泛，也会包括较为简单的（从航天器工程角度来说）太空机器人种类，如登陆器和探测车。

不同的太空机器人拥有不同水平的机器智能。一个机器人的机器智能水平决定它的自主操作可能度以及所需的人类监管程度。对于深空任务来说，直接的人类操控通常是不现实或不可能的，因此，执行这种任务的太空机器人必须有相当高程度的机器智能。明确地说，处于一个离地球相当远的距离时，机器人太空飞船必须有自主性和机器智能才能监控和操控自己。当一个太空机器人距离地球光分远时，同处于这一任务中的人类组员不能及时对异常情况做出反应。所有的机器人太空飞船的子系统都应包括并且能够执行故障保护运算（fault-protection algorithms），这能使它不需要人类的直接协助就能快速查明并且应对问题。当一个故障保护运算器检测到问题时，它能立即恢复故障子系统的安全状态。恢复安全状态就是一个太空飞船子系统关闭或者重新配置部件以防止来自内部或者外部环境改变造成损坏的过程。地球上的许多机器和家用设施都配有能够恢复安全状态的功能。办公室里碎纸机的电机上的热限制开关就是一个例子。当电机工作太久而开始变得过热时，热限制开关就会关闭机器以防止永久性损坏的发生。当电机冷却到安全的水平时，热限制开关就重新设定，碎纸机就可以再次使用。机器人太空飞船复杂的子系统中装配有许多这样的安全保护装置。

◎为科学服务的太空机器人

机器人太空飞船的形状和大小各异。通常每个太空机器人都是为了某个具体的需要或者特殊的太空探索任务而特别设计和精心建造的。例如，登陆器太空飞船被设计和建造成能获得科学数据并在行星表面恶劣的环境中工作。因为太空机器人的复杂程度相差甚远，工程师和太空科学家发现根据机器人太空飞船预计的飞行任务而把它们分类很便利。本章主要介绍较为广泛的机器人太空飞船的通用类别，第 3 章提供了补充的历史说明，介绍机器人太空飞船的大小和复杂程度在过去 40 年里发生的变化。接下来的章节将会针对每一个主要类别，如飞越探测器、轨道探测器、登陆器和探测车中的重要的太空机器人的特征进行描述。

大多数行星际探测器的飞行都是为了收集科学数据。然而，一些太空机器人，如美国国家航空航天局的“深空 1 号”（DS1）把证实新太空技术当成它们的主要任务（见第 9 章）。在这种证实技术进步的探测器上，收集科学数据仍然是一项重要的工作，尽管是目的是次要的。当收集科学数据成为一个机器人探测器的首要任务时，所有探测器上的子系统和部件都是为了支持这个单一目的而建的。太空机器人被设计和组装成能够在目标行星际位置或太空中的物体上收集科学数据。

机器人太空飞船的存在是为了把科学仪器送往某个行星际终点，并使这些仪器在最有利的可完成条件下开始测量、观测或进行试验；然后将仪器的数据传给地球的科学家。在这个有趣的样品回收任务中（见第 7 章），机器人太空飞船必须从一个外星球收集物质样品然后将其送回。一旦太空机器人将外星物品传递回地球，科学家就开始在一个特殊的、生物隔离的设备中详细地对这个外星球物品进行特殊的研究。

机器人太空飞船可以携带的科学仪器有很多种类。为了方便起见，科学家和工程师们通常将这些仪器分成两个通用大类：直感测量仪和遥感测量仪。一个直感测量仪与该仪器所靠近的（兴趣）现象直接作用。这样的例子包括辐射探测仪和磁力计。相反，一个遥感测量仪不直接接触被测目标而是在远处检测一个物体或者现象。从目标到仪器之间的电磁辐射支持信息传送和数据收集。遥感测量仪通常能形成被研究对象的某种影像或者收集被研究对象的特征数据，如温度、发光密度或者在某个波长的能量水平。

科学家发现将科学仪器按主动和被动来分类也很方便。被动仪能探测某种被研究物体或某种现象自然发出的射线、粒子或者其他信息。磁力计就是一个许多机器人太空飞船携带的被动直感科学探测仪器，能够在太空飞船接近的范围内感知和测量行星际磁场。成像仪是被动遥感探测器，收集一个行星体放射或者反射的电磁射线。对于可观测到的行星体反射射线来说，阳光是一个自然的光亮源。（被动成像仪后面将会介绍）一个主动仪能提供自己的电磁射线或粒子源来刺激被照射或被照亮目标的特征反应。美国国家航空航天局的麦哲伦（Magellan）轨道探测器所携带的合成孔径雷达和美国国家航空航天局的火星探路者探测车所使用的阿尔法质子 X 射线频谱仪（Spectrometer）都是主动科学仪器的实例。

◎科学机器人太空飞船的常规分类

科学机器人太空飞船的常规分类包括：飞越探测器、轨道探测器、大气探测器

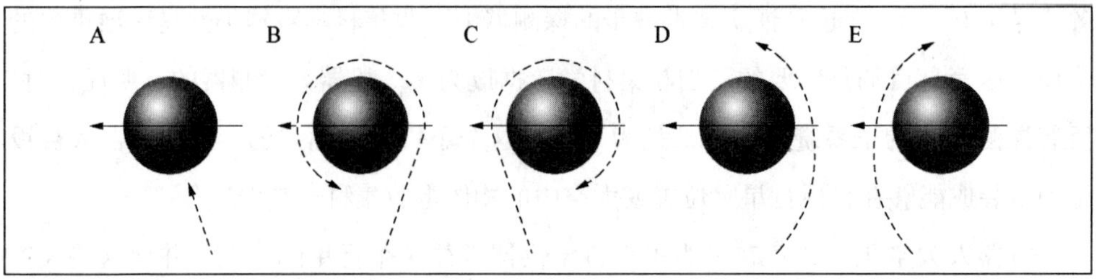

机器人太空飞船与行星相遇的可能轨道

太空飞船、大气气球包、登陆太空飞船、表面穿透太空飞船、表面探测太空飞船和观测太空飞船。

当机器人太空飞船与一个行星相遇时，其轨道有三种基本可能性。第一种可能的轨道是直接相撞或硬着陆。这是一种碰撞轨道（上图中的 A 轨迹）。硬着陆是机器人太空飞船对行星或者卫星表面所做的相对高速度的冲击降落。它通常会毁掉所有的设备，除非是非常结实的仪器包或者负载包。硬着陆可以是有目的的，就像美国国家航空航天局的漫游者任务中发生的那样；也可以是非计划的，当制动火箭系统无法点火或者降落伞系统无法打开，机器人登陆器就会以非计划的高速度撞击行星的表面。

航天工程师设计登陆器沿行星表面的碰撞轨道飞行。他们也希望机器人能够通过低速降落表面而幸存。有时，一个登陆器被送入直接的碰撞轨道，也有时一个机器人被母太空飞船载入行星际空间，然后在母太空飞船完成对于目标行星的环绕之后将其投入一个碰撞轨道。随着与环绕运行的母太空飞船分离，登陆器沿着精心设计的碰撞轨道飞向目标行星的表面。美国国家航空航天局执行月球探测任务的“探测者号”太空飞船执行的是前面说的软着陆任务路径，而“海盗 1 号”和“海盗 2 号”的火星登陆器执行的是后面的设计路线。

1976 年，在火星表面降落的“海盗 1 号”和“海盗 2 号”的登陆器代表了机器人太空探索的一个早期的巨大成功。与海盗号轨道探测器分离之后，登陆器（在气壳的保护下）以大约 1.6 万千米 / 小时的速度进入火星稀薄的大气层。在它的下降过程中，登陆器在气动阻力的作用下减速直到气壳被抛掉。机器人登陆器上降落伞的打开进一步使其减速，最后自动点燃制动火箭完成软着陆。两个海盗号登陆器在没有人类的直接干涉和指导的情况下成功地自动完成了软着陆的全过程，这一事实具有极特殊的意义。

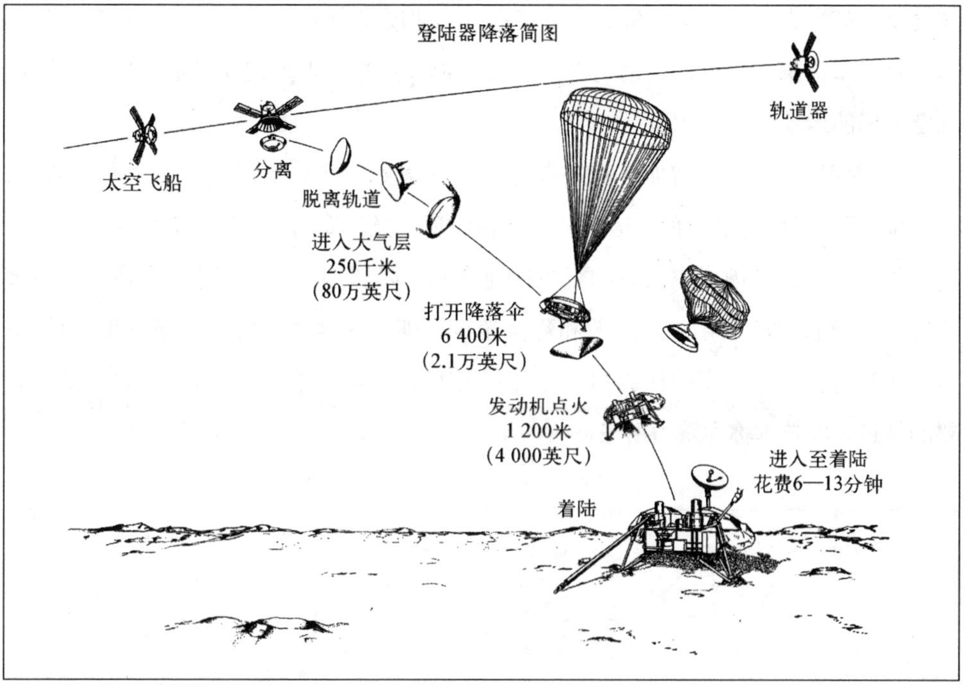

1976 年美国国家航空航天局的“海盗 1 号”和“海盗 2 号”登陆器降落在火星上并成功软着陆的过程简图（美国国家航空航天局）

而另一个登陆 / 探测任务的场景，当两个协同飞行的太空飞船距离目标行星仍有一定距离时，母太空飞船抛离登陆器和自动探测器。随着抛离和分离，自动探测器沿着惯性碰撞轨道进入大气层，落入目标物体的表面。这个场景发生在 2004 年 12 月 25 日，当时“卡西尼号”母太空飞船正释放出搭乘的“惠更斯号”探测器（Huygens），它在环绕土星飞行时完成对“惠更斯号”的释放。分离后，“惠更斯号”沿着一条精心计划的惯性轨迹飞行了约 20 天到达了土星的卫星土卫六（Titan）。在 2005 年 1 月 14 日，当它到达土卫六时，“惠更斯号”进入了这颗卫星的高层大气层，完成了绝妙的数据收集的下降过程，并成功地降落在这颗卫星的表面。

第二种轨道是环形捕获轨道。太空飞船单纯地被行星重力捕获并进入其环绕轨道。机器人太空飞船能够从行星的后缘（40 页图中的 B 轨迹）或者前缘（40 页图中的 C 轨迹）进入这个捕获轨道。第三种轨道叫飞越轨道，太空飞船与行星保持的距离足够远不致被捕获，但是却因为行星的重力吸引在距离它相当近处飞过。在这种情况下，如果太空飞船从行星的后缘接近，其速度将会增加（40 页图中的 D 轨迹）；如果从行星的前缘接近，其速度将会消减（40 页图中的 E 轨迹）。除了速度的改变，太空飞船的运动方向也会改变。

飞越探测器速度的增加其实来自行星本身速度的减少。实际上，探测器是被行星“拖着”。当然这是一种对这个复杂的相遇现象极为简单的说法。对太空飞船轨道的全面计算必须考虑太空飞船和行星的速度和实际轨迹，太空飞船将会离行星有多接近，以及行星的大小（质量）和环绕速度，即使这样也只能进行最简单的计算。航天工程师们在设计飞越探测器时充分利用了这种自然的行星拖拽，并且把这种重要的轨道力学技术称为重力助飞。

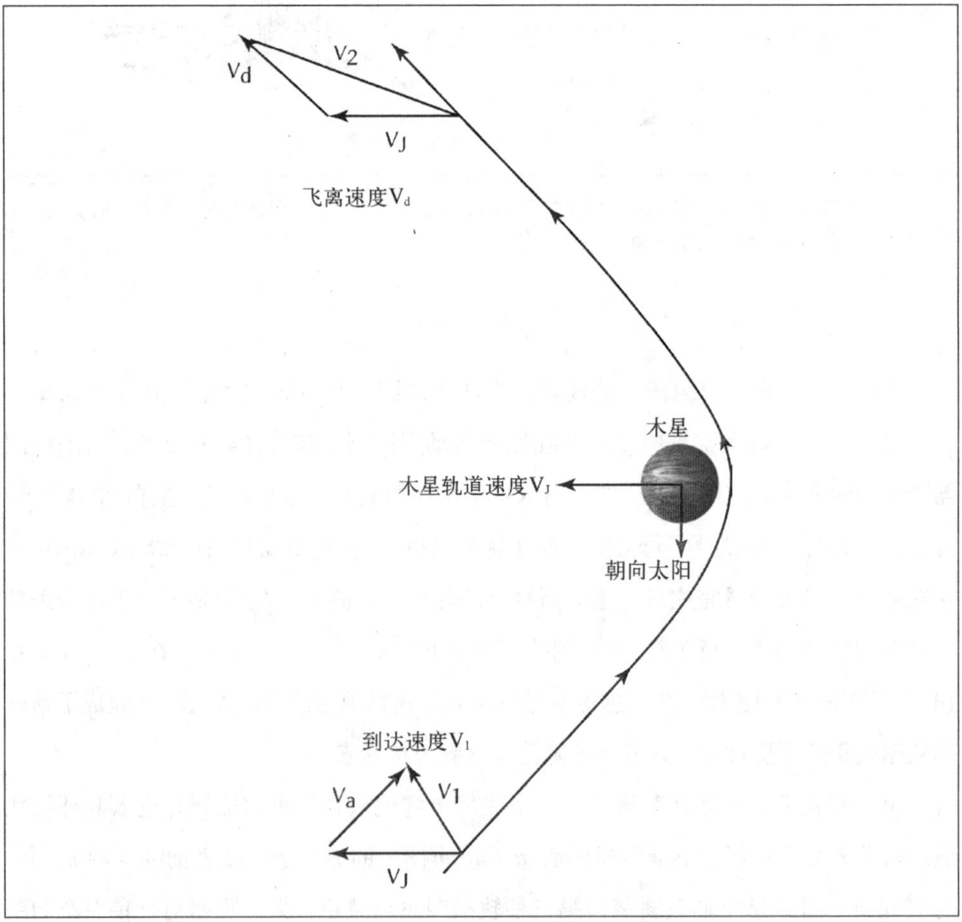

一个机器人太空飞船在飞越木星时经历的速度改变（美国国家航空航天局）

一个更好的对于重力助飞的理解可以通过更详细的数学上向量的应用来说明。上页图表明在近距离与木星相遇时飞越探测器速度增加的方式。在“旅行者 1 号”或“旅行者 2 号”与木星接近时,每个探测器在运动中所遵循的日心（太阳为中心的）路径相对于木星都极接近双曲线。

太空飞船的日心速度是木星的轨道速度（V_J）和太空飞船相对于木星的速度（即它的轨道——双曲线的切线）的矢量和。太空飞船从太阳的方向以渐近的速度（V_a）沿着一个渐近线向木星移动。相对于日心的到达速度（V_1）可以通过矢量相加得出：$V_1=V_J+V_a$。太空飞船然后离开木星向一个新的方向飞去，这个新方向是由木星质量的万有引力作用于航天器质量的影响所导致的弯曲度决定的。这条双曲线上渐近线的离开速度（V_d）与到达速度相同。因此，V_a 的长度与 V_d 的长度相同。相对于日心的离开速度是：$V_2=V_J+V_d$。这个矢量和出现在该表的上部。

在这个较短的太空飞船靠近木星的时间里,木星的环绕速度（V_J）几乎没有改变，因此科学家假设 V_J 等于常数。

图中的矢量和解释了当相对于太阳测量时，由木星的重力导致的太空飞船轨道的偏转或者弯曲度造成了太空飞船沿着它双曲线轨道速度增加。对于“旅行者 1 号”或“旅行者 2 号”来说，这种速度的增加缩短了它们到达土星及其以外的场所的总的飞行时间。这种间接前往系外行星的深空任务比直接轨道的任务节省 2 到 3 年的飞行时间，后者不利用重力助飞。

太空飞船重力助飞的操作对木星（或其他的行星）会有什么影响呢？动量守恒定律在此处起了作用（在牛顿力学中，动量定义为运动物体的质量与速度的乘积）。当太空飞船与木星相遇时获得动量（也就是速度），在相遇的过程中这个巨行星失去了它的一些动量（也就是轨道速度）——因为两个物体都没有质量的改变。然而，因为它们质量的极端悬殊，木星的速度改变可以忽略。

飞越太空飞船沿着一个延伸的轨迹，不会被捕捉到行星轨道上。这些太空飞船有能力用它们的船载仪器去观测经过的天体目标（例如行星、卫星、小行星），并且甚至能在可视仪器的视场观测目标的外表运动。它们必须能高速向地球传输信息并且能在它们的天线不指向地球的时候在太空飞船上储存信息。飞越太空飞船必须能在动力下降之后幸存，在穿越太阳系空间的许多年保持巡游模式，并且在可能只持续至关重要的几小时或几分钟的与目标物体的交会过程中迅速将它们的传感系统对

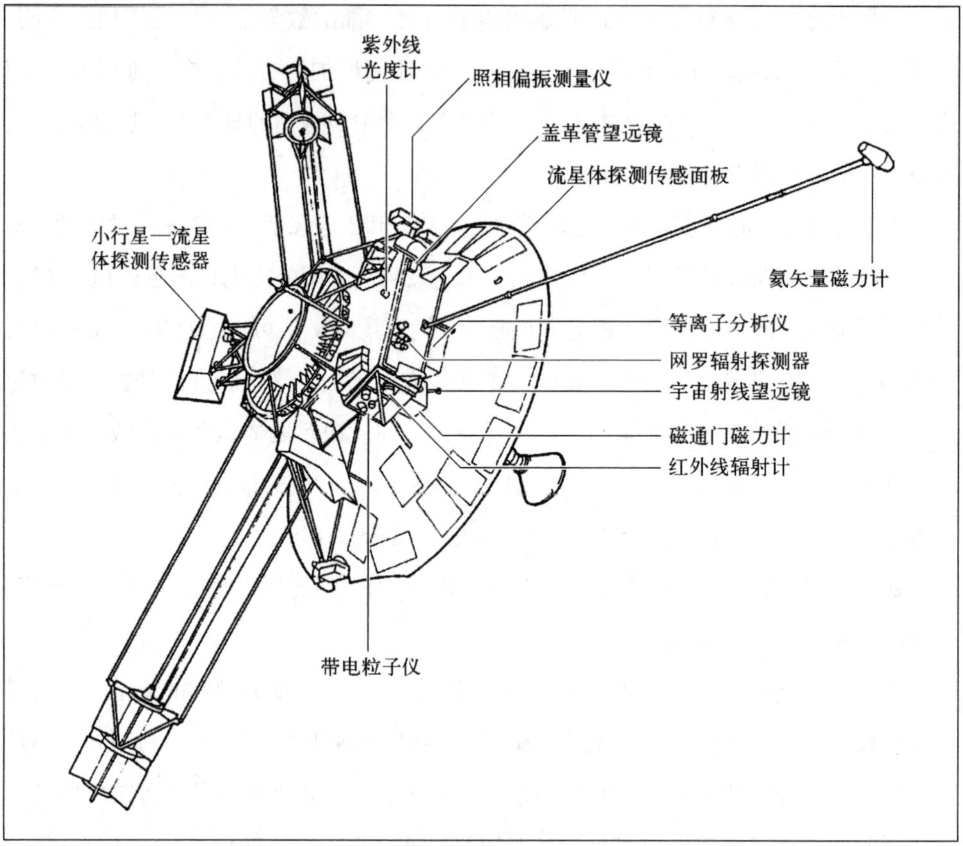

“先驱者 10 号”（和“先驱者 11 号”）探测器与它们的科学仪器补充。这颗远途探测器的电力由经久耐用的放射性同位素热电发生器（RTG）提供（美国国家航空航天局）

准目标。美国国家航空航天局的“先驱者 10 号”“先驱者 11 号”和“旅行者 1 号”“旅行者 2 号”就是高度成功的飞越科学探测器的例子。美国国家航空航天局在对太阳系探索的初期或者侦查阶段使用飞越探测器。

一个轨道探测器是用来飞向一颗远距离行星然后绕其旋转的飞行器。这种科学探测器必须有强大的推进力才能在恰当的时机减速以运行合适的轨道插入动作。设计轨道太空飞船的航天工程师认识到在环绕目标行星时会经常出现掩日现象这一事实。在掩日期间，行星遮蔽太空飞船，切断了太空飞船上的太阳能电池阵的电力产生，并导致太空飞船热环境的极端变化。总的来说，可充电电池系统能够对太阳能电源形成补充。主动的温控技术，举例来说，使用小型的电力发热器，都可以用来补充

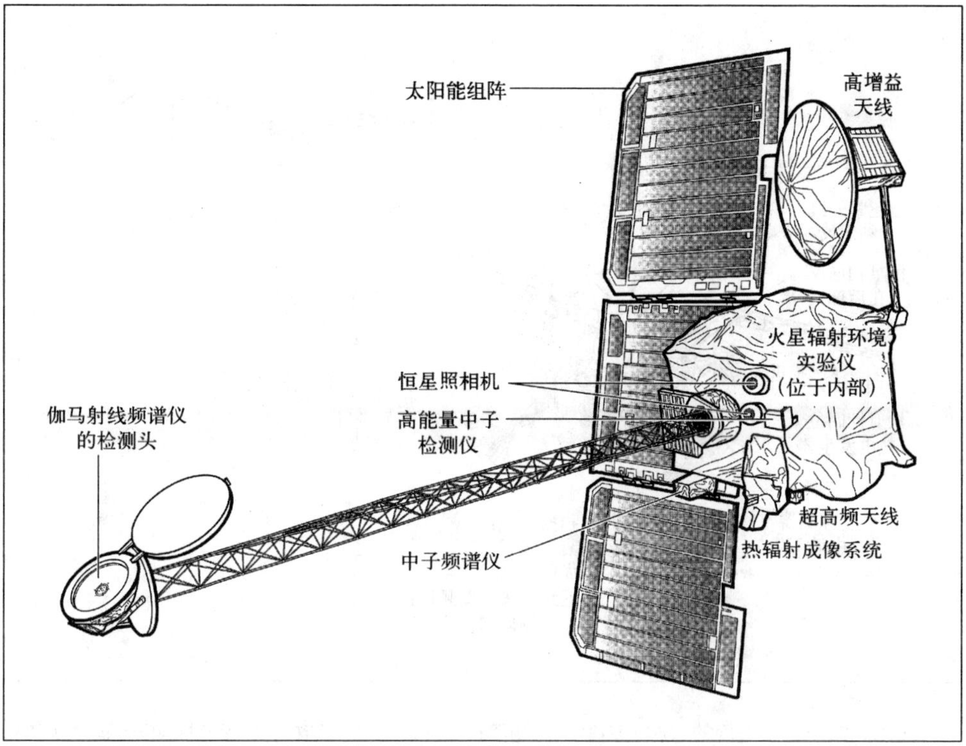

美国国家航空航天局一颗名叫“火星—奥德赛 2001”（Mars Odyssey 2001）的机器人轨道探测器的操作结构，2001 年 4 月 7 日发射，同年 10 月底到达红色的星球。这艘太空飞船用它补充的科学仪器对火星进行了多年的观测，包括其组成结构、水的探测、阴影覆盖下的冰以及火星辐射环境（美国国家航空航天局）

传统的被动温控设计特点。周期性的掩日也干扰了与地球之间通讯的上行链路或下行链路，使得太空飞船上的数据储存变得十分必要。美国国家航空航天局使用轨道探测器作为对太阳系探索的第二和深入研究阶段的一部分。月球轨道环行器（Lunar Orbiter）“麦哲伦号”和“卡西尼号”都是成功的科学轨道器的实例。

一些科学探索任务使用到一个或者多个较小的配置了仪器的太空飞船，称为大气探测器太空飞船。这些探测器在达到最靠近目标行星的位置前与主太空飞船分离，目的是在它们降落过程中研究这颗行星的气态大气层。通常，一个大气探测器太空飞船的分离是由弹簧或者其他简单地只将它与母太空飞船分离而不会明显地改变探测器轨道的装置完成的。随着探测器的释放，母太空飞船通常完成一次轨道改正过程以避免它自己也进入行星的大气层，并帮助主探测器继续它的飞越或者轨道任务

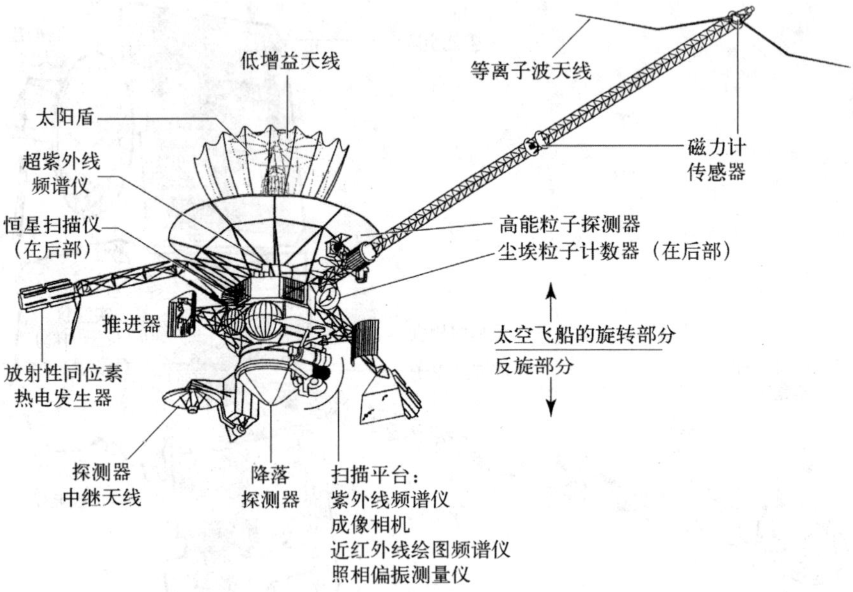

美国国家航空航天局的“伽利略号”探测器在行星际飞行的结构，其降落探测器仍附在底部。1995 年 7 月 12 日“伽利略号”母太空飞船与它的大气降落探测器分离开，这两个自动探测器排列着飞向它们的终点。1995 年 12 月 7 日，“伽利略号”点燃它的主发动机进入木星的轨道，并收集在大气层中由降落伞协助下降的探测器发回的数据。“伽利略号”完成最后一次对小卫星木卫五的飞越后，2002 年 9 月这艘轨道环绕太空飞船便开始了它预先策划的撞向木星大气层的任务终点（美国国家航空航天局）

行动。美国国家航空航天局的“先驱者—金星号”（Pioneer Venus）（4 个探测器）中的“伽利略号”和“卡西尼号”（“惠更斯”探测器）都向目标星体（分别是：金星、木星、土星的卫星土卫六）的大气层释放了 1 个或者多个探测器。气壳可以保护大气探测器免受进入大气层时与大气摩擦造成的极热。在下降轨道的某个时刻，气壳被抛掉，降落伞被打开来充分减缓探测器的下降速度使其能够进行它的科学观测。数据通常先遥感发射到母太空飞船上，再被母太空飞船实时传回地球或者被记录下来稍后传回地球。

大气气球包的设计是为了从在行星的大气层里风的作用下可以飘浮的气囊上获得悬浮力。追踪气球包在目标行星表面飞行的过程可以得到一些关于这颗行星的大

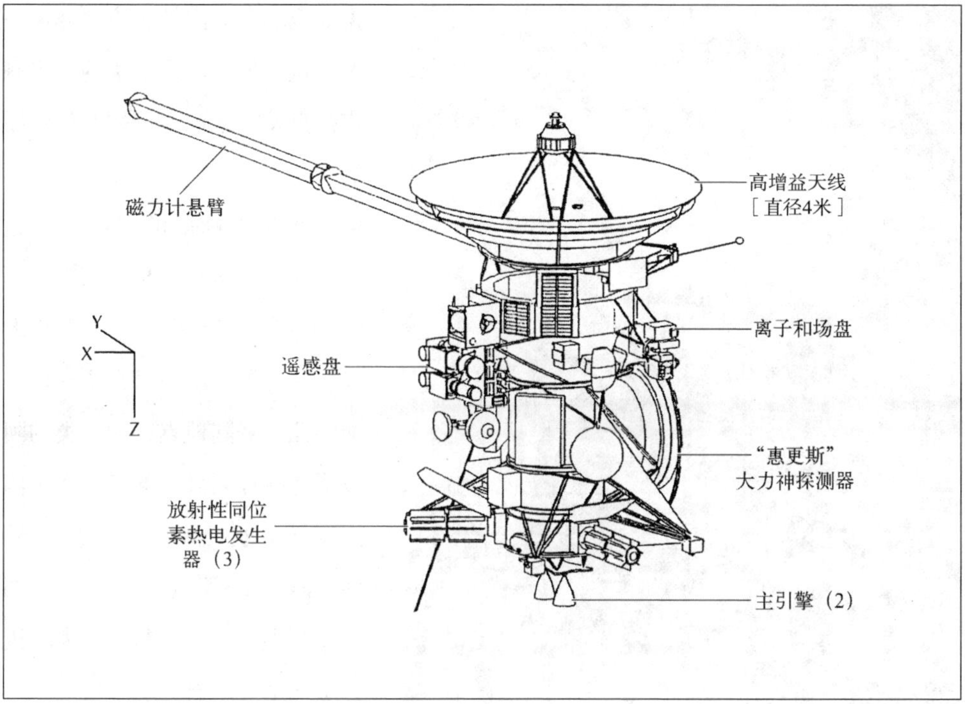

这幅画显示了在2004年7月“卡西尼号”太空飞船在到达土星之前在空间飞行时的结构（“惠更斯号”土卫六探测器仍附在其上）（美国国家航空航天局）

气基本环流形式的数据。一个浮空气囊需要一个动力供给系统和一个远程通信系统（传递数据和支持追踪）。它也可以装配一系列的科学仪器来测量行星大气的组成、温度、压力和密度。

在1985年6月的飞越金星之旅中，苏联的“织女星1号”（Vega）和“织女星2号”展开了配置有恒压仪的浮空气囊。每个3.4米直径的气球下由绳索悬挂着一个5千克重的科学负载。这个浮空器在大约50千米高的金星3层大气系统中的最活跃一层飘浮。在寿命为47个小时的浮空器的工作过程中，每个气球上的科学仪器直接将收集到的数据（如温度、压力和风速）传给地球。经过两天的作业，在金星大气层中飘浮了近9 000千米后，每个气球都进入了金星向阳的一面，由于阳光的热力导致过度膨胀而爆炸。

登陆器被设计成可以到达一个行星表面并且至少能生存到可以把一些有用的数

1997年在肯尼迪航天中心喷气推进实验室的技师们正在清洁准备与"卡西尼号"轨道太空飞船的推进舱紧密配合的上部仪器舱。这个巨大的"卡西尼/惠更斯号"太空飞船的组合成功地在1997年10月5日由大力神4—半人马座运载火箭发射。经过在太阳系空间的长途飞行，其中包括借助金星（1998年4月和1999年6月）、地球（1999年8月）和木星（2000年12月）的重力协助飞越，机器人太空飞船于2004年7月到达土星（美国国家航空航天局/喷气推进实验室）

据如登陆点的图像、当地环境情况测量数据，以及土壤的初步测定信息发回地球。例如，俄罗斯的"维尼拉"（Venera）探测器曾对金星地狱般的表面进行过简单的科学研究。相比而言，美国国家航空航天局的"勘测者号"登陆器详尽地研究了月球表面的几个登陆地点，为人类的阿波罗登陆计划做了准备，而美国国家航空航天局的"海盗1号"和"海盗2号"登陆器则是对两个不同地点的火星表面状况进行了几个月的研究。

表面穿透探测器的设计是进入一颗行星、小行星或者彗星的固体表面。它必须能在高速的撞击下幸存，并且向轨道母太空飞船传回目标星体的表面信息。

美国国家航空航天局在1999年1月初发射了"火星极地着陆者"（MPL）探测器。"火星极地着陆者"是一个企图在接近这颗行星南极极盖处的冰冷表面登陆一个机器人探测器的计划。2个小型的穿透探测器（名叫"深空2号"）在飞往火星的途中骑在登陆探测器之上。在平静的行星际飞行之后，当1999年12月3日太空飞船着陆火星之后，所有与"火星极地着陆者"以及"深空2号"穿透探测器有关的联系都中断了。失踪的登陆器上装有照相机、自动控制手臂和测量火星土壤构成的仪器。这2个微小的穿透探测器原计划在太空飞船接近火星时发射，然后沿独立的飞行轨道撞击并刺入火星地表寻找水冰。

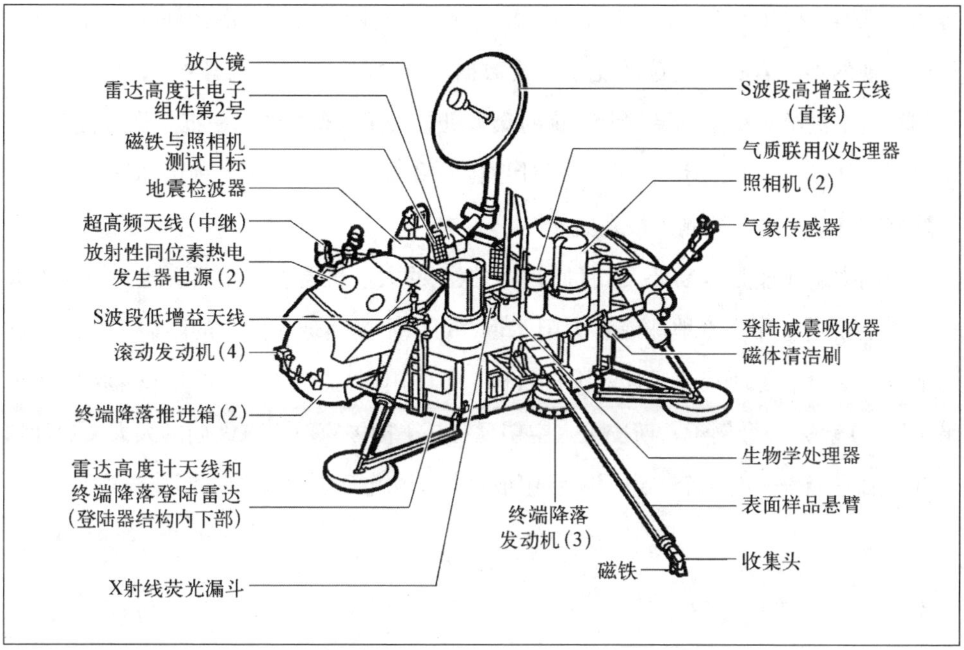

这幅画显示了“海盗号”登陆器及其仪器补充（美国国家航空航天局）

登陆器和它的两个小微型探测器现在仍下落不明。美国国家航空航天局的一些工程师认为“火星极地着陆者”探测器可能是跌入了深谷，而另一些人推测它们可能撞击过猛而解体了。第三种假想认为，“火星极地着陆者”在火星大气层下降过程中出现了致命的故障。确定的结论无法得出，因为美国国家航空航天局任务控制者完全无法与失踪的登陆器或者搭乘它的行星穿透探测器取得任何联系。

最后，表面探测车是被携带到行星表面，软着陆然后展开的探测设备。探测车可能是半自动或者完全由地球上的科学家（通过远程操作）所控制。一旦在陆地表面展开，电动的探测车可以从登陆地点向远处巡游一定距离，并拍照和进行土壤分析，然后通过以下几种手段来完成用遥测发射器将数据发回到地球：登陆探测器、轨道母太空飞船或者（由巡游探测车的大小所决定）直接从巡游探测车发回。20 世纪 70 年代苏联曾相当成功地在月球上展开了两个表面巡游车（名为“月球车 1 号”（Lunokhod）和“月球车 2 号”）。1996 年 12 月美国国家航空航天局向火星发射了“火星探路者”。从其 1997 年由 7 月 4 日创新的气囊保护降落到最终 9 月 27 日进行数据传输，机器人登陆 / 探测车组合发回了数量众多的近距火星表面图像和对登陆地点附近所发现的不同岩石和土壤的化学分析数据。“勇气号”和“机遇号”（2003）火星探测车是本世纪能在红色星球上奔跑的众多机器人探测车中的第一批。像将会在第 8 章讲到的那样，美国国家航空航天局计划在未来 20 年里继续用各种更加复杂精密的登陆器和移动机器人探测火星表面。

观测太空飞船是不需要飞到目的地去探测的太空机器人。相反，这种机器人太空飞船在轨道上环绕着地球或者太阳飞行，可以不受地球大气层的阻碍，从较有利的地点观测台清楚地观测遥远的天体目标。美国国家航空航天局的斯皮策太空望远镜（SST）就是一个例子。斯皮策太空望远镜是美国国家航空航天局的大天文台计划中的最后一个——由 4 个轨道天文台组成，每个从电磁波光谱的不同波段观测宇宙。

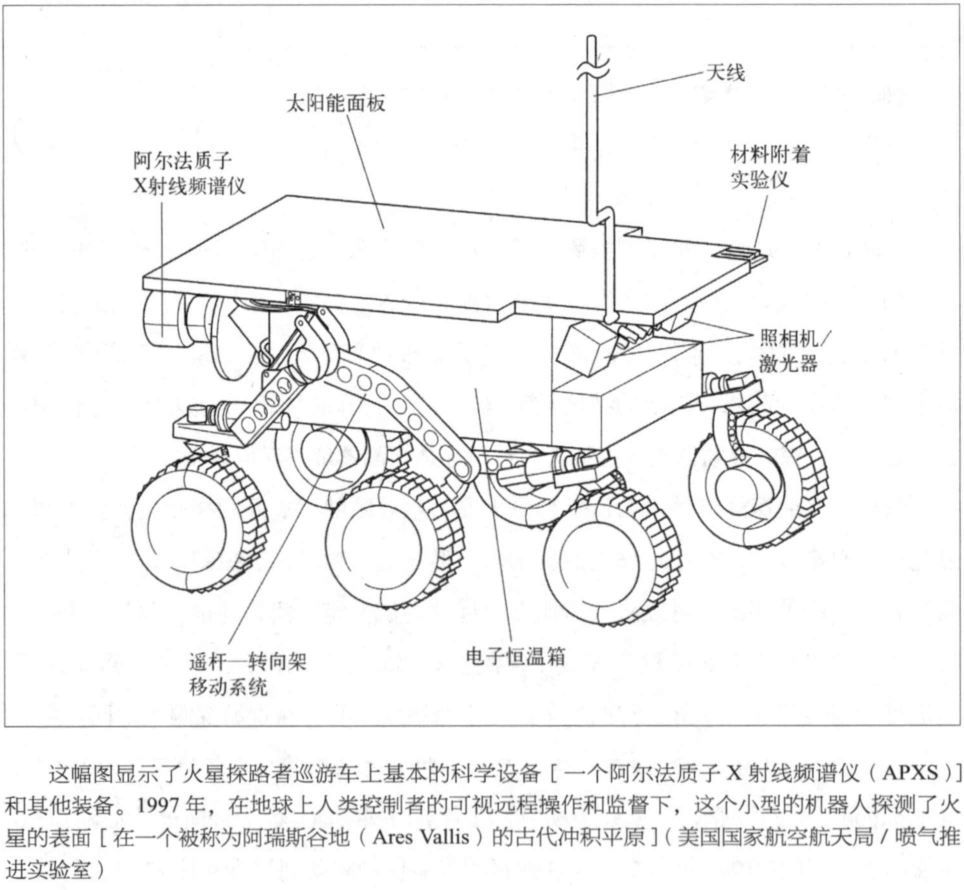

这幅图显示了火星探路者巡游车上基本的科学设备［一个阿尔法质子 X 射线频谱仪（APXS）］和其他装备。1997 年，在地球上人类控制者的可视远程操作和监督下，这个小型的机器人探测了火星的表面［在一个被称为阿瑞斯谷地（Ares Vallis）的古代冲积平原］（美国国家航空航天局 / 喷气推进实验室）

斯皮策太空望远镜的前身是太空红外望远镜（SIRTF）——由一个 0.85 米直径的望远镜和三个低温冷却仪器组成。美国国家航空航天局为了纪念美国天文学家小莱曼·斯皮策（1914—1997）而将这个空基红外望远镜重新命名。斯皮策太空望远镜代表了人类目前发射的最大、最敏感的红外望远镜。轨道运行系统能获取红外射线波长为 3~180 微米之间的天体目标的图像和光谱——因为地球大气层的阻隔影响，这个波段几乎是地基望远镜所观测不到的重要的观测光谱范围。继其成功地从卡纳维拉尔角发射之后（2003 年 8 月 25 日），斯皮策望远镜进入使望远镜能够仅需消耗最小量的船载制冷剂（低温冷冻剂）就能迅速冷却的地球拖尾日心轨道。计划至少能够工作 2.5 年的斯皮策望远镜已经与美国国家航空航天局的其他大轨道天文望远镜一起就位，并且正在收集能够帮助科学家更好地了解星系、恒星以及行星系统的构成和发展的高分辨率红外数据。这一计划中的其他项目包括哈勃太空望远镜（HST）、康普顿伽马射线望远镜（CGRO）和钱德拉 X 射线望远镜（CXO）。

◎实用的子系统

一个机器人太空飞船实用的子系统支持任务导向的科学负载，并且使太空飞船能在太空作业、收集数据以及与地球通信。航天工程师将所有其他的太空飞船元件附加在结构子系统上。铝现在是最常用的航天器结构材料。有种类众多的铝合金可供工程师选择，这给太空飞船的设计者提供范围很广的物理性能，例如强度和可加工性。太空机器人的结构也可能包括镁、钛、铍、钢、纤维玻璃，或者低质量高强度的碳复合材料。

一个机器人太空飞船需要多少动力？工程师通过实验了解到，复杂的机器人太空飞船需要 300~3 000 瓦（电力单位）才能很好地实施它的任务。小型短期的机器人太空飞船，例如，一个大气探测器和微型的探测车，可能仅需要 25~100 瓦，这通常可以由寿命长的电池提供。然而，可用的电力越少，意味着工程师给太空机器人的性能和灵活性也越少。

动力子系统必须能满足机器人太空飞船的所有电力需求。工程师通常使用太阳能光电（太阳能电池）系统与可充电电池的结合，以提供持续的电力供给。太空飞船也必须有恰当的内置电力分配器，用以调节并把电力分配给太空飞船上的其他系统。

知识窗

太阳能光电转换

太阳能光电转换就是将太阳光（太阳能）通过光电效应直接转换成为电能。一个单独的光电转换器就是一个太阳能电池，而为增加电力输出设计的多个电池的组合被称为太阳能组阵或者太阳能电池板。

从 1958 年起太阳能电池就被广泛地用来为太空飞船提供电力。典型的太空飞船太阳能电池是由 n 型（负极）和 p 型（正极）半导体材料（通常是硅）组合而成的。当这种组合暴露在阳光下，一些电磁射线把束缚的电子从半导体材料的原子中释放，因此产生了自由的电子。在每一个束缚电子被释放的地方就会留下一个空穴（正电荷）。结果，就形成了数目相同的自由电子和空穴。在 p–n 结处的电垒会导致靠近电垒的新形成的自由电子向 n 型材料移动，相应的空穴向 p 型材料移动。

如果 n 型和 p 型材料分别安装电触点，并且将触点接通外荷载（导体），自由电子就会从 n 型材料向 p 型材料流动。到达了 p 型材料之后，这些自由电子就会进入空穴，然后再一次成为束缚电子。自由电子穿过外荷载的流动形成了电流。只要有更多的自由电子和空穴在太阳能电池受光时产生，电流就会持续。这就是太阳能光电转换的基本原理。

太阳能电池组阵对地球轨道太空飞船很有用，它也同样适用于太阳系内层系统（在火星轨道内和水星轨道外）运行的太空飞船。太阳能电池对于必须飞近太阳的太空飞船不适用，因为那里有强烈的热环境。而且，当太空飞船在太阳系空间运行时或者运行到行星的网罗辐射带时，那里的电磁辐射环境（例如来自巨大的太阳耀斑）都会对太阳能电池造成损害，并极大地缩短其使用寿命。

一些机器人太空飞船必须在深空或者非常恶劣的行星际环境中运行很多年，在那里，太阳光电动力子系统就算不是完全行不通至少也是很不实用的。在这些任务环境下，工程师选择经久耐用的核电供给系统，叫做放射性同位素热电发生器（RTG）。

放射性同位素热电发生器通过热电效应将衰变热从一个放射性同位元素直接转化为电流。美国使用放射性同位素钚－238 作为放射性同位素热电发电机中的核燃料。（第 10 章会对太空任务中放射性同位素热电发电机的使用进行更多的探讨）

一个太空飞船的姿态控制子系统包括船载计算机系统、小推力火箭（推进器）和用来保持太空飞船平稳飞行以及将它的仪器指向预期方向的机械设备（如动量轮）。稳定性是通过使太空飞船旋转或者通过使用三轴主动模式，当需要的时候使太空飞船点燃选择的推进器组合来保持太空飞船在一个固定的参考姿态。

稳定能通过旋转太空飞船获得，就像“先驱者 1 号”和“先驱者 2 号”在它们飞往外太阳系时所做的那样。以这种方式，旋转的太空飞船的陀螺效应就是保持稳定的机理。推进系统的推进器点火改变太空飞船的旋转稳定姿态。

知识窗

电光成像仪

从科学太空飞船上完成电光成像的两个探测器家族是：摄像机和较新的电荷耦合器件（CCDs）。尽管探测器的技术不同，这两种仪器都是通过望远镜将目标天体的图像聚焦到探测器上，并在那转换成数字数据。色彩成像需要从滤光轮中选出三个不同颜色的滤色镜对同一个目标实行三次曝光。背景加工将三个黑白的图像结合起来，通过每个像素的三个值来重建原来的色彩。

摄像机是一个真空管，像一个小的阴极射线管（CRT）。一个电子束扫过图像聚焦的玻璃上的磷光涂层，电子束的电位因光线的不同而略微有些变化。变化的电位成为产生视频信号的基础。“海盗号”“旅行者号”和许多美国宇航局早期的飞船都使用基于摄像机的电光学成像系统来发送火星（“海盗 1 号”和“海盗 2 号”轨道探测器）和太阳系外层行星：木星、土星、天王星和海王星（“旅行者 1 号”和“旅行者 2 号”飞越探测器）上的壮观景象。

比较新的电荷耦合器件成像系统是典型的大规模集成化的电路，它有一个二维数组，数组由数以百万计的独立电荷阱（charge-isolated wells）组成，每个独立电荷阱都代表一个像素。射到阱上的光被光敏的感光底片（硅）吸收，并根据射入的光的强度释放一定数量的电子。然后，电荷耦合器件探测并储存积累电荷，电荷的多少代表每个阱中光的水平。这些电荷随后被读出以便转换成数字数据。与视像管相比，电荷耦合器件对电磁波频谱中更广范围的波段的光更敏感，它们更小巧，需要的能源更少。而且它们与电子电路的连接更容易，简化了（从某种程度来说）太空飞船上数据处理和向地球的数据传输。“伽利略”号的固态成像（SSI）仪包括了一个具有800×800像素组的电荷耦合器件。

不是所有的电荷耦合器件成像器都有二维组阵。美国宇航局的“火星环球勘探者”（Mars Global Surveyor）有一个探测器，称为火星轨道照相机（Mars Orbiter Camera），由一个单行的电荷耦合器件传感器组成。当太空飞船在火星轨道上运行时，这个单行的电荷耦合器件传感器在太空飞船运动的推扫作用下创作出了火星表面的二维图像。

太空飞船还可以设计为主动的三轴稳定，例如，探索外太阳系和更远处的“旅行者1号”和“旅行者2号”。在这种稳定的方法中，小型推进系统推进器在允许的姿态误差的死区（deadband）来回地轻推太空飞船。另一种达到三轴稳定的方法是利用电动反作用轮，也叫动量轮。这些巨大的轮子装配在太空飞船上携带的三个正交坐标轴上。要想让太空飞船往一个方向旋转，就得使电动反作用轮的轮子向相反的方向快速旋转。如果想让太空飞船转回来，就要将轮子旋转的速度降下来。因为内耗和外力而在这个系统中积聚的过多的动量必须从这个系统中转移出去；这一过程通常会通过推进程序操作完成。

这两种达到太空飞船稳定的方法都有基本的优点和缺点。旋转稳定飞行器提供了一个持续的“扫的动作（sweeping motion）”，通常适用于场（fields）和粒子仪器。然而，这样的太空飞船然后可能需要复杂的系统来减缓那些必须瞄准太空目标的天线或者光学仪器的转速。三轴控制的太空飞船可以准确（不需要消自旋）地瞄准天线和光学仪器，但是这些太空飞船可能需要实施旋转才能正确地使用它们的场和粒子科学仪器。

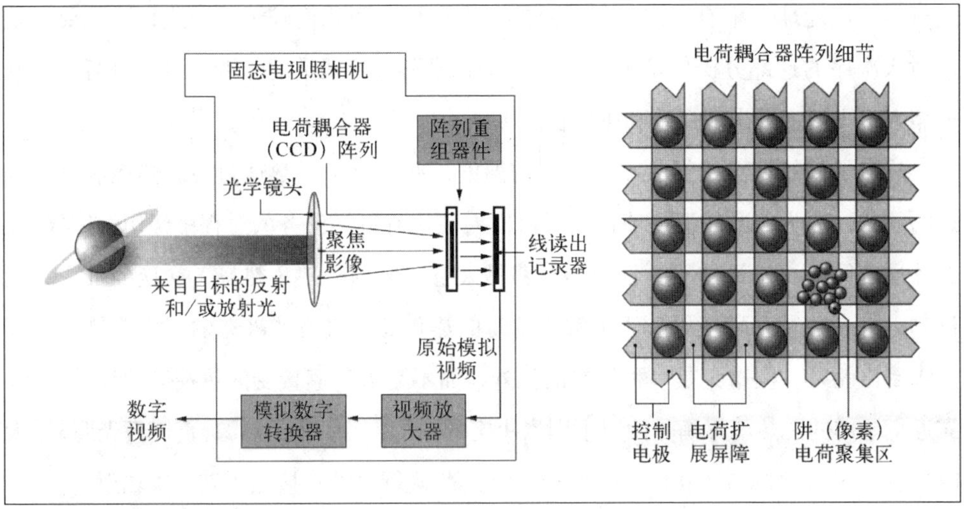

典型的具有电荷耦合器件组阵的固态成像系统图（美国宇航局 / 喷气推进实验室）

一些机器人太空飞船有一个接合控制子系统，这个子系统是与姿态控制子系统紧密相关的。这个接合控制子系统控制一些结合的或者折叠的元件和部件的运动。这样的例子还包括发射后展开的太阳能组阵包，从登陆器伸出并铲取土壤样本的机械手臂和可操作平台上的电光成像系统。成像系统用来在飞越时追踪行星目标。

姿态控制子系统与机器人太空飞船的推进子系统紧密合作，确保太空机器人在主要的发动机或者一系列微小推进器点火前对准正确的方向。通常一些次要的姿态调整是自动进行的，因为一个智能机器人基本上是在行星际空间独立驾驶。一些主要的火箭发动机的点火是在地球上的任务管理员的监督之下进行的，管理员通过远距通信系统向太空飞船上的计算机 / 时钟传输准确的点火指令。其他主要的推进系统的点火都是按顺序自动进行的，如轨道射入时的点火。

行星轨道射入的过程是使机器人太空飞船在正确的时间处于一个正确的位置以进入一个目标行星的环绕轨道。轨道射入不仅需要飞越时选择准确的位置和时间，同时也需要减速控制。行星的重力使得太空飞船的轨道弯曲，因此太空飞船上的计算机 / 时钟子系统的指令次序在正确的时刻点燃太空飞船的制动发动机，并使其持续适当的时间。一旦制动点火（制动火箭的点火）成功完成后，太空飞船就会进入目标行星的环绕轨道。如果制动点火失败（或者次序错误），太空飞船将会继续向前越过行星。从地球上来看，这种制动经常发生在行星距我们较远的一边，这就要求轨道射入次序的这部分操作基本上要在没有地球飞行管理员的干涉下自动进行（完全依靠太空飞船上发出的命令和机器智能）。

热控子系统调节机器人太空飞船的温度，使它避免过热或过冷。热控制是个复杂的问题，因为严酷的温度使得太空机器人在执行科学任务的过程中经历温度极限。在外层空间的真空环境下，辐射热转移是太空飞船内外热（热量）交换的唯一自然机制。在一些特殊环境下，为了解决暂时的热负荷，气态或液态的工作流体可能会被倾倒出船外。但这只是一种极端的例外，而不是被普遍接受的热控制的设计方法。靠近行星体的总热能平衡是由以下因素决定的：太空飞船内的热源，直接日光照射[太阳具有约 5 496℃（5 770 K）的典型黑体温度]，行星的直接热（红外）辐射[例如，地球平均表面温度为 14℃（288K）]；来自行星的间接（反射）太阳辐射以及从太空飞船表面向低温太空发出的热辐射[深空温度约为-270℃（3K）]。

在这些情况下，绕地轨道上的太空飞船的热隔离部分就会经历从被地球遮挡时或黑暗期的约-73℃（200K）到处于阳光直射下的 77℃（350K）之间的温度变化。在这些极端间的重复温度转变可能造成太空飞船的材料和零件的热疲劳。因此工程师极为谨慎地为太空飞船提供恰当的热控制系统。如前所述，辐射热的转移是太空飞船内外热交换最重要的机制，而传导热的转移一般控制太空飞船内的热流动。

有两种主要的方法可进行太空飞船的热控制：被动的和主动的。被动热控制技术包括使用特殊的涂料和涂层、隔热衬垫、辐射翅、遮阳板、热管以及精心地选择太空飞船的总装布局（即温度敏感元件的内外排列）。主动的温度控制技术包括使用发热器（包括小型放射性同位素发热器和冷却器）、天窗和百叶窗，或者对低温材料的闭环抽吸。

快热式工作液体的开环流动（船外倾倒）可以用来满足一次或偶尔的在短时间内转移大量热能的特殊任务需求。同样，也使用一次性的消融表面来完成单次大量的短暂的向太空飞船外的热排放。但是这些暂时（实质上只有一次）的热控制方法只是些应急措施而不是设计规范。

对于行星际太空飞船，工程师通常使用被动热控制技术，如表面涂层、涂料和隔热衬垫来提供任务期间可接受的热环境。涂成黑色的元件可以传播更多的热量。白色涂层表面或白色隔热垫会有效反射太阳光，从而在过多太阳热量的环境下保护太空飞船。工程师也在特殊元件的表面使用金（就是金箔表面）和石英镜砖。

主动加热可以用来保持元件处于可耐受温度范围之内。有耐力的电加热器，自动控制或者在地球的指令下，可以应用于特殊的元件，使它们的温度在任务过程中始终保持在允许的最低温度之上。同样，放射性同位素发热器（通常包括少量的钚-238）可以安装在必要的地方给危险中的元件供给少量的基本永久的热量。小型的放射性同位素发热器对于登陆器和巡游机器人上的一些元件特别有用。因为这些机器人必须保持在一定的温度范围之内，才能在月球和火星上寒冷的夜间条件中幸存下来。

◎太空飞船时钟和数据管理子系统

现代的时钟一般是一个电子电路，经常涉及一个相当复杂的集成电路，能够发出高频率的定时信号。高精度电子时钟的一个普通用途是使基于计算机或者微处理器系统的操作同步。微处理器电路的典型钟速在兆赫范围之内，1 兆赫（MHz）对应 100 万周每秒（10^6 cps）。

航天工程师通常把太空飞船的时钟作为命令和数据处理子系统的一个组成部分。太空飞船的钟表非常重要，因为在太空机器人的任务过程中由它计量经过的时间并且校准几乎所有的太空飞船活动。时钟可以很简单（例如，每秒增加并使数字以一为单位提高）也可以很复杂（有几个主要和次要的区域将瞬时清晰度增加为毫秒、微秒或更少）。在太空作业时，上传到太空飞船的多种命令都设置为在精确的计时下开始执行。在下行链路的自动测量记录传导过程中，太空飞船的计时（表明遥感画面的成像时间）与工程和科学数据一起被记录下来以方便处理、分配和分析。

数据管理子系统是太空飞船上的计算机，负责机器人太空飞船所有活动的管理。航天工程师通常把这种多功能的太空飞船计算机称为命令和数据管理子系统。这个重要的子系统一般是太空飞船上的电脑。这台电脑同时保持（记录）时间；解释地球发来的命令；收集、处理和格式化返回地球的遥测数据；执行高水平的错误保护和故障保护程序。在故障保护设计方案中，工程师试图设计出能够避免组合故障的航天系统的硬件。一旦某个元件失灵，子系统就转到一个预设的“安全”位置，避免损害进一步加剧。故障保护设计允许机器人太空飞船在故障下支撑，并且仍然保持足够的能力，虽然不能完成全部任务，至少能完成大部分计划的任务。

容错是机器人太空飞船（或者其中一个主要的子系统）能够在一个或多个元件失灵或者软件出现小故障的情况下保持运转的智能。工程师们使用冗余电路或者功能以及能够很容易配置的元件，来建造容错能力很强的太空飞船。为了使机器人飞行系统具有有效的容错能力，太空飞船的主要计算机必须是坚固耐用的并且具有大量内置冗余。计算机必须也配备高度的机器智能，才能够监督所有太空飞船子系统的健康和状况，快速地探测即将发生的故障，然后立即采取有效的措施来消除故障的影响——不需要人来直接指导或监督。例如，太空飞船的计算机能够向受它控制的子系统发出命令，激活备用硬件或者改变软件——两个步骤之一或者两个一起组成了一个实际可行的变通维修或者错误的安全隔离。立即隔离故障的设备或者失常的软件可以防止最初的故障在太空飞船上引起轩然大波。

知识窗

单粒子翻转

单粒子翻转（SEU）是指在一个数字微型电子电路中的一个位的翻转（就是一个0被改变成了1，反之亦然）。单粒子翻转是由高能电离射线穿过半导体的硅材料造成的。太空射线诱发的位翻转（SEUs）能够损坏存储器中的数据，损坏操作软件，或者导致中央处理器（CPU）改写关键数据表或者中断。一个单粒子翻转甚至能够引发计算机控制的子系统的意外事件——例如，推进器的点火——一个立即给任务造成不利影响的意外事件。航天工程师用很多种方法来处理单粒子翻转的问题。他们的修补技术包括在机器人飞船上的敏感电子元件外使用附加的防辐射屏，选择更多抗辐射电子零件，使用反复迭代冗余存储单位和定期重置飞船的计算机。

◎机器人太空飞船的导航

机器人太空飞船的导航有两个主要方面。第一个是轨道确定——这项任务包括对于太空飞船的位置和速度的了解和预测。第二方面是飞行路径控制——这项任务包括点燃太空飞船的船载推进系统（如制动火箭发动机或者微小的姿态控制火箭）来调整太空飞船的速度。

在宇宙的深度空间导航机器人太空飞船是一项具有挑战性的操作。例如，当太空飞船在太阳系深处飞行时无法对它的横向运动进行单一的直接测量，太空飞船的控制者们也无法获取这方面的数据。航天工程师们将横向运动定义为除了直接朝向或者背向地球（也称为径向运动）的任何其他运动。太空飞船的飞行控制者使用多普勒（Doppler）频移遥感测量（尤其是连贯的下行链路载波）来获得太空飞船对地速度的径向部分。太空飞船的控制者在太空飞船的上行链路通信加了独特编码的距离脉冲并记录传输时间。当太空飞船接收到这个特殊的距离脉冲，它将从下行链路返回相似编码的脉冲。工程师知道太空飞船上的电子装置将距离脉冲“掉头”所花费的时间。例如“卡西尼”花 420 毫微秒（ns）± 9 毫微秒的时间将距离脉冲掉转了方向。在全部的传输过程中还有被人们所了解到和测量到的（校准的）延误，因此当返回脉冲在地球上被收到——例如在美国国家航空航天局的深空网——然后，太空飞船的控制者可以计算太空飞船与地球的（径向）距离。太空飞船控制者也使用角量来表达一个太空飞船在天空的位置。

携带电光成像仪的机器人太空飞船能使用这些仪器来实现光学导航。例如，它们可以对照已知的背景星场来观察目的地（目标）行星或者卫星。太空飞船管理者经常会小心地计划和上传合适的光学导航图像作为上传的行星交会指令序列一部分。当太空飞船收集光学导航图像后，它会立刻将这些图像下传（传输）到负责太空飞船控制的人类导航小组。太空飞船控制人员迅速处理这些光学图像并通过这些数据来获得有关太空飞船靠近天体目标时的飞行轨道的准确信息。

当太空飞船的太阳或者行星轨道参数获悉之后，这些数据就被用来与预计的飞行数据相比较。如果有差异，太空飞船控制者就会计划并使太空飞船进行一次恰当的轨道修正操作（TCM）。同样，为了支持科学任务的实施，太空飞船绕某行星的环绕轨道有时也必须进行微小的改变。在这种情况下，飞行控制人员需要计划并且指示太空飞船进行环绕轨道调整操作（OTM）。这通常包括使太空飞船点燃一些小推力的姿控火箭。轨道修正和环绕轨道调整会耗尽太空飞船上携带的推进剂，推进剂通常是需要十分谨慎地支配并仅限于为完成任务而使用的消耗品。

◎远距通信

航天空间工程师使用“远距通信”来描述太空飞船与地基通信系统之间数据和信息（通常通过无线信号）的流动。机器人太空飞船一般仅用有限的能量来传输信号，这些信号有时必须在空间穿越数10亿千米才能到达地球。深空探索太空飞船的传输器通常不超过20瓦的发射功率。

航天工程师对这个问题的一部分解决办法是将所有可用的信号发射功率都集中到一个无线电窄波束上，然后将这个窄波束向一个方向发出而不是向所有的方向传播。通常可以由一个直径为1~5米的抛物面碟形天线来完成。然而即使无线信号如此集中，当它们到达地球时也已经很弱了。解决远距通信困难的另一部分办法是使用特大直径的无线电地球接收器，就像美国国家航空航天局的深空网所使用的那种，这部分内容将会在下一部分讨论。这些复杂精密的无线电天线能够侦察到来自遥远太空飞船的极低能量信号。

在远距通信中，传输到太空飞船的无线电信号叫上行链路。从太空飞船到地球的传输叫下行链路。上行或下行的通信由一个纯无线电频率音调（称为载波）组成，或者这些载波可能被调制以向每个方向传输信息。工程师有时会把发送给太空飞船的指令叫做上传。与太空飞船的通信包括一个叫单向通信（OWC）的下行链路。当太空飞船接收上行信号的同时下行信号也在地面被接收到，这种通信模式被称作双向通信（TWC）。

工程师通常通过一个固定速率微调每个波形的相位来调制太空飞船载波信号。一个方案是用一个频率来调制载波，例如，接近1兆赫。这个1兆赫的调制就被称为是副载波频率。副载波频率被调制成能够传播表明二进制的1和0——太空飞船的遥感数据——单独的相位移。用来将数据调制到副载波频率的相位移动的数量被认为是调制指数并且以度来测量。这种通信方案也同样适用于上行链路。调制到上行链路的二进制数字数据称作指令数据。太空飞船接收之后立即执行或者储存到以后使用。调制到下行链路的数据被称作是遥测数据，它包括太空飞船仪器测得的科学数据和各种功能子系统（如电力、推进、热控等）的传感器收集的太空飞船健康状况的数据。

解调的过程就是侦察副载波频率并且使其与载波分离；侦查单个的二进制相位移并以数字数据的形式记录下来以备进一步分析。用来解调的仪器叫调制解调器，

是调节器 / 解调器的简称。这些相同的调制和解调的过程经常被用于地基计算机系统和传真机，使得通过电话线将数据来回传输成为可能。在高速电缆连接时代之前，当人们使用个人电脑通过互联网闲聊时，它们的拨号调制解调器会使用一个电话系统能够处理的熟悉的音频载波。

碟形的高增益天线(HGA)是频繁被机器人太空飞船用来与地球通信的天线种类。天线所达到的增益数量指它能够收集并集于太空飞船接收器的进入无线电信号的数量。在太空飞船使用的频率范围内，高增益天线与一个大的抛物面反射器组合使用。这样一个天线可以固定于太空飞船运载舱或者是可移动的。高增益天线的接收区域越大，它的增益就越高，它支持的数据率就越快。然而，增益越高，天线的定向性就越高。因此当太空飞船使用高增益天线时，为了保证有效通信，天线必须精确地指向地球。一旦这种精确的天线指向达到了，通过高度集中的无线信号，通信就会迅速建立。

低增益天线（LGA）在增益有损的情况下，能提供广角覆盖。覆盖面几乎是全向的，除了被太空飞船的结构遮挡的地方。低增益天线是为相当低的数据率设计的。只要太空飞船距离地球相对较近（例如，在若干天文单位之内），这种天线就可以使用。有时一个太空飞船要装配两个低增益天线来提供完全的全向覆盖，因为第二个低增益天线能避免太空飞船的结构对第一个低增益天线形成的盲点。工程师通常将低增益天线架设在高增益天线的副反射器的顶端。

中等增益天线（MGA）代表了一种在太空飞船设计方面的折中。具体地说，中等增益天线的增益高于低增益天线，允许的天线指向准确率要求（典型的是 20° ~ 30°）低于高增益天线。

◎深空网络

美国国家航空航天局对太阳系的科学研究大部分都是通过使用机器人太空飞船完成的。深空网络（DSN）提供能够双向通信链路，指引和控制这些太空飞船，还将壮观的行星图像和收集到的其他重要科学数据传输给地球。

深空网络由战略地分布在三个大洲上的远距通信复合体组成——当地球围绕地轴旋转的时候，它可以几乎连续地提供与飞行在深空的科学太空飞船之间的联络。深空网络是地球上最大的也是最敏感的科学通信系统。它能实施无线电和雷达的天文观测，目的是为美国国家航空航天局探索太阳系和宇宙的任务提供支持。位于加利福尼亚州帕萨迪纳的喷气推进实验室为美国国家航空航天局管理和运作深空网络。

喷气推进实验室建立了深空网络的前身。1958 年 1 月与美国陆军签订合同之后，实验室在尼日利亚（非洲）、新加坡（东南亚）和加利福尼亚部署了轻型的无线电追踪站，用来为“探索者 1 号”——美国第一颗成功的地球轨道卫星——接收信号和测定轨道。当年年末（1958 年 12 月 3 日）喷气推进实验室脱离了美国陆军的管辖，转入了美国国家航空航天局，成为联邦政府新建立的民用太空局的一部分。在民用太空计划的最开始阶段，美国国家航空航天局指派喷气推进实验室负责设计和执行可自动操作的月球和行星探索的计划。之后不久，美国国家航空航天局提出了深空网络的概念，它成为一个分散管理和操作的能够兼顾所有深空任务的远程通信设施。这一管理决策使得每个宇宙飞行计划不再需要独自获取和操作它自己的特殊的远距通信系统。

今天，深空网络的特征是三组深空通信地面设施呈大约 120° 分布在地球上：一处在加利福尼亚莫哈维（Mojave）沙漠中的金石附近；一处在西班牙马德里附近；另一处位于澳大利亚的堪培拉附近。这种全球的安排确保当地球自转时，总会有一根天线处于一个既定的太空飞船的视线之内。每组地面设施包括 10 个深空通信接收站，均装配有巨大的抛物面反射器天线。

深空网络中每一组深空通信地面设施都有一个 70 米直径的天线。这些天线是深空网络中最大且最敏感的，能够追踪距离地球超过 160 亿千米远的太空飞船。70 米直径的反射天线的表面为 3 850 平方米，其表面与信号波长的小部分必须保持准确，这意味着面型精度必须保持在 1 厘米之内。这个碟形天线和它的装配有着接近 720 万千克的总质量。

在每组地面设施中还有一个直径 34 米的高功效天线，它结合了无线电频率天线在设计和机制上的先进之处。34 米直径的天线的反射器表面必须精确定型以获得最大的信号收集能力。

最近增加到深空网的是几座 34 米的光束波导天线。在早期的深空网天线中敏感的电子器件都集中安装在反射器结构的高处，使得升级和维修十分困难。在光束波导天线上，敏感电子器件都安装在地下的基座室里。通信工程师通过一系列准确制作的无线电频率反射镜将一个入射无线电信号从反射器射入这个房间。这种新的构造不仅能够提供易于维修和升级电子设备的便利，而且也能对关键电子元件进行更好的温度控制。另外，工程师们能在天线上放置更多的电子器件来支持其多频率的操作。这些新的 34 米的光束波导天线中的 3 个建造在加利福尼亚的金石站，另 2 个分别建在堪培拉站和马德里站。

每组地面设施中还有一个 26 米直径的天线用来追踪地球轨道卫星，这些卫星环绕的轨道高度为 160 千米到 1 000 千米之间。两轴的天文底座使这些天线可以最低指向地平线以便在能看得见这些快速移动的卫星时立即捕获（获得）它们。敏感的 26 米

位于澳大利亚堪培拉的堪培拉深空通信地面设施的 70 米直径的天线一景。美国国家航空航天局的深空网由三组地面设施组成，这就是其中之一。其他的地面设施坐落于加利福尼亚的金石和西班牙的马德里。代表着三个国家的国旗出现在图的近处（美国国家航空航天局）

直径的天线最快可以追踪（旋转）每秒3度。最后，每组地面设施都有一个11米直径的天线来支持太空甚长基线干涉测量（SVLBI）计划中的一系列国际地球轨道任务。

深空网络中所有的天线直接与位于加利福尼亚州帕萨迪纳的喷气推进实验室深空网控制中心（DSOC）通信联络。深空网控制中心的员工指挥和监测其运转，传输指令并且检查传输给网络用户的太空飞船遥感和导航数据的质量。除了深空网的地面设施组以及控制中心之外，另有地面通信设施将三组地面站信息传送给喷气推进实验室的指挥中心，美国与其他国家的太空飞船控制中心以及全世界的科学家。各个地点之间的声讯和数据的通信交通是通过陆上电缆、海底电缆、微波线路和通讯卫星实现的。

深空网络与科学机器人太空飞船之间的无线连接基本是点对点的微波通讯系统，除非涉及特别远距离的情况或者来自太空飞船的无线电频率的信号强度特别低。一个与外空行星相遇的机器人太空飞船传到网络天线的全部信号能量可能比一个现代的电子表的电池能量水平还要低200亿倍。

极端的低无线电频率信号是由太空飞船的大小、质量和太空飞船的电力供给等的局限造成的，而太空飞船的这种局限是由太空飞船负载容量及其运载火箭的负重限制所决定的。因此，无线电链路的设计需要体现太空飞船的传输能力和天线直径与工程师为地面接收系统所建的信号灵敏度之间的工程学平衡。

典型的太空飞船信号都限制在20瓦之内，或者与一个冰箱的灯泡所需要的电力相同。当一艘太空飞船传播的无线电信号到达地球时——例如从土星附近——它已经传播了直径相当于1 000个地球的直径那么大的区域（地球赤道的直径为1.2756万千米）。因此，地面天线能够接收到的仅为其全部信号能量的极小一部分，而且还受到无线电噪声背景或者静电的干扰。

宇宙中几乎所有的物体都能够自然地放射出无线电噪声（包括地球和太阳）。深空网自己的探测器在内的所有电子系统均能发出噪声。因为噪声通常与信号一起被放大，地面接收系统从信号中分离噪声的能力至关重要。深空网使用最新技术的低噪声接收器和遥感编码技术来达到无与伦比的敏感度和效率。

遥感基本上是在一端进行测量后将数据传输到一个遥远的地点进行计算和使用的过程。机器人太空飞船向地面发送遥测信息是通过将数据调制到它的通信链路上来完成的。遥测包括太空飞船子系统的健康状态的信息和它的仪器所测得的科学数据。科学太空飞船典型的传输方式是通过二进制编码，仅使用1和0的信号。太空飞船的数据管理子系统（遥感系统）组织和解码这些信息以便有效地将它们发回地球上的地面站。地面站有无线电天线和特殊的电子设备来监测这些独立的位，解码数据流，并且格式化这些信息以便随后传给数据使用者（通常是一组科学家）。

来自机器人太空飞船的数据传输可能被解码过程中各种干扰源的噪声所分散。如果信噪比高，解码的错误就少。但是如果信噪比低，大量的位误差就会产生。当一次传输遭遇了大量的位误差，任务控制者通常会指令太空飞船的遥感系统减少数据传输率（以位每秒测量），目的是使（地面站的）解码器有更多的时间来确定每个位的值。

为了帮助解决噪声问题，太空飞船的遥感系统也许要将更多的附加或者冗余数据加入信息流。传输后这些附加的数据被用于检测和修改位误差。进行数据计算的遥感信息分析者使用的信息论方程式十分详细，可以用来检测和修改单项的或者多项的位误差。修改之后，冗余数字从数据中消除，只留下要传给数据使用者的有价值的信息排列。

检错和编码技术可以创造出比没经过检错和编码的传输高好多倍的数据率。深空网编码技术具有将太空飞船的科学信息传输错误减少到小于百万分之一的能力。

遥感法是个双向的过程，既有下行链路又有上行链路。机器人太空飞船使用下行链路把科学数据传回地球，而地面的任务控制者使用上行链路将指令、计算机软件和其他关键的数据传给太空飞船。远距通信过程中的上行链路部分允许人类指导太空飞船进行计划的任务，同时也能通过一些重要的活动如当自动探测器在行星际空间飞行时升级其太空飞船上的软件等，来强化任务目标。当距离十分遥远时，人类的监控就仅限于与机器人太空飞船之间的非实时交感。这就是为什么深空机器人必须具有高水平的机器智能和自主性。

深空网收集的数据在精确决定太空飞船的位置和轨道方面也是非常重要的。太空飞船的任务导航者使用这些追踪数据来计划所需的调遣，以确保太空飞船能被正确配置在恰当的（空间）位置收集重要科学数据。由深空网所加工的追踪数据使任务控制者对于距地面数十亿千米远的太空飞船的位置确定精确到几米。

美国国家航空航天局的深空网络也是一个多层面的科学仪器，科学家可以借助它来改进他们对于太阳系和宇宙的认识。例如，科学家使用深空网巨大的天线和敏感的电子仪器来进行无线电天文、雷达天文和无线电科学方面的试验。深空网的天线能收集自然天体源发射或者反射的无线电信号。这样，深空网获得的无线电频率数据由各学科领域的科学家进行汇编和分析，这些学科领域包括天体物理学、无线电天文学、行星天文学、雷达天文学、地球科学、重力物理学和相对物理学。

作为科学仪器，深空网为众多的科学项目提供信息，如：太空探测器降落地点选择；行星及其卫星的大气及 / 或表面组成测定；星际空间生命元素搜寻；恒星形成过程研究；小行星成像；彗星尤其是彗核及彗发的研究；月球及水星永远阴影地区的水冰搜寻；阿尔伯特 · 爱因斯坦（Albert Einstein）广义相对论的证实。

深空网无线电科学系统进行的众多试验使科学家得以描绘行星的大气层和电离层；确定行星表面及其光环的组成；观测日冕内部；确定行星、卫星和小行星的质量。它能精确测量在无线电波分散、折射和吸收的过程中太空飞船的遥感信号所发生的微小改变。这些效果都是由于太阳系内部近天体的粒子和气体造成的。深空网的设备可供科学家使用，前提是他们的研究活动不能影响对太空飞船任务的支持。

3 形状与大小各异的机器人太空飞船

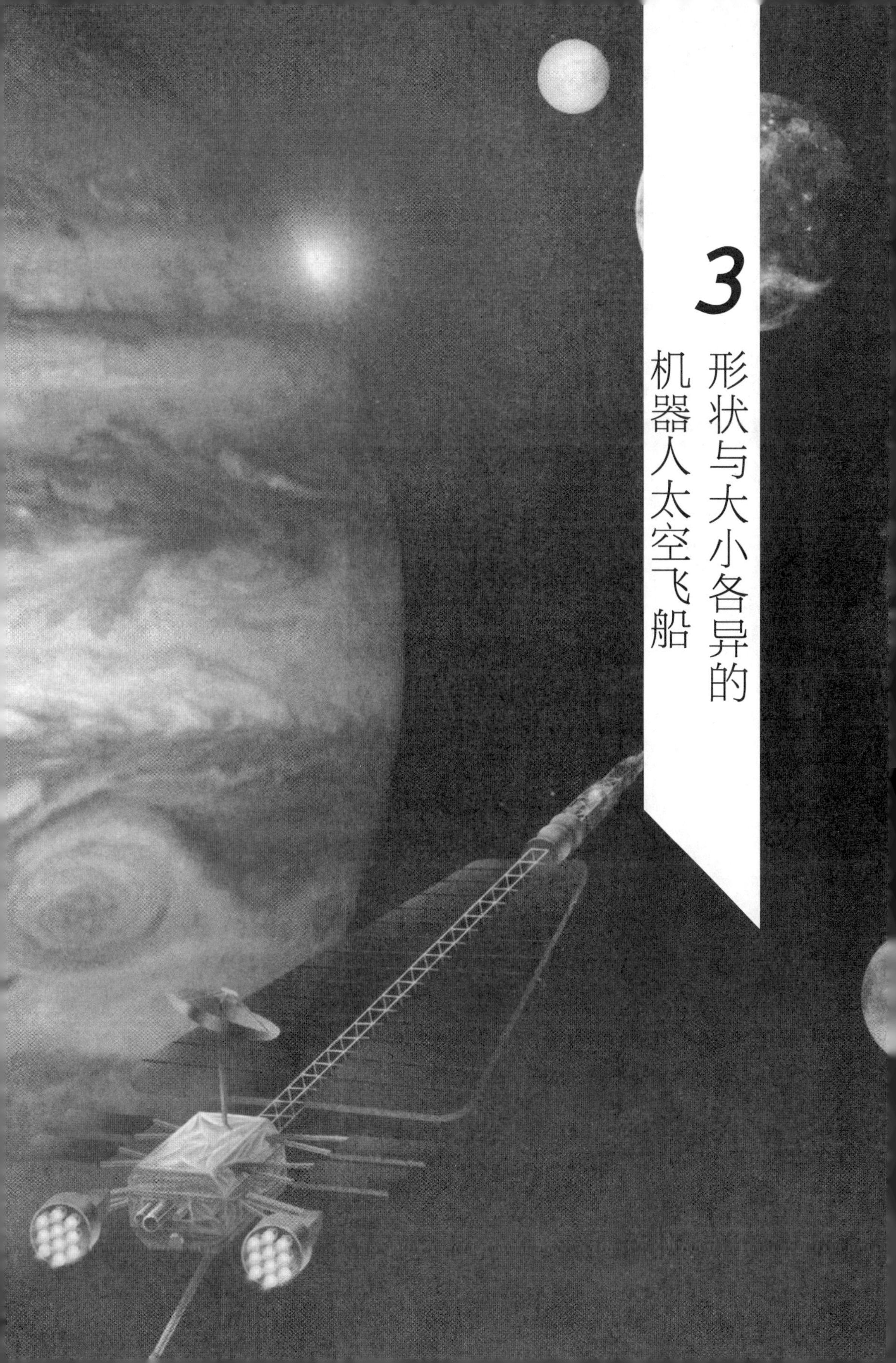

20世纪后40年，机器人太空飞船的技术取得了惊人的进步。这些有趣的探索机器从相当简单的、笨重的和极不可靠的系统演变成为长期的、复杂的科学导向平台——竖起精密的仪器并由太空飞船上的计算机控制，它们显示了早期机器智能的水平以及在离地球极遥远的地方对于自主操作的需要。

通常航天科学家使用几个数字来估算太空飞船的指标和比较它们。这些基本性能指标包括质量（尤其是配给的科学仪器的数量）、物理大小（容积和整个的容量）、太空飞船上可以提供的电力和太空飞船系统的预期使用寿命。太空飞船的物理容积和质量是非常重要的参数，因为这些参数决定计划者使用哪种运载火箭将太空机器人送上它的行星际之旅。近来，其他的因素，如机器人系统的机器智能水平、自主性、容错性、冗余和自我修复及错误隔离的能力，都对太空飞船设计很重要。如果一个计划任务期为10年的太空飞船进入深空仅5年后，某个微小的廉价零件就出现了故障，并且因而使全部努力白费，那这项任务也就失去了意义。那就是为什么现代的航天工程师在不妨碍严格的质量和容积限制的同时，尽全力将冗余、容错性以及适应力等融入每艘新太空飞船的设计中。

科学家把机器人太空飞船看成是移动的平台，并且非常注重改进太空飞船所使用的仪器的性能，这些仪器的高性能，可以保证太空飞船在执行科学研究任务的过程中进行测试、收集和传回地球的科学数据的数量和质量。通常来说，一个仪器越精密（在严格限制的质量、容量和动力消耗的原则之内），单次任务中它收集到的科学数据就越多。然而，在一个更为精密复杂的机器人太空飞船上，科学仪器会争抢可用的能源、姿态、指向优先性以及数据处理支持。因此，太空飞船管理者必须谨慎地协调和组合太空飞船所携带的科学仪器，做到仪器间互为补充，而不是争抢太空飞船的资源。当太空飞船的设计、科学仪器选择和任务计划等恰到好处地平衡分配时，这个太空机器人就成了一个极好的探索机器。“伽利略号”就是这样一艘杰出的太空飞船。

这一章介绍，美国从冷战时期的早期月球探测器开始至20世纪探索太阳系最复杂的机器人太空飞船。本章所有的照片都是精选的，每张都包括一个或几个人。航天工程师和技术人员在每个机器人太空飞船附近出现给了我们视觉上的参考，使我们更容易估计这些太空机器人的物理大小。传统的工程学指标数据、科学贡献和重要的任务里程碑也会随着每一个令人瞩目的太空机器人而讨论到。

◎“先驱者3号”太空飞船

1958年,美国空军和美国国家航空航天局的“先驱者0号”“先驱者1号”和“先驱者2号”月球探测器任务遭遇了失败，同年，来自美国陆军弹道导弹师和美国国家航空航天局和喷气推进实验室的一个航天工程师和火箭科学家的合作小组尝试用另外一些机器人探测器探月。这个小组设计和建造了两个机器人探测器：5.9千克的“先驱者3号”太空飞船和与它技术上相同的孪生姐妹——“先驱者4号”太空飞船。

“先驱者3号”是一个用旋转来稳定的锥形探测器,高58厘米,底部直径为25厘米。这个圆锥物的外壳是镀金的薄纤维玻璃，其表面能够导电。圆锥的外表面也涂了白色的热控条。工程师试图让“先驱者3号”在飞行期间内部温度保持在10℃~50℃之间。

在圆锥的尖端有一个小的探测器，与之结合在一起的是天线。“先驱者3号”在圆锥的底部有一个汞电池环为它提供电力。一个光电传感器从这个环的中心凸出来。工程师设计的这个传感器有2个光电管。理论上,当探测器距离月球不到3万千米时,传感器探测到月球的光（实际上是月球表面反射的太阳光）就会启动。这个传感器只是一个测试装置，未来会被用作一个照相机系统的照相触发机制——尽管这个太空探测器没有携带照相机。

“先驱者3号”的单项科学实验是探测宇宙射线。在圆锥的中心有1个电压供应管和2个盖格·米勒（Geiger–Mueller）辐射探测管。这项任务计划使“先驱者3号”飞向月球然后传回关于地月之间辐射环境的科学数据。

“先驱者3号”有一个重0.5千克的发射机，能够以960.05兆赫的频率发射0.1瓦（W）的调相信号。这个调制的载波功率为0.08瓦，整个有效发射功率为0.18瓦。

1958年12月6日，一枚朱诺Ⅱ型火箭从佛罗里达州的卡纳维拉尔角携带着“先

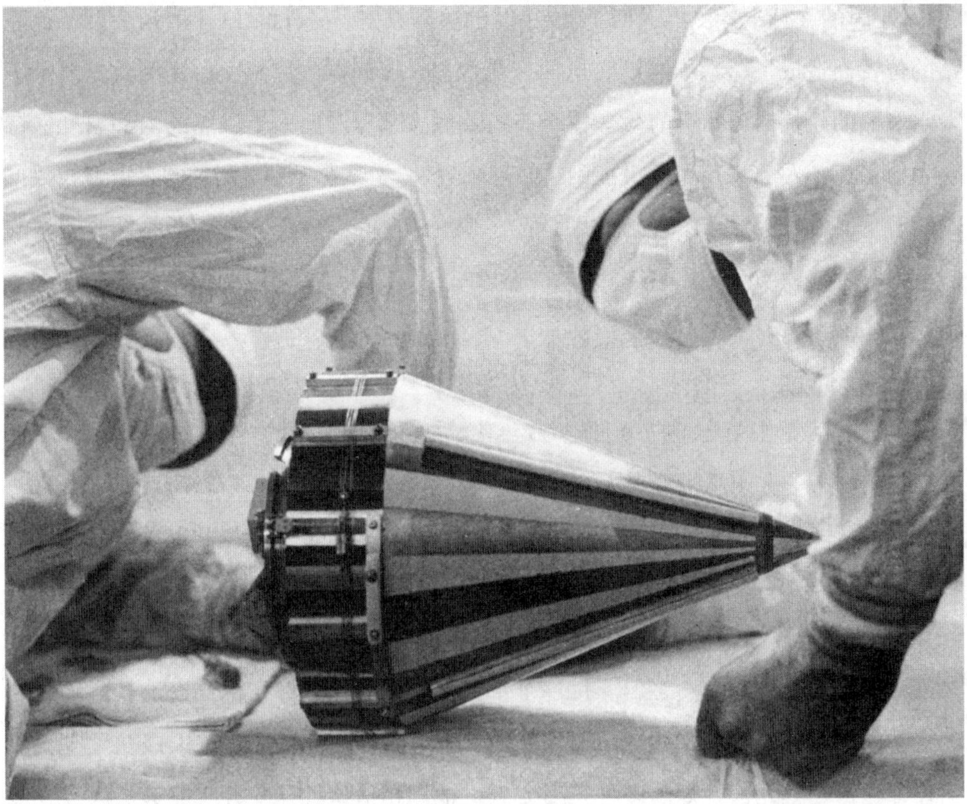

身着无尘服的航天技术人员们在对“先驱者 3 号”进行发射前检查。这个 5.9 千克的“先驱者 3 号”太空飞船于 1958 年 12 月 6 日从卡纳维拉尔角由朱诺Ⅱ型火箭发射。因为运载火箭故障，“先驱者 3 号”没有达到地球的逃逸速度，最终没能到达月球。沿着预计之外的轨道，这颗探测器在 12 月 7 日重新进入地球的大气层（美国国家航空航天局）

驱者 3 号”升空。这次飞行计划要求自动探测器在 34 小时后从月球身边飞过，然后继续飞行进入太阳轨道。然而，“先驱者 3 号”没能达到地球的逃逸速度——摆脱地球引力束缚的必需速度。很明显火箭推进燃料的损耗导致了第一级火箭的发动机提前 3.7 秒关闭。此外，太空飞船的射入角度大约为 71° 而不是预计的 68° 。结果，“先驱者 3 号”太空飞船沿着一个很高的弹道轨道运行，在落回地球之前最高到达 10.236 万千米。这颗自动探测器在重新进入地球的大气层时于 12 月 7 日在非洲上空燃烧。

认识到本次任务的失败在于太空飞船没能达到地球的逃逸速度，飞行的计划者们很快修改了“先驱者 3 号”的任务目标，强调其对地球高空处辐射水平的测量。

在 38 小时的飞行中探测器返回了 25 小时的遥测数据。另外的 13 小时因为两个追踪站的位置而造成了遥感中断没有返回遥测数据。探测器内部温度的遥测数据显示了太空飞船的热控措施十分有效。整个飞行期间大部分时间太空飞船的内部温度保持在大约 43℃。尽管太空飞船没能到达月球附近，“先驱者 3 号”测量的宇宙射线数据仍然有重要的科学意义，数据表明了范 · 艾伦（Van Allen）辐射带包括两个明显的网络辐射区域。

◎漫游者计划

美国国家航空航天局在 20 世纪 60 年代早期到中期制定的“漫游者号”（Ranger）计划是美国第一次使用机器人太空飞船对另一个天体（月球）进行探索的集中尝试。“漫游者号”的设计目的是在它们接近月球时传递图像和其他数据并最后在月球表面坠毁。

从 1959 年开始，工程师们分三个截然不同的阶段（phases）也叫单元（block）来设计“漫游者号”太空飞船。每一个单元都有不同的任务目标，设计日益增多的更先进的系统。美国国家航空航天局和喷气推进实验室的任务负责人以及太空飞船工程师在每个单元都计划了多种发射方式。他们相信这种开发方式能够最大程度地获得工程经验以及整个计划的科学价值。这种阶段性开发策略的另一个目标是确保至少会有一次成功的月球飞行。

第一阶段包括“漫游者 1 号”和“漫游者 2 号”太空飞船，在 1961 年发射，进入地球轨道。这两次发射计划是测试宇宙神 / 阿金纳（Atlas/Agena）运载火箭和太空飞船的设备，并没有计划将这两个早期的“漫游者号”太空飞船送往月球。

既然整个计划的目的是将机器人探测器送往月球的碰撞轨道，为什么还要花时间和精力将太空飞船送入地球轨道呢？在 20 世纪 60 年代的“漫游者号”计划之前，今天使用的许多太空飞船技术的要素早期实际上是未知的或者未经过测试的。也许这些太空飞船技术中最重要的是三轴姿态稳定。这个技术的意思是使太空飞船保持在一个相对于空间的固定姿态，而不是通过旋转保持稳定。使用三轴姿态稳定的机器人太空飞船可以将它的太阳面板指向太阳；巨大的天线指向地球；照相机和其他定向科学仪器指向它们适合的目标。“漫游者号”太空飞船也测试了太空飞船上的推进器（小推进力火箭），准确地将太空飞船射向了月球。最后，任务控制者需要知道如何使太空飞船上的计算机以正确的顺序组合地面发来的指令。仍然没有尝试的是与飞行过程中的太空飞船进行双向通信（TWC）以及对飞行中的太空飞船进行闭环追踪。

“漫游者 1 号”是一个重 306 千克的机器人太空飞船，它的主要任务目标是测试这些太空飞船的元件以及设计未来的月球太空飞船时必要的一些操作功能。机器人太空飞船也有一个次要的与科学相关的目标，就是研究行星际空间的粒子和（磁）场的性质。

“漫游者 1 号”是 1 单元（Block 1）的设计，它有一个六边形的基座，其交叉长度为 1.5 米。工程师在基座上安装了一个 4 米高的圆锥形的带有铝质支柱和斜杆的塔状物。两个太阳能面板翅膀从基座向上延伸，电池板一端到另一端长为 5.2 米。工程师在基座的底部加了一个高增益定向碟形天线。太空飞船的设备和实验仪器都安装在基座和塔上。科学仪器包括磁力计、中能范围粒子检测器、宇宙射线电力室、宇宙尘埃收集器和太阳 X 射线闪烁计数器。

“漫游者 1 号”的远距通信子系统包含 1 个高增益天线、1 个全向中等增益天线和 2 个发射机（960.1 兆赫，输出功率为 0.25 瓦；960.05 兆赫，输出功率为 3 瓦）。太空飞船上的电力由固定在 2 块电池板上的 8 680 个太阳能电池，一个 57 千克的银锌电池以及几个较小的电池为实验仪器提供电力。太空飞船的姿态由固态定时控制器、太阳与地球传感器以及俯仰和滚转推进器（小推进器）组合控制。工程师使用了若干被动温控技术组合，包括利用镀金、白色涂层和抛光的铝表面。

任务计划者还计划让“漫游者 1 号”进入地球的停泊轨道，然后重新点燃附带的阿金纳 B 上级火箭以使太空飞船进入距地球 6 万千米的 111 万千米长的环绕轨道。当“漫游者 1 号”进入这个大椭圆的地球轨道时，其顺利运行能够验证一些今后登月太空飞船计划所必需的关键性的硬件系统和操作技术。

“漫游者 1 号”在 1961 年 8 月 23 日成功地从佛罗里达的卡纳维拉尔角由宇宙神—阿金纳 B 运载火箭组合发射。太空飞船到达了预计的停泊轨道，但是阿金纳 B 火箭没能重新点火，无法将“漫游者 1 号”送入预计的更高的大椭圆地球轨道。当“漫游者 1 号”从阿金纳 B 火箭分离时，太空飞船进入了低地球轨道并开始滚转。这个不幸的太空飞船在 1961 年 8 月 30 日重新进入地球大气层。任务控制者认为“漫游者 1 号”取得了部分成功，因为几个操作的过程和太空飞船的仪器都在飞行过程中

1961 年 7 月美国国家航空航天局“漫游者 1 号”太空飞船正在卡纳维拉尔角进行发射前的检查。这个早期的太空飞船要完成轨道上的测试，为后来的月球拍照任务做准备。一个宇宙神—阿金纳 B 运载火箭于 1961 年 8 月 23 日成功地将“漫游者 1 号”送入预计的地球停泊轨道。然后因为阿金纳火箭没能在太空中重新点火，当“漫游者 1 号”与宇宙神—阿金纳运载火箭分离时，太空飞船进入了低地球轨道并开始滚转。1961 年 8 月 30 日“漫游者 1 号”重新进入地球大气层（美国国家航空航天局）

得到了测试。然而，对于科学家来说，这个任务很令人失望，因为几乎没有返回科学数据。

于 1961 年 11 月 18 日在卡纳维拉尔角由宇宙神—阿金纳 B 火箭发射的“漫游者 2 号”也遇到了困难。太空飞船被置于地球的停泊轨道，但是阿金纳 B 火箭没能重新点火。这使得太空飞船与阿金纳 B 火箭分离后搁浅在低地球轨道。“漫游者 2 号”的轨道逐渐降低，直到它在 11 月 20 日重新进入地球大气层。

由于阿金纳 B 火箭发动机点火问题，第 1 单元的“漫游者号”太空飞船都仅进入了短期的低地球轨道，太空飞船没能稳定自己，没能聚集太阳能，也没能生存得长一些。

第 2 单元的美国国家航空航天局“漫游者号”计划在 1962 年对月球发射了 3 个机器人太空飞船。这些太空飞船携带了电视照相机、辐射探测器以及放置在一个单独舱里的地震检波器，它将会被火箭的发动机减速，并且被包裹得很好，使其在低速撞击月球时不被损坏。不幸仍然笼罩着第 2 单元的任务。总的来看，这 3 个第 2 单元的机器人太空飞船的发射成功，显示了宇宙神—阿金纳 B 运载火箭的令人满意的性能以及“漫游者号”设计的充分，不幸的是，在同一个任务中，这些成功没有同时发生。

1962 年 1 月 26 日，“漫游者 3 号”被发射入深空，但是一个误差使“漫游者 3 号”机器人太空飞船偏离了轨道，完全错过了月球。“漫游者 4 号”在 1962 年 4 月 23 日的发射十分完美，但是太空飞船上的计算机故障使太空飞船彻底失灵，遭遗弃的太空飞船没有发回任何科学数据，飞行了 64 小时后在月球的另一面撞毁了。美国国家航空航天局在 1962 年 10 月 18 日发射了“漫游者 5 号”。因为一个未知的故障，“漫游者 5 号”耗尽了电力，停止了操作。这个失灵的太空飞船在距月球表面不到 725 千米的地方飞过月球。从这 3 次第 2 单元的“漫游者号”任务中，科学家没有收获任何重要的数据。

第 3 单元的“漫游者号”计划包括 1964—1965 年间，发射 4 个对月太空飞船任务。这个新的太空飞船系列携带了电视仪器以便在接近月球时观测月球表面，并在飞行的最后几分钟即撞击月球之前的一刻传输高分辨率的图像。第 3 单元的“漫游者号”太空飞船没有携带其他实验计划。

1964 年 1 月 30 日，美国国家航空航天局向月球发射了“漫游者 6 号”。这个太空飞船携带了 6 架电视摄像照相机的组合。这次太空探测器的月球飞行完美无缺。然而，照相系统遭受了飞行异常而失灵。因此，“漫游者 6 号”没有返回任何月球图像，在发射后的 65.5 小时尽职地撞向了月球的表面靠近静海（宁静海）的东边缘处。

最终运气还是降临在了美国国家航空航天局。接下来发射的 3 个“漫游者号”完成了任务，它们携带着重新设计的照相系统，成功地为阿波罗计划的人类登陆月球铺垫了道路。1964 年 7 月 28 日美国国家航空航天局发射了“漫游者 7 号”。这个机器人太空飞船的飞行毫无瑕疵，然后成功地拍摄了它在哥白尼环形山（Copernicus）南部的平原撞击月球表面的过程。“漫游者 7 号”发回了 4 300 多张月球表面照片。

机器人太空飞船发回的照片揭示了撞击导致的环形山或陨石坑是月球表面的重要特征,甚至在相对光滑平坦的平原上也有。科学家观看“漫游者7号”早期发回的照片,照片显示了小的环形山和甚至小到50厘米宽的撞击痕迹。

1965年2月17日美国国家航空航天局将“漫游者8号”送上月球。这个机器人太空飞船在风暴洋(Oceanus Procellarum)和云海(Mare Nubium)的南部上空划了一条斜线然后坠入静海,4年半之后“阿波罗11号”的宇航员在此登月。“漫游者8号”传回了7 000多张月球的照片。大约一个月后(1965年3月21日),美国国家航空航天局将“漫游者9号”送上月球。“漫游者9号”是这个机器人家族的最后一个成员,在阿尔芬斯(Alphonsus)环形山内坠毁。这个机器人太空飞船出色地完成了任务,在它飞行的最后19分钟,传回了5 814张月球表面的照片。“漫游者9号”以每秒2.67千米/秒的速度撞上了月球。美国国家航空航天局向大众实况转播了太空飞船传回的图像,使他们经历了实时的太空探索。

1997年12月末美国国家航空航天局的“月球勘探者号”(Lunar Prospector)太空飞船在卡纳维拉尔角的绝对无尘室。这个机器人太空飞船在1998年1月6日成功发射,飞向月球,完成了描绘月球元素成分的重要任务。“月球勘探者号”任务最重要的结果是确认了月球的极地可能有大量的冻水[美国国家航空航天局/埃姆斯研究中心(Ames Research Center)]

困难重重的“漫游者号”计划使太空飞船工程师受益匪浅,但是科学家却基本上没有任何受益。然而,最后的3个“漫游者号”任务确实是使用机器人太空飞船探索行星天体的完美之作。“漫游者 7 号”“漫游者 8 号”和“漫游者 9 号”给月球探索科学家提供了重要的关于月球表面的新信息，也为更加复杂的登陆机器人家族（名为“勘测者号”）以及那个年代末期的人类探索者铺垫了道路。

◎“月球勘探者号”太空飞船

最后一个“漫游者号”太空飞船撞击月球表面 30 多年之后，美国国家航空航天局的“月球勘探者号”太空飞船收集了一些注定影响 21 世纪的月球探索和基地建立的重要数据。“月球勘探者号”，美国国家航空航天局发现项目中的太空飞船，是一个为探索低高度的月球两极轨道而设计的现代太空机器人。太空飞船于 1998 年 1 月 6 日在佛罗里达州的卡纳维拉尔角空军基地由洛克西德雅典娜（Lockheed Athena）Ⅱ型（以前称为洛克西德马丁运载火箭）运载火箭成功发射。1 月 11 日进入绕月轨道之后，“月球勘探者号”使用它的仪器装备完成了对月球地表组成的详细研究。这艘 126 千克重的太空飞船（去掉推进剂后的干质量）也进行了资源的搜寻——尤其是科学家猜想的月球两极永久阴影区水冰的储藏。轨道太空飞船携带了 1 个伽马射线频谱仪、1 个中子频谱仪、1 个磁力计、1 个电子反射计、1 个阿尔法粒子频谱仪和 1 个多普勒重力仪。

“月球勘探者号”外形像一个鼓，高 1.3 米，直径为 1.4 米。太空飞船的 3 个仪器携带罩每个有 2.4 米长。周身安装的太阳能电池和镍镉可充电电池互为补充，为太空飞船提供大约 200 瓦的电力。

“月球勘探者号”是一个简单可靠的旋转稳定太空飞船。与其他复杂的太空机器人不同，“月球勘探者号”太空飞船上没有用来控制执行任务的计算机。然而工程师安装了一个简单的电子箱，称作“命令和数据管理单元（Command and Data Handling Unit）”，它被用来接收位于加利福尼亚州山景城（Mountain View）的美国国家航空航天局埃姆斯研究中心（旧金山湾区）的任务控制者们发来的约 60 条指令。

这项行动收集到的数据补充了 1994 年国防部克莱门汀（Clementine）计划中得到的详细的图像数据。特别值得注意的是：来自“月球勘探者号”中子频谱仪的数据显示，月球的两极地区存在着大量的水冰。虽然仍然需要进一步确认以及详细分析，月球两极水冰的大量存在将会使月球成为一个人类未来在月球或者更远处定居的有价值的补给站。

知识窗

“月球勘探者号”中子频谱仪

“月球勘探者号”是第一个使用中子光谱学来探测水的行星际太空飞船。太空飞船的中子频谱仪(NS)是一个用来探测可能存在于月球的水冰数量的仪器。月球的两极附近有许多被环形山永久遮挡的阴影地区，其温度常年在零下190℃或更低。这些环形山可能起到冷阱的作用，永久性地储存了亘古以前由彗星或者小行星撞击月球时分散到这些寒冷地区的水。

中子频谱仪不能直接探测氢，因为在太空飞船最初的任务中，它在距月球表面100千米高度的极地轨道运行。然而，这个仪器搜寻核科学家所说的“冷”中子——从月球外壳某处的氢原子中被撞出的高能中子，现在它们速度减慢了，能量也降低了。当宇宙射线与月球外壳的原子碰撞时，宇宙射线导致激烈的核反应，从而释放中子、伽马射线和一些其他的亚原子粒子。一些这样的宇宙射线产生的中子直接逃逸到太空变成热中子或者“快”中子。其他一些中子与月球外壳的原子碰撞，向弹子球一样弹跳，并在碰撞过程中失去运动能量。如果碰撞中子撞上重原子，如铁（Fe)，它们就不会在每次的碰撞中失去太多的能量。因此，这种中子的运动仍然接近它们最后一次被碰撞到空间的原始（快）速度。这些中子将会仍然保持温暖（物理学家称为“超热”)，当它们碰到沿轨道运行的“月球勘探者号”时就会被中子频谱仪所探测到。

科学家知道，让一个快速移动的中子减速的最有效方法是让这个核粒子与跟它们同样大小的物质相撞。只有一种原子与中子的大小相同：氢，所有元素中最轻的。如果月球外壳的某处存在大量的氢——例如，有水冰存在的永久阴影下的环形山上——任何在地壳这部分弹跳的中子都会在弹到太空之前迅速失去能量(也就是变冷）成为慢中子或者热中子。因此当“月球勘探者号”的中子频谱仪飞越极地地区的环形山(怀疑有水冰的存在)，科学家预料到，并且也看到被探测到的大量的热中子，以及相应的超热中子数量的下降。

中子频谱仪是一个3.9千克重的仪器，包括两个罐——每一个都装有氦-3气和一个能量计。任何中子与光谱仪中的氦-3原子的碰撞都会放出独特的能量信号，然后被探测到并被计数。为了利用中子的物理特性，其中一个罐由镉包裹住，另一个由锡包裹。镉能够阻挡低能量和低速的（热）中子，而锡不能。因此，如果在月球极地有极高的氢浓度（例如水冰），传回地球的超热中子能量光谱数值的下降就能够显示出它的存在。这两个氦-3气体罐的不同数字记录会表明由“月球勘探者号”中子频谱仪所探测到的热中子的通量。

总的来说，“月球勘探者号”测量了宇宙射线引发的中子，在月球表面留下了3个不同的光谱仪。热中子和超热中子被一对直径为5.7厘米，长度为20厘米充满氦-3气体的正比计数器所探测到。被一层镉遮盖住的探测器只对超热中子敏感。第二个被一层锡（Sn）覆盖的探测器测量超热和热中子两种。除此之外这两个正比计数器完全相同，科学家把数字记录上的任何不同都归因于这两种热中子的数量差异。“月球勘探者号”伽马射线频谱仪的反符合屏（ACS）测量到了快中子。

正如在1998年报告的那样，科学家们能够根据太空飞船的中子频谱仪发回的超热中子能量光谱中下降（telltale dips）的显示，确定在月球的两极存在着极高的氢浓度。如果像一些科学家猜想的那样，有过多的氢作为冻水分子的一部分存在于月球两极永久阴影遮挡之下的环形山下，在月球上可能有差不多2.6亿吨的水。

经过极为成功的19个月的科学绘图行动之后，飞行控制者决定改变原计划的撞击月球表面的任务结束方式，实施一次可能确定月球上水冰存在性的实验。因此，当太空飞船的姿控燃料即将耗尽时，1999年7月31日太空飞船被指示撞向月球南极附近的一个环形山。地球的观测者企图从撞击的熔化物中探测水存在的迹象，但是没有发现这样的迹象。然而，这次临时决定的撞击实验应当只被看成是一次远射的机会，而不是精心设计的科学步骤。对比而言，“月球勘探者号”的科学数据使得科学家能绘出月球表面构成的详图。这些数据也极大地增进了对于月球的起源、演化以及其现在资源存在情况的认识。

◎“麦哲伦号”太空飞船

麦哲伦计划是美国国家航空航天局探索太阳系中金星的太空探索计划。1989年5

月4日，在STS–30任务中，3 550千克的“麦哲伦号”太空飞船被“亚特兰蒂斯号”航天飞机送入绕地球轨道。这个巨大的机器人探险家然后被固体燃料惯性上级火箭(IUS)系统送入云层笼罩下的行星轨道。“麦哲伦号”是第一个由航天飞机发射的行星际太空飞船。1990年8月10日，“麦哲伦号”被送入金星的环绕轨道并开始初步进行其非常成功的雷达绘图任务。这艘太空飞船的命名是为了纪念著名的16世纪葡萄牙探险家费迪南德·麦哲伦(Ferdinand Magellan，1480—1521)，他是第一个环航世界的人。

“麦哲伦号”太空飞船部分零件来自其他的任务中。“麦哲伦号”太空飞船长度为4.6米，顶部有一个3.7米直径的高增益天线。这个高增益天线被用来与地球通信，同时也用来进行雷达测绘金星的任务。巨大的天线是美国国家航空航天局“旅行者号”外层行星探索任务的多余部件，“麦哲伦号”的十面体主结构和一套联氨推进器也是如此。这个太空飞船的指令数据计算机系统、姿控单元和动力分散单元是“伽利略”木星任务的多余部件。最后，“麦哲伦号”太空飞船的中增益天线是“水手9号”太空飞船的多余部分。

“麦哲伦号”是使用三个反作用轮的三轴稳定太空飞船。电力由两个方形的太阳能电池板提供，每个大约2.5米，位于太空飞船的两侧。在任务开始时，太阳能电池板能够提供1 200瓦的电力。正如太空飞船工程师所预料的那样，在任务进行中，太阳能电池板会逐渐退化。到了1994年秋天，任务接近尾声时，任务控制者发现有必要谨慎管理电量的使用才能使太空飞船保持运转。太阳能电池板与两个可充电的镍镉（NiCd）电池联合供电。

“麦哲伦号”最初的科学负载是一个单独的雷达仪器，同时可以用作合成孔径雷达（SAR）、高度计和辐射计。雷达频率为2.385千兆赫（GHz)，峰值功率为325瓦，扫描宽度（可变）为25千米。

因为金星被稠密的不透明的大气层所包围，科学家无法使用传统的光学照相机来拍摄金星的地表。因而，“麦哲伦号”的成像雷达使用了微波能量爆发(bursts)手段，就像照相机的闪光灯一样照亮金星表面。

“麦哲伦号”的高增益天线每秒向行星发出数百万的脉冲波。然后当金星表面将雷达脉冲反射回来时，天线记录下返回到太空飞船的回声。雷达脉冲不是直接向下发出的，而是与太空飞船的一个侧面形成一个微小的角度。因为这个特征，工程师有时称“麦哲伦号”的雷达系统是侧视雷达。另外，特殊的处理技术也应用到雷达的数据上以得到更高分辨率的图像——就像这个雷达有一个更高增益的天线或光圈。

工程师称这一智能技术为合成孔径雷达。

1990—1994 年间，“麦哲伦号”使用它复杂的成像雷达系统拍摄了有史以来最详细的金星地图。在完成了它的雷达绘图任务之后，“麦哲伦号”又绘制了金星重力场的全球地图。在这个任务阶段，太空飞船没有使用它的雷达绘图仪，而是向地球传输了持续的无线电信号。当它飞过金星表面一个比通常重力高的地方，太空飞船就会在轨道上略微加速，由于多普勒效应，这种动作就会导致“麦哲伦号”无线电信号频率的轻微改变。因为美国国家航空航天局深空网的无线电接收机测量无线电频率的准确度极高，科学家能够绘制出非常详细的金星重力地图。事实上，在任务的这个阶段，太空飞船提供了金星表面 95% 地区的高分辨率的重力数据。飞行控制者也测试了新的被称作“空间刹车”的机动技术——一个能利用行星的大气层来减速或者驾驶太空飞船的技术。

1989 年 4 月“亚特兰蒂斯号”航天飞机发射前，其负载舱中携带的是美国国家航空航天局的“麦哲伦号”太空飞船与其附带的惯性上级火箭。5 月 4 日“亚特兰蒂斯号”航天飞机将“麦哲伦号”带入低地球轨道并将其展开。惯性上级火箭随后将“麦哲伦号”机器人轨道太空飞船送入金星的行星际轨道。1990—1994 年间，“麦哲伦号”使用它复杂的成像雷达绘制了这颗云层笼罩的行星有史以来最详细的地图（美国国家航空航天局 / 肯尼迪航天中心）

“麦哲伦号”的详细雷达图像所揭示的环形山使行星科学家猜测金星的表面相当年轻——可能 5 亿年前分布广泛的火山喷发重塑或者修整了其表面。金星目前的严酷环境从那时起就一直持续到现在。没有探测到表明金星过去曾经有过海洋或者湖泊的表面特征。而且，科学家发现没有板块构造论的证据，就是说，金星上没有巨大的大块地壳的移动。

“麦哲伦号”的任务以其戏剧性的坠入金星表面稠密的大气层宣告结束。这是第一次一艘运行中的行星际太空飞船被有意地坠毁。1994 年 10 月 12 日世界时间 10:02（太平洋夏令时 3：02）与太空飞船突然失去了联系。最后一次操作的目的是在太空飞船停止工作之前，在其炙热的燃烧之前，收集有关金星大气层的数据。尽管人们认为“麦哲伦号”的大部分已经被这次最终坠落时的大气热量所蒸发，一些部分仍可能幸存，完好地落入金星表面。

◎“伽利略号”太空飞船

美国国家航空航天局的“伽利略号”太空飞船的设计是为了研究巨大的气态行星木星、它的卫星及其周围的磁力圈。这艘太空飞船的命名是为了纪念意大利科学家伽利略 · 伽里莱。1610 年伽利略开创了望远镜天文学的先河，当时他创制并使用一个简单的光学望远镜来观测天空。例如，使用这个仪器观看木星，伽利略发现了这个巨行星的 4 个主要的卫星，并命名它们为木卫一（伊奥）、木卫二（欧罗巴）、木卫三（加尼美德）、木卫四（卡利斯托）。今天，天文学家通常把这些有趣的天体称为伽利略卫星。

在“伽利略号”这个巨大的机器人太空飞船于 1995 年 12 月进入木星轨道并将其携带的降落探测器掷入这颗巨行星的大气层时，“伽利略号”的主要任务开始了。由“伽利略号”发射的降落探测器运行了 5 个月。这个轨道太空飞船的首要任务历时 23 个月环绕木星系统 11 圈，其中包括了对木星主要卫星的 10 次近距离相遇。尽管主要任务在 1997 年 12 月完成了，美国国家航空航天局曾 3 次扩展其任务。结果，“伽利略号”太空飞船共经历了 35 次与木星的主要卫星相遇——其中木卫二 11 次，木卫四 8 次，木卫三 8 次，木卫一 7 次以及木卫五 1 次。

2002 年 12 月与木卫五的交会也使得“伽利略号”太空飞船比 1995 年 12 月 7 日开始环绕这颗巨大行星飞行以来的任何时候都更靠近木星。在 2003 年 2 月 28 日，美国国家航空航天局飞行小组中止了对“伽利略”太空飞船的运转。人类指挥者给这艘远航的机器人太空飞船发去最后一组指令，它于 2003 年 9 月 21 日坠入木星大气层，结束了它的任务。采取这个行动是为了避免废弃的“伽利略号”太空飞船在木星系统徘徊时可能撞上木卫二——那样随其太空飞船而来的地球微生物就会污染这颗可能孕育生命的卫星。

“伽利略号”太空飞船和它的两级惯性上级火箭作为美国国家航空航天局 STS-

34 任务的一部分于 1989 年 10 月 18 日被“亚特兰蒂斯号”航天飞机带入绕地球轨道。从航天飞机的货舱中展开之后，惯性上级火箭点火加速使“伽利略号”太空飞船脱离地球进入金星的轨道，这是“伽利略号”在飞向木星之前进行的 3 次行星际引力助飞的第一次。1990 年 2 月 10 日，在距金星 1.6 万千米上空飞越之后，“伽利略号”太空飞船又飞回地球方向并于 1990 年 12 月 8 日在距地球 960 千米的上空飞过。这次飞越增加了“伽利略号”的速度使其进入了太阳的椭圆轨道，并进行了为期 2 年的环绕飞行。“伽利略号”于 1992 年 12 月 8 日第二次飞越地球，在 1303 千米的高空飞过。借助最后一次引力助飞，“伽利略号”太空飞船离开地球飞向了木星。

在 1991 年 4 月,“伽利略号”太空飞船按计划展开了它 4.8 米直径的高增益天线，因为“伽利略号”已经飞离太阳,摆脱了过热的危险。然而巨大的天线没能完全展开。一个由工程师和技术人员组成的特殊小组在地球展开了深入的研究，确定是因为天线的 18 个支撑架中的若干个（可能是 3 个）在闭合的状态下遭受挤压导致的。尽管尝试了所有放开支撑架的方法，高增益天线还是没能打开。从 1993—1996 年，美国国家航空航天局的人员通过多种途径来挽救这个任务，他们开发大范围的新飞行和地面软件以及加强深空网地面站对于太空飞船的低增益天线的使用来完成任务。

1991 年 10 月 29 日，“伽利略号”成为第一艘与小行星相遇的太空飞船，那时它正飞过伽斯普拉，在距离这个石质小行星中心 1 602 千米处以大约 8 千米 / 秒的相对速度飞过。“伽利略号”太空飞船收集的图像和其他的数据显示伽斯普拉是一个多坑的、复杂的、不规则的天体，大小约为 20 × 12 × 11 千米，表面覆盖着一层尘埃和碎石。

当“伽利略号”在 1993 年 8 月 28 日飞过一个更遥远的名叫艾达的小行星时，完成了它第二次对小行星的飞越。艾达大约 55 千米长，24 千米宽。“伽利略号”太空飞船收集的图像数据也表明艾达有它自己的微小卫星，名叫达克泰耳（Dacty l），它的直径为 1.5 千米。

1995 年 7 月 13 日，搭乘“伽利略号”太空飞船的降落探测器被母太空飞船释放出来并开始了为期 5 个月向木星自由降落的行程。因为这个质量为 340 千克的机器人探测器没有推进器，它的弹道飞行轨迹完全是由在探测器释放前的“伽利略号”母太空飞船精确的瞄准所确立的。

“伽利略号”太空飞船于 1995 年 12 月 7 日到达木星。在到达之前，“伽利略号”轨道太空飞船飞过了木星的两颗主要的卫星——木卫二和木卫一。“伽利略号”在 3.22

图片显示的是1989年8月在肯尼迪航天中心的垂直加工车间（VPF）美国国家航空航天局的“伽利略号”太空飞船正在准备与它的惯性上级火箭配对。随后机器人太空飞船和惯性上级火箭被共同装入“亚特兰蒂斯号”航天飞机的负载舱中，1989年10月被携带到低地球轨道后展开。一旦展开的负载组合与航天飞机之间达到安全的距离之后，惯性上级火箭就点火并将“伽利略号”送入它飞往木星的6年行星际之旅。（美国国家航空航天局 / 肯尼迪航天中心）

万千米的高处飞越了木卫二，而与木卫一的相遇发生在距这颗卫星965千米处。告别木卫一大约4个小时之后，“伽利略号”轨道太空飞船完成了距木星最近的一次环绕，承受了比能致人类死亡的水平多25倍的电离射线（来自木星剧烈的网罗辐射带）。

8分钟之后“伽利略号”轨道太空飞船开始从降落的探测器接收数据，后者像一颗彗星似的以47.3千米 / 秒的速度撞上了木星大气层的上部。在这个过程中，这个坚硬的探测器经受住了相当于太阳表面2倍的高温。探测器由于空气动力制动的作用开始减速，2分钟之后展开了它的降落伞并抛弃了隔热屏。

随后，这个锅形的探测器在木星的上层云层中向下飘落了大约200千米，并向“伽利略号”太空飞船传输了关于压力、温度、风、闪电、大气组成和太阳热流的数据。下降58分钟后，高温和巨大的挤压力使探测器的传输设备停止了工作。这个坚硬的探测器在压力是地球表面平均压力23倍的深处发送了数据。设计精良的探测器在木星的大气层内保持工作直到木星大气压力达到探测器的设计能够承受的 2 倍的时候。

在收到来自探测器的最后 1 小时的信号传输之后，在木星上空 20.9 万千米的高空处，“伽利略号”太空飞船点燃了它的主制动发动机进入了木星的轨道。在它第一次环绕木星的运行过程中，被（由地球的任务控制者通过远距通信）安装了新的软件，赋予机器人太空飞船大量新的船载数据处理能力。新的软件允许数据压缩，使太空飞船可以传输的图像和其他测量数据的数量是其未安装新软件时的 10 倍。另外，地面的硬件改变和太空飞船与地球通信系统的调整使平均遥测率增加了 10 倍。尽管“伽利略号”高增益天线的问题使得本次任务一些最初的科学目标没能实现，但是因为人类的智慧,太空飞船应急方案的设计以及后备系统（如低增益天线）的有效使用，使得绝大部分的任务目标得以完成。“伽利略号”机器人太空飞船的木星任务是人类与机器人联合探索太空的精华之作。

“伽利略号”轨道太空飞船的质量在发射时为 2 218.5 千克，从低增益天线的顶部到木星大气降落探测器的底部为 5.3 米（见 46 页图和 84 页图）。机器人轨道器体现了创新的双旋转设计。大多数的行星际太空飞船在飞行中维持稳定的方式都是通过围绕主轴旋转或者通过在空间保持一个固定的方位，通常是参考太阳或者其他星球。作为第一个采用双旋转设计的行星际太空飞船，“伽利略号”结合了这两种稳定技术。“伽利略号”有一个每分钟 3 转的高速旋转部件和一个消自转部件，后者可以反旋转，使照相机和其他的遥感器保持一个固定的方向。旋转一侧的恒星扫描仪确定朝向和转速；在太空飞船的消自转仪一侧的回转仪提供测量顺序和对准仪器的基础。

能量供给、推进舱和计算机与控制装置的大部分都安装在旋转部分的一侧。旋转部分也携带了直接传感仪器来研究磁场和带电粒子。包括磁力传感器在内的科学仪器都安装在一个 11 米的活动支架上以减少来自太空飞船电子仪器的干扰；一个等离子探测器用来测量低能带电粒子；一个等离子波探测器用来研究粒子发出的电磁波。伽利略号轨道器也携带了 1 个高能粒子探测器和 1 个测量行星际空间(宇宙尘埃）以及近巨行星尘埃（木星尘埃）的探测器。最后，太空飞船上沉重的离子计用来评估太空飞船飞过的任何存在潜在危险的带电粒子（电离辐射）环境，尤其是在近距离飞过木星和激烈的网罗辐射带的时候。

“伽利略号”太空飞船的消自转部分携带了需要保持平稳的仪器。这些仪器包括照相机系统；进行多谱段测量分析大气和表面化学成分的近红外绘图频谱仪；研究气体的紫外线频谱仪；测量辐射和反射能量的照相偏振测量仪—辐射计。照相系统包括对木星的卫星的高分辨率图像，清晰度比美国国家航空航天局的“旅行者 1 号”和“旅行者 2 号”所拍照片高 20~1 000 倍。这种极大的图像数据收集改进的主要原因是使用了具有电荷耦合器件敏感的固态视频成像系统。“伽利略号”的消自转部分还携带了一个碟形天线，能够接受降落探测器坠入木星大气层时发来的信号。

太空飞船的推进舱由 12 个 10 牛顿的推进器和一个单独的 400 牛顿的火箭引擎组成，后者使用甲基联氨燃料和四氧化二氮氧化剂。

因为无线电信号（以光速传播）从地球传到木星再回来仅用 1 个多小时，“伽利略号”太空飞船被设计成依靠提前发布的存储于太空飞船计算机内存中的指令来运转。对“伽利略号”来说，一个单独的主命令序列就可以满足在飞越木星的卫星时几周到几个月的安静间歇时间的操作需要。然而，在繁忙的飞越进行阶段，一个命令只能控制一个星期的运行。这些主指令序列通过安装在太空飞船的计算机子系统的飞行软件进行操作，计算机的子系统都有内置的自动安全保护软件使得在计算机突然失灵或经历一些其他不可预见的情况时使“伽利略号”处于安全状态。

“伽利略号”太空飞船从两个放射性同位素热电发生器组件中得到电力。由放射性同位元素钚-238 自然的放射性衰变释放的热量直接转化为电力运转轨道体太空飞船的仪器。在发射时（1989 年），放射性同位元素热电发生器组件产生了总量相当于 570 瓦的电力；在太空飞船任务的末期（2003 年）这些组件仍然在产生 485 瓦的电力。美国国家航空航天局已经在其他成功的机器人太空飞船任务中应用这样使用寿命长的放射性同位素发生器组件，这些任务包括“海盗 1 号”和“海盗 2 号”的火星登陆器；进行其他行星飞越的“旅行者 1 号”“旅行者 2 号”以及“先驱者 10 号”“先驱者 11 号”；研究太阳两极的“尤利西斯号”（Ulysses）太空飞船；还有土星探测器“卡西尼号”。（第 10 章包括了对美国国家航空航天局太空核能系统应用的更多讨论）

◎美国国家航空航天局足球太空机器人

自主的太空飞船外活动自动照相机［自主太空飞船外活动照相机“快跑号”（AERCam Sprint）］试验性地演示了自由飞行的电视摄像机的使用。在增压舱内的宇航员（未来）可以使用这种照相机完成对于航天飞机或者国际空间站的外部遥控检查。自主太空飞船外活动照相机“快跑号”自由飞行探测器（free-flyer）是一个直径35.6厘米、重15.9千克的球状机器人，它包括2个电视摄像机、1个航空电子设备系统和12个小型氮气动力推进器。这个看起来像是一个超大足球的探测器在1987年12月作为STS–87任务的一部分，在一次太空外活动由宇航员温斯顿 · 斯克特（Winston Scott）放入太空。当另一名宇航员史蒂夫 · 林塞（Steve Lindsey）在航天飞机的尾部遥控时，这个敏捷小巧的圆形机器人在“哥伦比亚号”（Columbia）航天飞机巨大的货物舱前面自由地飞行。在这次轨道内演示实验的过程中，宇航员林塞使用了1个人工控制器、2个便携式电脑和1个安装在窗户上的天线来控制这个自由飞行的自动照相机。

工程师设计的自主太空飞船外活动照相机“快跑号”以低于每秒7.6厘米每秒的速度非常缓慢地飞行。对于这个自主太空飞船外活动照相机“快跑号”的遥控是通过双向超高频率（UHF）通信来实现的，自由飞行系统的状况数据会传输回人类操纵者。电视图像通过单项S–波段通信链路传输给操纵者。在STS–87航天飞机任务进行试验的过程中，实况电视图像从“哥伦比亚号”传回位于得克萨斯州约翰逊航天中心的美国国家航空航天局人类航天任务控制中心（MCC）。

这个自主太空飞船外活动照相机“快跑号”有2个微型的彩色电视摄像机。球形机器人的外表覆盖着1.5厘米厚的毛毡以减缓任何与太空飞船表面的无意碰撞，并保护其在执行检查任务期间免受损害。机器人球体由锂电池供电。电池和氮气（用于小推进器）预计至少能够持续7小时，与美国国家航空航天局的宇航员在一个正常的太空飞船外活动（EVA）的最长时间大致相等。这个自主太空飞船外活动照相机“快跑号”球体有一个小的内置照明灯，与宇航员的太空服头盔上的照明灯相同。机器人球体有6个闪烁的小型黄色发光二极管（LED）灯，使得人类操纵者或者太空飞船外活动的宇航员在黑暗或者阴影遮挡的地方也能够看见这个自由飞行的机器人。为了给予这个飞行机器人一起工作的人类操纵者或者太空飞船外活动的宇航员提供另一个视觉的帮助，工程师把这个球体的正面作了条纹和箭头的记号，后面则标记了很多的圆点。这个自主太空飞船外活动照相机“快跑号”球体还配有一个很小的编织环套，作为太空飞船外活动的宇航员可以展开和收回这个机器人照相系统的把手。

对于这个圆形自由飞行机器人系统的飞行测试持续了75小时，一切顺利。美国

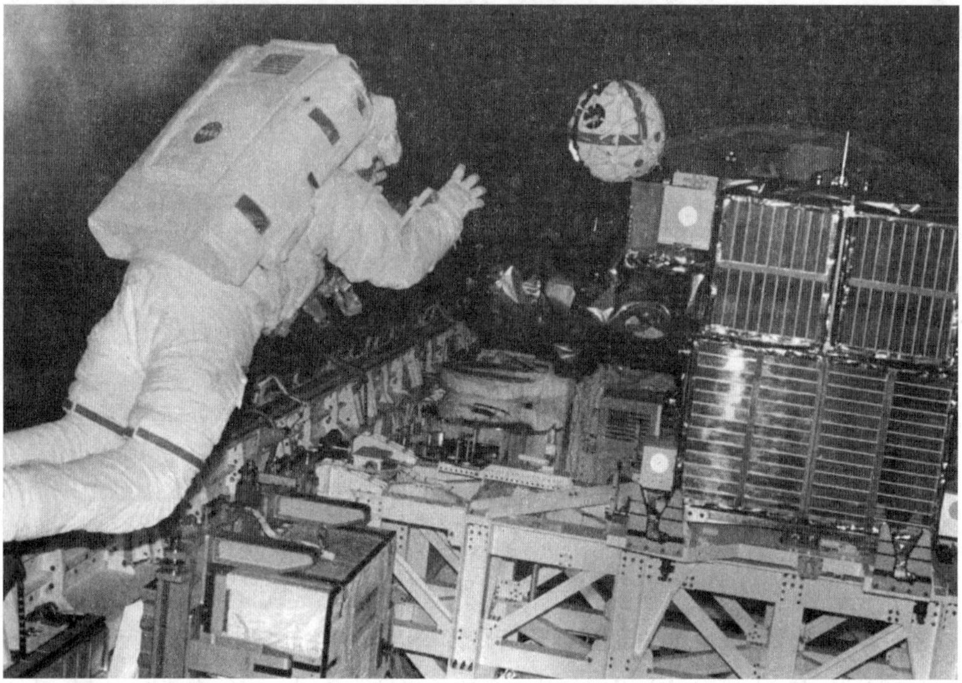

好像正在与高科技足球一起玩一样，宇航员斯克特在“哥伦比亚号”航天飞机的负载舱外行走的时候伸出手去取回自由飞行的自主太空飞船外活动照相机“快跑号”。这些有趣的低地球轨道上航天员与机器人太空飞船之间的互动发生在 1997 年 12 月 STS-87 航天飞机任务期间（美国国家航空航天局 / 约翰逊航天中心）

国家航空航天局进行这项太空飞船外活动的宇航员温斯顿 · 斯克特在航天飞机的货舱将这个机器人展开并在测试完成之后将其收回。宇航员史蒂夫 · 林塞使用一个能够转动和移动的人工控制器在太空飞船的航天员座舱内控制这个自由飞行的机器人。他在航天飞机尾部飞行驾驶舱内的一个内部电视上监控机器人发回的电视图像。当货舱通往太空的门打开着，并且当机器人飞行器在货舱里四处飘浮移动时，林塞也通过航天飞机尾部飞行驾驶舱的窗来保持与机器人的视觉接触。

经过这次成功的试验之后，美国国家航空航天局在约翰逊航天中心的工程师们继续设计、开发和测试纳卫星（nanosatellite）等级的自由飞行机器人，打算在未来人类太空飞行活动中当需要对载人太空飞船和空间站进行更多遥控检测的时候使用它们。使用一个自由飞行的小检测机器人将会避免人类航天员进行危险的太空飞船外活动。美国国家航空航天局工程师们把这个新的球形自由飞行器命名为微型自主太空飞船外活动自动照相机。与较大的一代相比，二代机器人自由飞行器只有19厘米的直径，重量为5千克，使用可再充高压氙推进系统（12个推进器）和1个可充电锂离子电池。这个球形的微型机器人携带了2个高性能的录像机和1个拍摄静止照片的数字检查照相机。在轨道模拟测试中，这个微型的自主太空飞船外活动自动照相机完成了旋转和移动的动作，包括自主姿态控制、自主移动控制和点对点操作。人类船员与机器人自由飞行器的扩展测试以及微型自由飞行器的演示，预期将会在美国国家航空航天局的航天飞机执行其计划中的飞行时以及当国际空间站（ISS）的建设完成时进行。像微型自主太空飞船外活动自动照相机一样的小型飞行机器人可以在国际空间站起到很多作用，例如作为遥远地区的视觉检查，人类太空飞船外活动和机器人活动的近距离观察，在复杂的太空组装或者维修活动中的移动通信传输。

知识窗

在太空探索时应该使用机器人还是人类？

自1958年以来，在美国民用航天计划中存在的一个争论涉及这个基本问题：应该用机器还是人类来探索太阳系？理想的答案当然是两者应该联合工作。这个方案在阿波罗计划中得以最有效地实施，那时如“漫游者号”和“勘探者号”之类的机器人太空飞船担任了人类登陆任务的先驱。

然而，继阿波罗计划的非凡成功之后，许多太空专家开始思索在太空探索中人类的作用。整个20世纪70年代一直到80年代早期人们针对美国国家航空航天局太空探索项目的未来策略进行了大量的争论。一些考虑长期利益的计划者认为权衡成本、风险、潜在的科学反馈以及日程安排等因素，即便不是所有，至少大部分的未来探索目标都最好由机器人太空飞船来完成。他们提出了支持机器人系统的一个重要观点，人类太空旅行者需要大量昂贵的生命保障系统。相反，机器人能够在深空长途旅行中生存，并像人类一样完成探索目标。而且，在太空探索过程中失去机器人并不会在全国造成像失去人类宇航员那样的令人痛彻心扉的打击。

在这些阿波罗计划后期的争论中，其他的航天业专家强烈反对这种观点。他们认为人类在太空探索中起到非常重要的作用，现在如此，将来依然如此。这些专家更声称机器人和人类是不可互换的。人类太空飞行的支持者还指出人类比机器人更能胜任并且在预料外的事件发生时能够更好地应对。当出了故障时人类能够运用他们的创造力和智慧进行创新的维修。

1986年1月“挑战者号”航天飞机及其机组人员的失事，以及17年后的2003年2月“哥伦比亚号”航天飞机及其机组人员的遇难再次引发人们对于究竟由机器人还是由人类进行太空探索的争论。然而，今天观点比较一致的是应该使用机器人太空飞船来探索太阳系遥远的区域——在主要的小行星带以外的区域或者太阳系的最里面，具体来说是金星、水星，或者接近太阳日冕的地区。目前的争论主要聚焦在以下的科学问题：21世纪应该由人类来探索火星还是把深入探索这颗红色星球的任务交给一系列日益复杂的太空机器人？使这种争论白热化的问题是3年的行星际任务会带给全体宇航员明显的健康和生命风险，以及随之而来的巨额资金投入。一些研究预测人类火星探索的实际总投入额(全体机组由10名宇航员组成的话)将会高达1万亿美元。相比之下，美国政府总共只花了250亿美元就把人类探索者送上了月球。

为了响应来自美国白宫的21世纪太空探索的指示，美国国家航空航天局的计划者们正在开发重返月球以及由人类飞向火星的战略。这一目标不再是人类或者机器人，而是人类与机器人共同协作。在深入探索以及在这两个星球建立未来定居地等方面他们能够实现互补。对于人类成功重返月球以及建立第一个月球永久基地的任务来说，精心策划和良好组织的机器人与人类的协作关系是十分必要的。如果人类探索者想要在21世纪稍后成功前往火星，动态的、运作正常的人机关系同样至关重要。

航天飞机以及国际空间站上的机器人系统使我们了解今后几十年里机器人与人类在太空探索和行动中的合作关系将会怎样发展。航天飞机的遥控操作系统（RMS）告诉了我们这种合作关系应该是怎样运作的。这个15米长的机器人手臂［也称作加拿大机械臂（Canadarm），因为是在加拿大设计和建造的］。安装在轨道器的负载舱舱门一侧的最前端附近。这个装置有7个自由度。像人类的手臂一样，它有1个能向两个方向移动的肩关节、1个肘关节、1个能转动、投掷和摇晃的腕关节以及1个抓取装置。这个抓取装置是一个末端执行器。这个遥控操作系统的末端执行器是一个捕捉装置，能够在特殊的叫做抓头的圆杆上合拢。这个抓头附在遥控操作系统要抓取的物体上。宇航员在航天飞机的多种任务中都大量地使用过这种遥控操作系统。

目前正在进行地球轨道建设的国际空间站将会使用几个机器人系统来帮助宇航员完成他们的任务。国际空间站的组装和维修任务大量依靠使用太空飞船外的机器人系统。当装配全部完成后，国际空间站的机器人编制将会包括3个主要的操作臂、2个小型的灵巧手臂、1个移动基座和运输装置系统。

在国际空间站上最复杂的机器人系统就是移动服务系统（MSS）。由加拿大和美国国家航空航天局联合开发的移动服务系统由五个子系统组成：空间站遥控操作系统（SSRMS）、移动基座系统（MBS）、移动运输装置（MT）、特殊目的灵巧操作臂（SPDM）和机器人工作站（RWS）。这个空间站遥控操作系统是1个5.2米的长操作臂，由2个悬臂、7个关节和2个栓锁末端执行器组成。宇航员能够从两个工作舱中的任何一个里面对空间站遥控操作系统进行指挥和监控。

美国国家航空航天局的战略计划者预想到了机器人在开发和操作月球永久基地以及协助人类登上火星等任务中的扩展作用。一些这样的未来太空机器人将会起到先驱者的作用，例如对候选基地位置的深入勘探。其他的太空机器人将会被提前送入月球（最终将是火星）去候选基地为人类的最终到来做准备。最后，在21世纪稍后宇航员重返月球以及探索火星时，另一组太空机器人将会直接与他们合作。太空机器人系统将会展示出它们全部的行为特性，从灵活的遥控操作装置到能够在没有人类监督和指导下完成工作的全自动机器。

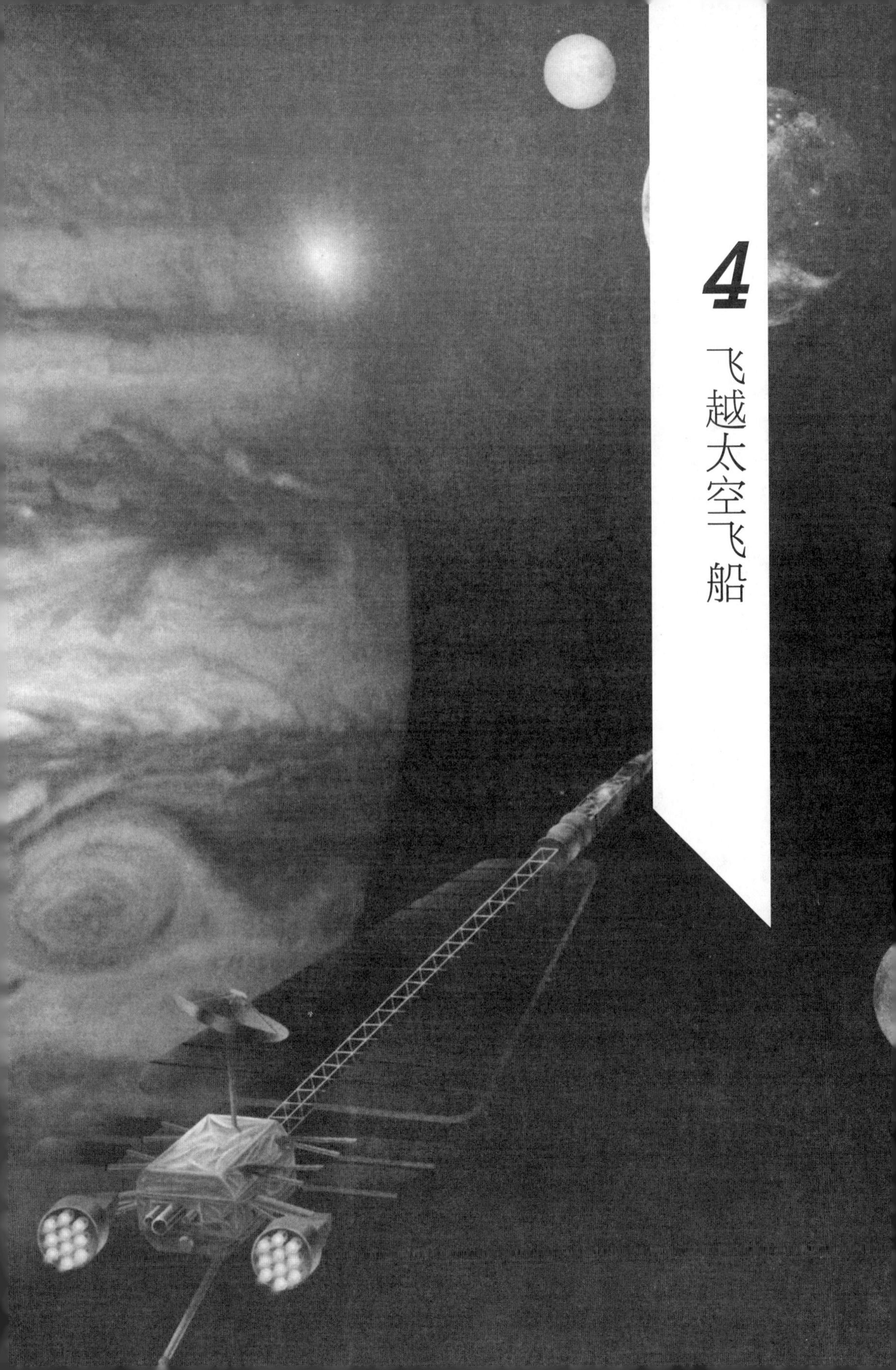

4 飞越太空飞船

一个飞越任务是指由太空飞船飞越行星际或者飞向深空的一项任务，在这项任务中一个机器人太空飞船会在距某一个天体目标（例如，一个遥远的行星、卫星、小行星或者是彗星）很近的地方飞过，但是并不撞击目标也不进入它的轨道。飞越太空飞船沿着一个连续的轨道飞行以避免被捕获到行星的轨道上。一旦太空飞船飞过了它的目标（通常在深空中飞了几年之后），它就不能够再回到这个天体重新获得数据。因此，飞越操作通常在相遇前很多年就开始计划了，这种操作通常经过修改和相遇前几个月的练习才能够成功。为了方便起见，飞越操作被划分成 4 个阶段：观测阶段、远相遇阶段、近相遇阶段和相遇后阶段。

飞越任务的观测阶段被定义为观测天体目标时，在太空飞船的光学仪器中能够得到比地基仪器更好的分辨率的这一阶段。这个阶段通常开始于实际的行星飞越前几个月。在这个阶段，太空飞船完全投入到对其目标的观测中，地面资源的运转也全力支持即将到来的相会。

远相遇阶段包括目标行星（或其他天体）的全景不能全部再容纳到太空飞船仪器视野内的这段时间。这一阶段的观测以行星体的一部分（例如，水星的卡洛瑞斯陨石坑、木星的红斑，或者海卫一哈密瓜般的表面特征）而不是以其全部为观测重点，这样就可以利用更高的分辨率来观测。

近相遇阶段包括最靠近目标的这个阶段。它的主要特点是太空飞船上所有的科学仪器都深入地、主动地参与观测。飞越任务的这个阶段给科学家提供了获取目标天体最高分辨率数据的机会。

最后，当近相遇阶段结束，太空飞船从目标飞过时，相遇后阶段就开始了。这一阶段的每日观测的特征是刚刚相遇的行星逐渐缩小成新月形。这一阶段提供了对这颗行星的黑夜一侧进行大量观测的机会。当相遇后阶段结束后，太空飞船停止对目标的观测，恢复到行星际巡航阶段的低强度活动中——降低科学仪器供电量，修正航向以准备与下一个天体目标的相遇，或者最终义无反顾地飞向深空。一些科学实验，通常与行星际空间的属性有关，可以在这个巡航阶段进行。

这一章重点介绍美国国家航空航天局的机器人太空飞船在 20 世纪完成的 3 个最特殊的科学飞越任务。第一个讨论的是“水手 10 号”得到金星的引力协助飞往水星的任务。第二个讨论的是“先驱者 11 号”——首开先河的土星飞越任务，以及之前为了得到引力协助而对木星的近距离飞越。最后介绍的是任何远距离机器人太空飞船的飞越任务中都不可不提的“旅行者 2 号”太空飞船的出色任务。“旅行者 2 号”的大旅行任务使得这个坚硬的机器人太空飞船飞过了所有的巨行星。任务控制者（勤奋地监控太空飞船穿越太阳系外层空间旅途的任务进展）、航天工程师（不知疲倦地重新配置太空飞船的子系统并改进其应急能力）以及行星科学家（抓住这个 200 年才能出现一次的飞越机会谨慎地引导数据收集）,所有的人都将“旅行者 2 号”称作“做大事的小机器人太空飞船”。

◎“水手10号”——第一个飞往水星的太空飞船

“水手 10 号”是美国国家航空航天局水手系列里成功发射的第 7 个太空飞船。(“水手 1 号”和“水手 8 号”经历了发射故障，而“水手 3 号”发射 9 个小时后就停止了信号传输并飞入了太阳轨道。)“水手 10 号”是第一个利用了一颗行星（金星）的引力协助来到达另一个行星(水星)的太空飞船。1974 年 2 月 5 日,它在 4 200 千米远处飞过金星。随后在 1974 年 3 月 29 日，“水手 10 号”机器人太空飞船在距水星表面 704 千米远处穿过其轨道。第二次与水星的相遇发生在 1974 年 9 月 21 日，高度约为 4.7 万千米。第三次也是最后一次与水星的相遇发生在 1975 年 3 月 16 日，那时“水手 10 号”太空飞船在 327 千米的高度飞临水星。在几次飞越过程中拍摄了水星表面的许多图像，完成了一次磁力场的测量。当姿控气体的供给在 1975 年 3 月 24 日耗尽时这个高度成功的任务结束了。

“水手 10 号”太空飞船的结构是一个八边形的镁合金框架,有 8 个电子仪器隔间。机器人太空飞船对角长 1.39 米,高度为 0.46 米。它有 2 个太阳能电池板,每个 2.69 米长,0.97 米宽。这两个太阳能电池板附加在太空飞船的主结构顶部，共同形成一个 5.1 平方米的太阳能电池区。

完全展开后巡游在行星际空间的“水手 10 号”的外形数据为：太阳能电池板伸展开有 8 米长，从顶部的低增益天线到底部的隔热屏的长度是 3.7 米。工程师在太空飞船结构的吸热表面（anti-solar）安装了 1 个具有 2 个自由度的扫描平台。太空飞船主结构的八角形的一面延伸出了一个 5.8 米长带铰链的磁力计悬臂。

太空飞船发射时的总质量为 503 千克，其中 29 千克是推进剂和姿控气体的重量。

在 1973 年，经过彻底的发射前检查，航天技术人员准备将美国国家航空航天局的“水手 10 号”装入舱中。当年 11 月 3 日成功从卡纳维拉尔角由宇宙神—半人马座（Atlas-Centaur）运载火箭发射成功之后，“水手 10 号”穿越行星际空间，在 1974 年 2 月 5 日与金星相遇。在开拓性地利用了金星的引力协助后，“水手 10 号”机器人太空飞船完成了 3 次与太阳系最里面的行星——水星的相遇（两次在 1974 年，一次在 1975 年）（美国国家航空航天局）

太空飞船上全部仪器总质量为 79 千克。太空飞船携带的科学仪器主要用来测量金星和水星的大气、表面和物理特征。要进行实验的仪器包括电视摄像机，红外线辐射计和紫外线分光仪。

“水手 10 号”的火箭发动机是一个 222 牛顿液体单一燃料联氨发动机，位于其球形的推进剂箱下面，推进剂箱安装在结构框架的中心。火箭的喷嘴从遮光罩向外凸出。工程师使用总共 6 个（2 套 3 个直角组）高压氮气喷气发动机（推进器），它们被安装在太阳能电池板的顶部来完成太空飞船的三轴稳定。对这些推进器的指令和控制全部由太空飞船上的计算机来完成。

“水手 10 号”还携带了一个由发动机驱动的高增益碟形天线。这个天线有一个直径为 1.37 米的铝制蜂窝夹层材料的抛物面反射器。高增益天线安装在太空飞船侧面的悬臂上。太空飞船还配有一个低增益全向天线，安装在一个 2.85 米长的悬臂的另一端，从太空飞船的吸阳面外伸出。

“水手 10 号”是目前为止第一个，也是所有国家中的唯一一个探索了太阳系最内部的太空飞船。在 2004 年 8 月 3 日，美国国家航空航天局从卡纳维拉尔角发射了“信使号”，并将这个轨道太空飞船送入了飞往水星的行星际长途之旅。2011 年 3 月“信使号”将成为第一个完成环绕这颗行星运行的机器人太空飞船。

◎“先驱者11号”——第一个造访土星的太空机器人

美国国家航空航天局的“先驱者 11 号”太空飞船（在技术上与它的孪生姐妹太空飞船“先驱者 10 号”基本相同），就像它们的名字所暗示的，是个真正的深空探索者——第一个横渡小行星带；第一个与木星及其强烈的辐射带交会（“先驱者 10 号”）；第一个与土星相遇（“先驱者 11 号”）；第一个离开太阳系行星边缘的人造物体（“先驱者 10 号”）。在它们穿过太阳系空间飞行时，这些太空飞船也探测了磁场、宇宙射线、太阳风和行星际尘埃混合物。

“先驱者 11 号”太空飞船包括几个截然不同的子系统：一个总结构、一个姿态控制和推进系统、一个通信系统、热控系统、电力系统、导航系统和（由 11 个仪器组成的）科学负载。

这个 259 千克重的“先驱者 11 号”太空飞船的设计使它恰好能够被装入宇宙神—半人马座运载火箭 3 米高的护罩中。装载的时候“先驱者 11 号”的悬臂是缩回的，

1973 年卡纳维拉尔角，美国国家航空航天局的“先驱者 11 号”太空飞船等待工程师安装它的保护罩。这个机器人飞越探测器于 1973 年 4 月 5 日由宇宙神—半人马座运载火箭发射，1974 年 12 月 2 日在距木星仅为 4.3 万千米之处掠过。随后在 1979 年 9 月 1 日“先驱者 11 号”太空飞船飞过土星，为后期更复杂的“旅行者号”太空飞船展示了安全飞过土星光环的通道（美国国家航空航天局 / 肯尼迪航天中心）

天线的碟形部分向上（也就是在发射板之上朝向上方）。基本上，“先驱者 11 号”（和它的孪生姐妹“先驱者 10 号”太空飞船）必须相当的可靠和轻巧。太空飞船需要一个能够在极远的地方都能够传输数据的通信系统。因为每一个太空飞船都得在远离太阳的地方运行，工程师们选择了核（非太阳能）能源为它们发电。

从“先驱者 11 号”的锥状中增益天线到将太空飞船紧扣在运载火箭第三级的连接环的长度为 2.9 米。太空飞船的结构集中在一个 36 厘米高的平板仪器箱周围，其顶部和底部由规则六边形组成，每边 71 厘米长。这个六面体的一面有一个更小的装载了太空飞船上大多数科学仪器的扁六面体。

工程师在这个仪器箱的前部安装了一个直径为 2.74 米，深度为 46 厘米的由铝制蜂窝夹层材料制成的抛物面碟形高增益天线。中增益天线被安装在高增益天线的上边，固定在后者的 3 个支柱上，向前探出 1.2 米。太空飞船工程师还在高增益天线的碟形下面安装了一个直径为0.76米的低增益全向天线（回看44页的图可能有帮助）。

“先驱者11号”（和“先驱者10号”）太空飞船有3组发射后才伸出的附属物。其中2个是由3根支撑杆组成的托架，每个上边都固定着放射性同位素热电发生器组件，大约距离太空飞船中心3米远。第3个是由一个单独的杆支撑着的磁力计传感器，大约距太空飞船的中心6.6米远。

太空飞船有3个支持行星际导航的参考传感器（reference sensor）：1个恒星（老人星）（Canopus）传感器和2个太阳传感器。太空飞船的高度位置可以通过地球和太阳的参考方向计算出来，已知老人星的位置可以作为备用。“先驱者11号”有3组火箭推进器，可以在接到指令的时候以稳定式或者脉冲式点火。位于天线的碟形边缘附近的3组火箭推进器是用来引导太空飞船的旋转轴的方向，使太空飞船保持理想的4.8转/每分钟的转速，同时也可以改变太空飞船在飞行中的速度。太空飞船的6个推进器可以在有命令的情况下稳定式或者脉冲式点火。与推进器的喷嘴相连的小型火箭推进箱中的催化剂造成液体联氨分解，为每个推进器提供了推进喷气。

“先驱者11号”太空飞船携带了两个相同的接收器。全向天线和中增益天线一起运转，与其中一个接收器相连，而高增益天线与另一个相连。两个接收器并不同时工作，却可以按指令切换，或者如果有一段静止期，就自动切换。这种聪明的失灵保护设计特征确保了任务中如果一个接收器失灵，另一个就能够自动接替。

作为它的通信子系统的一部分，“先驱者11号”太空飞船有两个行波管（TWT）功率放大器，每个都能够在S波段产生8瓦的传输功率。从地球到太空飞船的频率上行链路是2 110兆赫（MHz），下行链路是2 292兆赫。美国国家航空航天局的深空网支持行星际极遥远距离的远距通信。从发射起，“先驱者11号”就成功地在它的备用发射机上进行了操作。

“先驱者11号”太空飞船有两个放射性同位素热电发生器组件为其提供电力。当“先驱者11号”到达了木星附近的时候放射性同位素热电发生器为太空飞船提供144瓦的电力，但是当“先驱者11号”到达土星时供电水平下降到了100瓦。

太空飞船的热控系统使科学仪器箱内的温度保持在零下零下23℃~38℃。太空飞船的其余部分设计为与科学仪器的温度保持一致。太空飞船工程师把热控系统设计为能在“先驱者11号”飞离太阳时适应太阳热量的逐渐减少。太空飞船也被建造成能够在其处于地球阴影（发射后），以及飞越时处于木星阴影和土星阴影下的时候能够耐受那些严寒的阶段。

当“先驱者 11 号”在行星际空间向木星和土星飞去的时候，太空飞船上的 11 个科学仪器中的一些研究了磁场、宇宙射线、太阳风和行星际尘埃——尤其是那些处于火星和木星之间的小行星带中的尘埃。“先驱者 11 号”以 4 种方式研究了木星和土星：测量粒子、场和电离辐射；旋转扫描气态的巨行星和它的一些卫星；精确观察“先驱者 11 号”的轨迹和测量行星及主要卫星作用于太空飞船的引力；最后，通过观察每个行星遮掩 S 波段的无线电信号频率之前与之后的改变来研究它们的电离层和大气层的结构。

“先驱者 10 号”与“先驱者 11 号”太空飞船在构造上完全相同。在美国国家航空航天局的整体太空探索战略中，“先驱者 10 号”首先前往木星。如果小行星带和木星的磁力圈证实对“先驱者 10 号”有危害，那么“先驱者 11 号”就成为一个后备太空飞船来完成科学飞越时探测木星的主要任务。然而，美国国家航空航天局的任务计划者也具有改变“先驱者 11 号”（通过木星的引力助飞）的目标使其飞往土星的能力。这一选择取决于“先驱者 10 号”与木星交会的结果。为了完全理解“先驱者 11 号”的重要性，对于其孪生姐妹太空飞船“先驱者 10 号”的任务表现必须首先进行简单的讨论。

1972 年 3 月 2 日“先驱者 10 号”太空飞船在佛罗里达州的卡纳维拉尔角空军基地由宇宙神—半人马座运载火箭发射。它成为第一个穿过主要的小行星带和第一个近距离观测木星系统的太空飞船。1973 年 12 月 3 日（最近一次与巨行星接触）它发现了在厚厚的云层下没有固体表面包裹这颗巨行星——表明木星是一个液态氢的行星。“先驱者 10 号”也探索了木星巨大的磁力圈，拍摄了迷人的大红斑的特写照，并在相当近处观测了伽利略卫星——木卫一、木卫二、木卫三和木卫四。当“先驱者 10 号”飞过木星时，获得了足够飞出太阳系的动能。

“先驱者 11 号”太空飞船在 1973 年 4 月 5 日发射，于 1974 年 12 月 2 日以距木星仅 4.3 万千米的交会距离扫过。太空飞船提供了更多关于木星及其卫星详细的数据和照片，包括第一张木星的极地照片。随后于 1979 年 9 月 1 日“先驱者 11 号”飞越土星，为更复杂的“旅行者 1 号”和“旅行者 2 号”指引了安全穿过土星光环的飞行路线。“先驱者 11 号”（那时候已被重新命名为“先驱者土星号”）提供了第一次对土星及其光环、卫星、磁场、辐射带和大气层的近距离观察。它没有发现土星有固体表面，但是发现至少一个新的卫星和光环。在从土星身边匆匆飞过之后，“先驱者 11 号”也向太阳系外的遥远恒星飞去。

两个“先驱者号”太空飞船都携带了一个特殊的信息（先驱者标志牌），当它们从现在开始到百万年以后在星际空间漫游时，这些信息可以传递给任何可能发现它们的智慧的外星文明“先驱者 10 号”和“先驱者 11 号”的星际旅行以及它们各自携带的有趣标志牌将在第 12 章讨论。

◎“旅行者2号”的大旅行

每隔 176 年，太阳系的外层巨行星——木星、土星、天王星和海王星——就会组成一种特殊的排列形式，选择恰当的时机从地球向木星发射的太空飞船就很可能在同一次飞行任务中，在引力助飞的情况下同时飞掠其他三颗巨行星。美国国家航空航天局的太空科学家把这种多引力协助的巨行星飞越任务称为“大旅行”。一艘非常特殊的太空飞船，“旅行者 2 号”完美地利用了 1977 年发生的这种罕见的天体排列的机会，因而在行星探索中名垂青史。

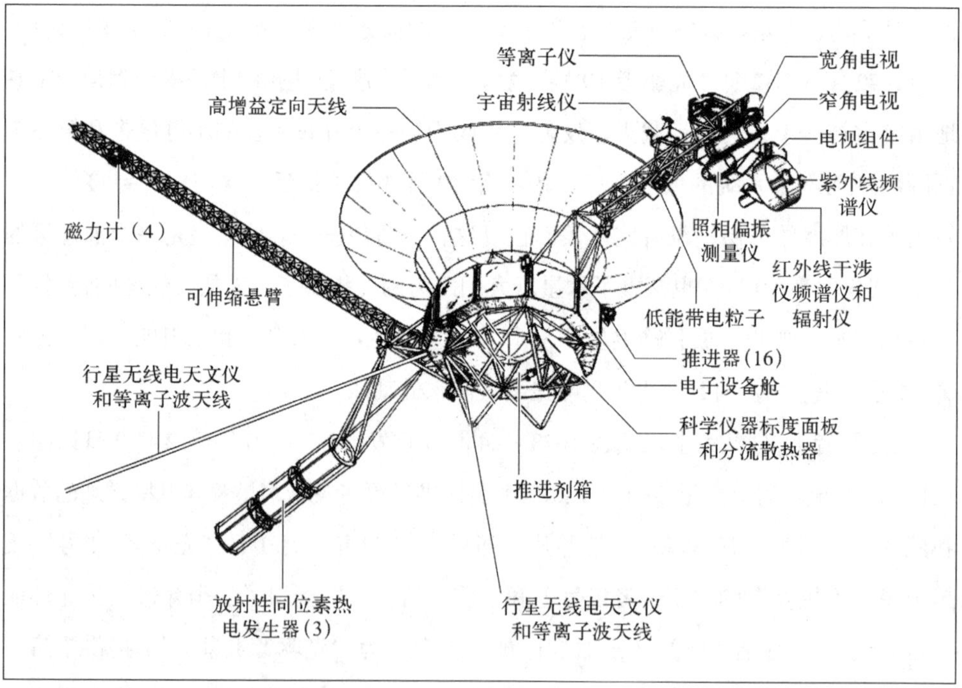

这幅图片显示了“旅行者 1 号”（和“旅行者 2 号”）太空飞船所携带的复杂的科学仪器（美国国家航空航天局）

这种飞越最多行星的单个太空机器人任务的辉煌成就归功于喷气推进实验室的旅行者计划。在1977年发射升空后，双胞胎太空飞船“旅行者1号”和“旅行者2号”飞过了木星（1979）和土星（1980—1981）。“旅行者2号”继续与天王星（1986）和海王星（1989）相遇。目前“旅行者1号”和“旅行者2号”都在各自不同的轨道上向着星际空间飞去。在1998年2月“旅行者1号”超过了“先驱者10号”太空飞船，成为在太空中飞得最远的人造物体。旅行者星际任务（VIM）（在第12章介绍）将会顺利地在下一个10年中延续。

“旅行者号”太空飞船的质量为825千克，携带的科学仪器来完成对太阳系外层行星及它们的卫星和迷人的光环系统的研究。这些仪器由名为‘放射性同位素热电发生器”的使用寿命很长的核能源系统提供电力。科学仪器能够记录这些巨大的外层行星以及它们的卫星系统的特写近照，还能探索它们复杂的光环系统，并测量行星际介质的属性。

为了抓住1977年这次大旅行的发射时机，“旅行者2号”于1977年8月20日由大力神—半人马座（Titan-centaur）运载火箭携带从佛罗里达州的卡纳维拉尔角发射升空（美国国家航空航天局把第一艘发射的旅行者太空飞船称为“旅行者2号”，是因为第二艘将要发射的旅行者太空飞船会最终追上它成为“旅行者1号”）。“旅行者1号”在1977年9月5日发射。这艘太空飞船沿着它的双胞胎姐姐“旅行者2号”的轨迹飞行，并且在1977年12月中旬进入小行星带之后追上了它的姐姐。

1979年3月5日，“旅行者1号”在完成了它与木星最近距离的一次交会后，在木星的引力作用下顺利飞向土星。在1980年11月12日，“旅行者1号”成功地与土星系统相遇，然后被抛出黄道平面进入了星际轨道。

在1979年7月9日，“旅行者2号”成功与木星系统交会（最近距离一次），随后利用引力助抛技术跟着“旅行者1号”飞往了土星。在1981年8月25日与土星相遇之后，继续成功地与天王星（1986年1月24日）和海王星（1989年8月25日）交会。太空科学家把“旅行者2号”与海王星系统的交会看作是行星探索中这一次意义非凡的重大飞行事件的结束。在两艘太空飞船从卡纳维拉尔角发射后的最初12年里，这些不可思议的机器人太空飞船给科学家带来的关于太阳系外层巨行星的了解比过去3 000年中地基观测（肉眼观测和望远镜观测）所完成的还要多。飞越海王星系统之后，“旅行者2号”也踏上了星际轨道（与它的姐妹“旅行者1号”太空飞船一样），现在正继续远离太阳向远处的深空中飞去。

知识窗

海王星与海卫一

海王星是气态巨行星中最远的一个，也是第一个通过理论准确预测其存在的行星。海王星发现于1846年9月23日，由德国天文学家乔翰·高特弗莱德·伽勒（Johann Gottfried Galle，1812—1910）首先观测到的，当时他正在柏林天文台工作。他的发现基于法国天文学家俄贝恩-简-约瑟夫·勒维耶（Urbain-Jean-Joseph Leverrier，1811—1877）和英国科学家约翰·柯西·亚当斯（John Couch Adams，1819—1892）分别独立地对轨道反常（微扰）的分析结果。仅仅17天之后，1846年10月10日，富有的英国业余天文学家威廉·拉塞尔（William Lassell，1799—1880）发现了海卫一——海王星最大的一颗卫星。

因为海王星与地球的极大距离，直到“旅行者2号”太空飞船在1989年8月25日与海王星系统的短暂会面之前，人们对于这颗巨大的蓝色气态行星及其最大的卫星——海卫一所知寥寥。海王星极具特征的蓝色是由其大气层中发现的甲烷（CH_4）对于日光中红光的吸收造成的。它的大气基本上是由氢（多于89%）、氦（约11%）和少量的甲烷、氨冰和水冰组成的。

在“旅行者2号”与海王星相遇期间，海王星最明显的表面特征是其大黑斑（GDS），大黑斑与海王星的相对大小和比例与木星的大红斑相对于木星的大小和比例略为相似。然而，与已经被观测了300多年的木星大红斑不同的是，当使用哈勃望远镜寻找时，1989年位于海王星南半球的大黑斑到了1994年6月时消失了。然而，几个月以后，一个差不多相同的新黑斑在海王星的北半球出现了。海王星是一个连续让太空科学家吃惊的极其动态的行星。“旅行者2号”与海王星的会面也揭示了6个新的卫星和1个有趣的光环系统的存在。

“旅行者2号”在距海卫一表面2.4千米之处接近了它，这次飞越给天文学家提供了他们现在所知的关于这颗冰球的全部。海卫一的直径是2 700千米，在距海王星35.5万千米处的逆行轨道上运转。它是太阳系中唯一一颗以它自己的倒退方式或者向西的轨道围绕主星运转的大卫星。

海卫一是迄今发现的太阳系中最

冷的天体。因为它高度倾斜（20°）的逆行轨道、岩石与冰的组成和冰冻的表面，太空科学家喜欢将它看成是冥王星这颗行星的同类。海卫一的具体起源仍不清楚，但是天文学家中流传着两种假想。一种是某个古代的天体与海王星进行了一次灾难性的撞击，导致了卫星的形成；另一种是海王星捕获了一个冰冻的柯伊伯带（Kuiper Belt）天体。

海卫一的起源仍不确定的话，它遥远的未来则不然。海卫一的逆行轨道以及它在海王星上引起的潮汐膨胀导致这颗大卫星逐渐朝向海王星旋转而不是远离这颗主星（月球环绕地球的方式）。天文学家认为海卫一是一颗命中注定将要在1亿年之内（或许更短）运行到海王星的洛希极限（Roche limit）内并且破碎的星球。

按照法国数学家爱德华–阿尔伯特·洛希（Edouard-Albert Roche, 1820—1883）在19世纪所做出的假定，洛希极限是与一颗行星间的最小距离，当一颗与主星天体的平均密度相同的天然卫星进入这个极限距离的时候就会被引力作用拉向主星。如果一颗卫星的轨道进入了洛希极限，它就会被潮汐作用撕碎。海王星的平均密度是1 638千克/立方米，而海卫一是1 200千克/立方米。在遥远的将来，海卫一被撕碎以后，海王星就会形成一套醒目的光环，可以与今天围绕土星的迷人光环系统相媲美。

"旅行者2号"拍摄的照片还揭露了海卫一的一些地质学历史，包括它间歇泉般地朝太空喷涌出几千米液态氮和略有些黑暗的尘埃。"旅行者2号"的照片还显示了海卫一的表面并不古老，也没有布满陨石坑，相反它以拥有一个相当平滑和年轻的表面，以及蜿蜒的裂隙、冻湖和因为像哈密

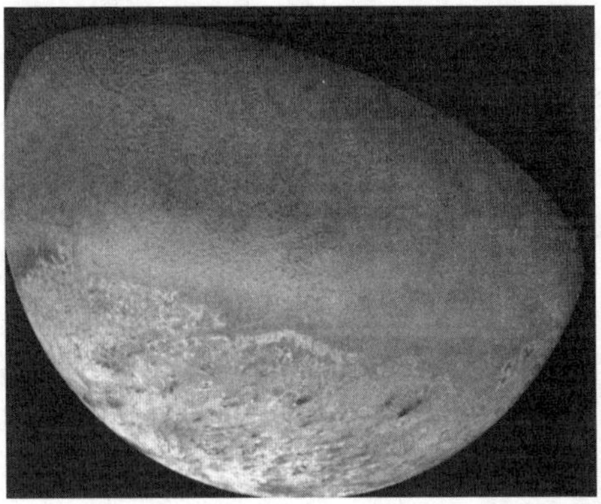

海王星最大的卫星——海卫一的拼接图，是由美国国家航空航天局的"旅行者2号"太空飞船在其1989年飞越海王星系统时拍摄的。寒冷的海卫一是已知的太阳系中具有以氮气为主的大气层的3个天体之一——其他2个是地球和土星的最大卫星——土卫六。"旅行者2号"与海王星的交会完成了这个远航的探索机器人重要之旅（有时称为"大旅行"任务），使它飞越了太阳系外层系统所有的气态巨行星（木星、土星、天王星、海王星）。"旅行者2号"和它的姊妹"旅行者1号"太空飞船现在正在不同的轨道上向着星际空间飞去（美国国家航空航天局/喷气推进实验室）

瓜的表皮而被科学家称为“哈密瓜皮地形（Cantaloupe terrain）”的崎岖平原为特征。

因为海卫一位于距离太阳大约45亿千米，而且表面（很可能是由水冰组成）反射率较高，其寒冷的表面温度估计为零下200.6℃（−37 K）。这个卫星有极稀薄的氮气大气层，据推测要比地球的富氮大气层约薄10万倍。因为海卫一表面没有数量众多的陨石坑，行星科学家相信近来一定有一次表面活动清除了过去撞击的大多数痕迹。

5 轨道器、探测器和表面穿透器

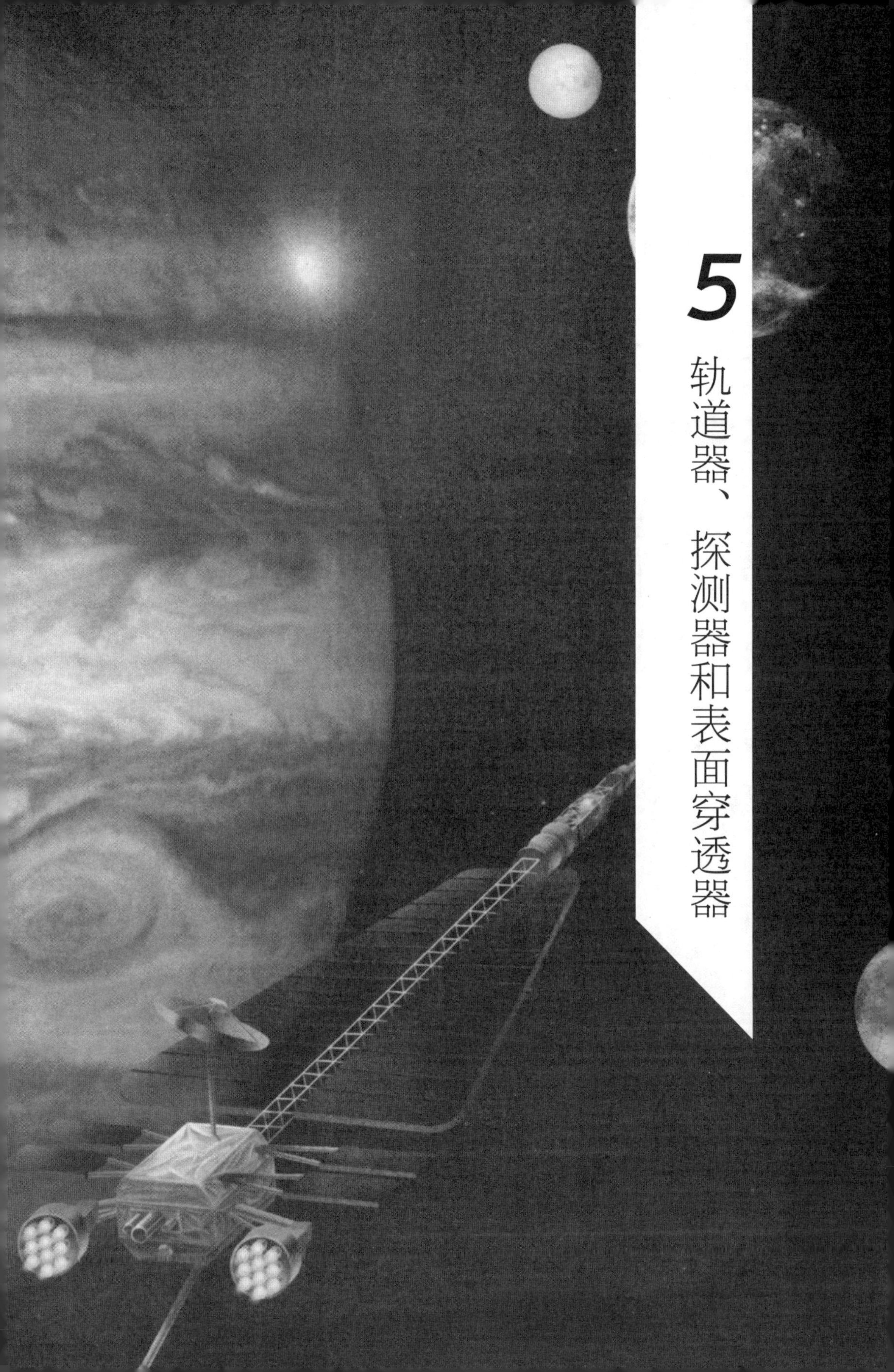

用于飞越任务的同一种非常精确的导航和路线修改过程也可以应用于行星轨道探测器任务的巡游阶段。行星轨道插入使太空飞船准确地在合适的位置，恰当的时间进入目标行星的轨道。轨道插入不仅要求像飞越任务那样准确的位置和时间，也需要有在控制下的减速操作。

因为太空飞船的轨道受到行星引力的作用而弯曲，太空飞船上的指令必须以正确的顺序在恰当的时间点燃它的制动发动机（一个或多个）并使其持续恰当的时间。一旦这种反冲点火（反向点火）全部成功完成，太空飞船就会被目标行星捕获到自己的轨道之内。如果反冲点火失败（或者次序错误），太空飞船就会继续飞行越过行星。从地球上看，这种反冲点火常见的发生地点是在行星离地球较远的那一侧——要求轨道插入的序列部分在没有地球上太空飞船控制者的干涉下自动发生（或者依靠储存在太空飞船上的指令，或者某种程度的人工智能）。

一旦安全地进入目标行星的轨道之后，行星际太空飞船就可以投入两大类轨道操作：对行星系统的探索和绘制行星地图。探索一个行星系统包括对目标行星及其卫星和光环的观测。绘图任务通常需要获取有关行星表面特征的大量数据。

通常目标行星的低倾角轨道很适合太空飞船对该行星系统进行探索任务。因为它能使太空飞船多次观测到在该行星的赤道平面旋转的卫星，并且能够使太空飞船在足够大的范围内对行星及其磁力圈进行观测。而高倾角的轨道更适合绘图任务，因为目标行星将会在太空飞船的轨道下完全旋转，因此可以使行星表面的各个部分最终全都暴露于太空飞船的观测仪器下。在这两种任务下，轨道太空飞船所进行的任务都是与目标行星交会任务的延伸，因此需要地球的任务控制小组成员提供不间断的（或者是几乎不间断的）支持。“卡西尼号”太空飞船就是一个进行行星系统探索任务的太空飞船，而“海盗 1 号”和“海盗 2 号”轨道器是进行行星绘图任务的太空飞船。

轨道修正操作（OTM）是在一艘太空飞船围绕行星运转的时候进行的机动操作，其目的是为了调整一个仪器的可视范围，或者防止过多的轨道衰减。为了增加近拱点（环绕飞行的太空飞船距离行星的最近点）高度，工程师设计了轨道修正操作以便在太空飞船处于远拱点（环绕飞行的太空飞船距离行星的最远点）时提高其速度。如果要降低远拱点的高度，就需要在近拱点进行轨道修正操作，降低太空飞船的速度。轨道修正操作也可以用来轻微改变轨道太空飞船的方向。然而，这种改变的等级通常是相当小的，原因在于太空飞船所携带的机动推进剂数量一般是很有限的。

这一章也会讨论另外两种机器人太空飞船：探测器和表面穿透器。探测器就是一个携带仪器的能够穿过行星体的大气层和 / 或者撞击其表面的机器人太空飞船。科学家通过探测器在大气层中的下降来获得大气的数据和 / 或者通过探测器的着陆来获得行星表面的数据。“惠更斯号”太空飞船和“先驱者火星多探针号”太空飞船就是成功进行行星探测任务的例子。

行星科学家建议利用安装了仪器的穿透探测器网络进行试验，这样能够得到许多了解某个行星体（如火星）的演化、历史和性质的必需数据。由一个携带了仪器的穿透探测器所进行的科学测量可以包括与热流、土壤湿度成分和地球化学有关的地震、地质和局部特征的研究。

一个典型的穿透探测器系统包括 4 个主要的子部件：发射管、展开发动机、减速器（通常是个两级的设备）和穿透器本身。科学家也可以利用较简单的穿透器来研究一个小型的天体（例如小行星或者彗星）。用穿透器或者撞击器以相对较高的速度撞击目标，以牺牲穿透器或者撞击器而在表面物质上撞起一阵巨大的烟尘，紧接着遥感仪器就对烟尘进行分析。第 9 章描述了 2004 年 7 月深度撞击任务中美国国家航空航天局如何使用一个供牺牲用的 370 千克重的穿透器来研究“坦普尔 1 号”（Tempel 1）彗星的。

◎“水手9号”太空飞船

美国国家航空航天局最初计划的“水手火星 71”任务包括两艘太空飞船，它们共同环绕火星，对彼此的任务形成互补。由“水手 8 号”轨道器描绘火星表面 70% 的地图，而“水手 9 号”轨道器则用来在一段较长的时间内研究火星的大气层和表面的变化。由于“水手 8 号”遭遇了发射失败，“水手 9 号”只好接受了一套组合的任务目标。为了完成“水手火星 71”任务的勘测部分，“水手 9 号”现在被指派了使用与最初计划相同的空间分辨率描绘火星表面地图的任务——尽管极地图像的分辨率会因为太空飞船增加的倾斜范围而有所下降。美国国家航空航天局的管理者也将每 5 天研究 6 个指定地点的可变特征试验（variable features experiments）改变为每 17 天研究较小一些的区域。

这种折中和交替的方法很奏效。“水手 9 号”成为火星的第一颗人造卫星。这个机器人太空飞船也给科学家提供了第一张火星表面的地图，包括拍摄了第一张详细的火星上的火山、极盖和水手谷（Valles Marineris）的照片。“水手 9 号”也让科学家初次近距离观看了火星的两个天然卫星：火卫一（Phobos）和火卫二（Deimos）。

工程师在一个高 0.46 米，对角边长 1.4 米的八边形的镁框架上建造了“水手 9 号”。4 块太阳能电池板，每个长 2.2 米、宽 0.9 米，从框架的顶部向外伸出。每两个一套的太阳能电池板一端到另一端的跨距为 6.9 米。同时也安装在其顶部的是 2 个推进箱、机动引擎、1 个 1.44 米长的低增益天线罩和 1 个抛物面高增益天线。在框架的底部安装了一个扫描平台，工程师在上面附加了一个互补的瞄

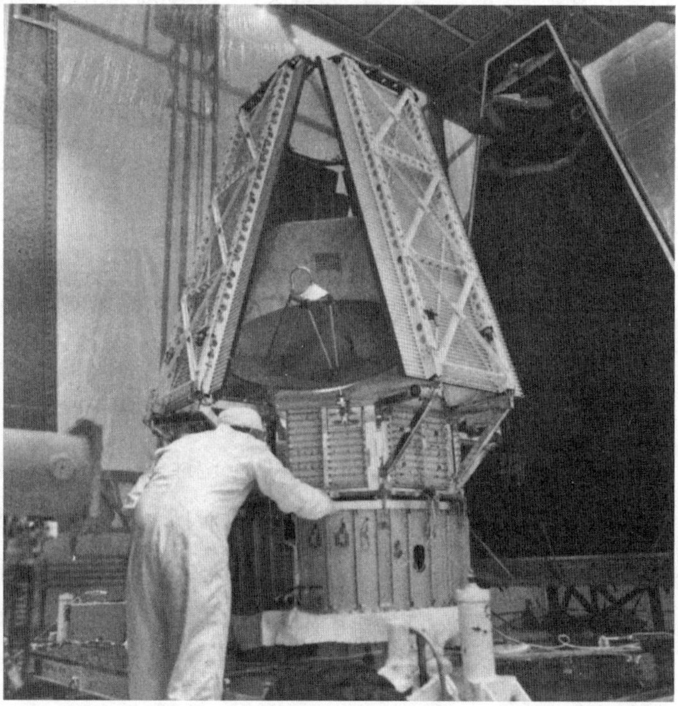

美国国家航空航天局的“水手 9 号”太空飞船正在佛罗里达州卡纳维拉尔角接受装舱和发射前的最后检查。1971 年 5 月，由宇宙神—半人马座运载火箭将这颗开往火星的太空飞船成功发射。1971 年 11 月到达火星轨道后，这艘太空飞船耐心地等待一个巨大尘暴的消沉，然后拍摄了大量高质量的火星图片。“水手 9 号”也给科学家提供了第一张两个火星的小卫星——火卫一和火卫二的特写照（美国国家航空航天局 / 肯尼迪航天中心）

准科学仪器（宽角和窄角电视摄像机、红外线辐射计、紫外线频谱仪和红外干涉频谱仪）。

“水手9号”的总体高度为2.28米。这艘太空飞船的发射质量为998千克，其中包括439千克的消耗品。工程师将太空飞船的通信和指令控制子系统放入了一个镁框架中。太空飞船中科学仪器的质量为63千克。

“水手9号”的4个太阳能电池板在太空飞船环绕火星运行的过程中总共产生了500瓦的电力。当太空飞船处于轨道上的阴影部分时，有一个可充电的镍镉电池给太空飞船提供备用电力。太空飞船的推进力由一个装有万向接头的火箭发动机提供，它可以产生1 340牛顿的推进力，可以重新点火5次。火箭发动使用甲基联氨和四氧化二氮的液体助推剂。太空飞船还有两套6个高压氮气姿控喷气式发动机，被安装在太阳能电池板的尾端。三轴稳定姿控的参考数据由太阳传感器、老人星恒星追踪器、一个惯性参考单元、一个加速器和回转仪提供。

工程师在太空飞船框架的8面都使用了百叶窗和隔热毯来完成必要的热控。有一台中央计算机和序列器控制整个太空飞船。远距通信通过2个传输器、1个单独的接收机经由高增益抛物面天线、中增益喇叭天线或者低增益全向天线完成。

1971年5月30日，宇宙神—半人马座运载火箭从佛罗里达州的卡纳维拉尔角将“水手9号”送入火星的直接进入轨道。由于太空飞船上装载了将其推入红色星球（火星）轨道所必需的火箭推进剂，太空飞船的发射质量几乎增加了1倍；否则的话它的重量将会与前一艘水手号太空飞船的质量相仿。1971年11月当太空飞船到达火星的轨道时，正有一个巨大的全球性的尘埃风暴遮蔽了火星表面。太空飞船上简单的飞行计算机拥有有限的内存，而且太空飞船使用数字磁带录像机而不是胶片来存储图像和其他的数据。因为有了这些太空科技上的进步，“水手9号”太空飞船能够在轨道上等待直到尘埃风暴停止，尘埃消退，火星的表面又再次清晰可见才开始拍摄火星表面的高清全球组合图像。机器人太空飞船也给火星的两个不规则形状的小卫星——火卫一和火卫二拍摄了第一张近距特写照。用尽了所携带的姿控气体后，太空飞船被美国国家航空航天局的任务管理者关闭。“水手9号”被留在了火星的轨道上，其能量在至少50年内不会衰减——但是之后它将会进入火星的大气层。

◎“海盗1号”和“海盗2号”轨道太空飞船

海盗号计划是美国在20世纪60—70年代探索火星的最初系列任务里的巅峰之作。这个系列的行星际任务开始于1964年的“水手4号”,1969年由“水手6号”和“水手7号”继续飞越任务，接下来是1971年和1972年的“水手9号”的轨道任务。

海盗号被设计成能够环绕火星运行，并在这颗红色星球的表面登陆和进行活动。共建造了两个相同的，各包括一个着陆器和一个轨道器的太空飞船。最初的任务目标是获取火星表面高清晰度的照片、描绘其大气层和表面的结构和组成特征以及寻找生命的迹象。

“海盗1号”在1975年8月20日在佛罗里达的卡纳维拉尔角发射；“海盗2号”于1975年9月9日发射。如前所述，每个太空飞船都有一个轨道器和一个登陆器。（关于“海盗1号”和“海盗2号”的技术细节将在第6章介绍。）在火星轨道进行环绕并传回科学家用来选择登陆地的照片后，两个登陆器各自从它的同伴轨道器太空飞船上脱离，进入火星的大气层，并最终在任务管理者选定的地点实现了自动软着陆。

轨道器携带了以下的科学仪器:（1）一对照相机，用来系统搜寻降落地点，然后观看并且绘制火星几乎100%的表面（“海盗1号”和“海盗2号”携带的照相机拍摄了5.1万多张火星照片）;（2）水探测器用来探测火星大气层中的水蒸气，并追踪水蒸气数量的季节性变化;（3）红外线热绘图仪用来测量表面、极盖、云层的温度以及季节变化。

另外，尽管海盗号轨道器的无线电不属于科学仪器，但也被当成科学仪器予以使用。通过测量这些无线电信号从两个海盗号轨道器太空飞船传播到地球时的失真，科学家能够测量火星大气层的密度。

登陆器太空飞船在发射出去之前经过了一番消毒以避免地球上的微生物对火星造成污染。这些太空飞船在途中飞行了将近1年的时间才到达红色星球。“海盗1号”在1976年6月19日到达了火星的轨道，“海盗2号”在1976年8月7日才开始环绕火星运行。

海盗号任务被计划成登陆后持续90天。然而，每个轨道器和登陆器都远远超过了这个设计的工作期限。例如，“海盗1号”轨道器在火星轨道上的主动飞行操作时

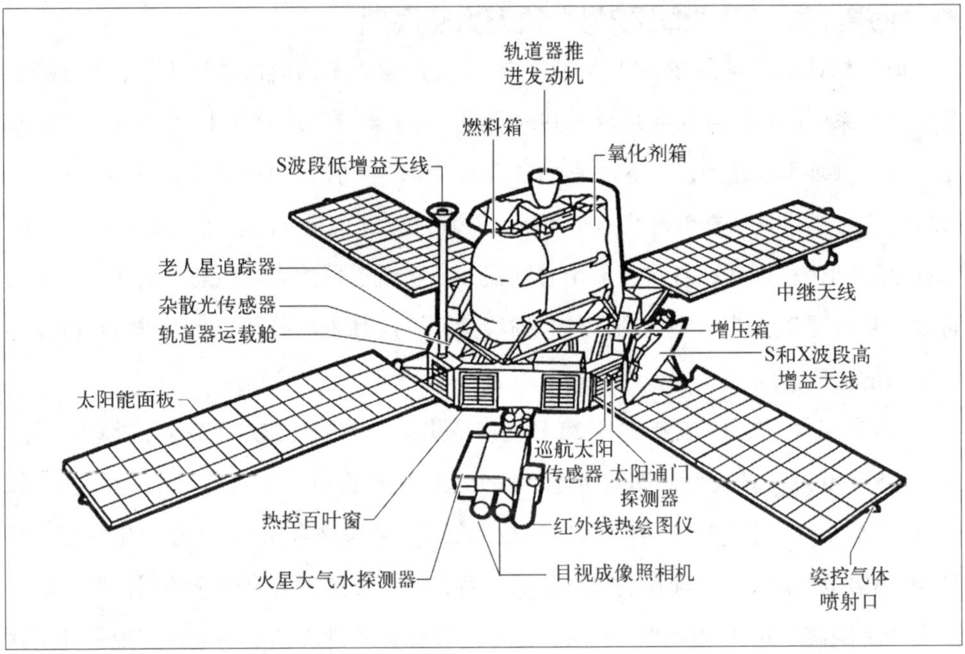

这幅图显示了“海盗 1 号”“海盗 2 号”轨道太空飞船以及它们的科学仪器补充（美国国家航空航天局）

这幅拼接的图像是 1980 年 6 月美国国家航空航天局的“海盗 1 号”轨道太空飞船收集的。这张合成的照片显示了火星表面一个有趣的地区，这个原本应该是布满陨石坑的地区因风蚀作用而形成了蚀刻和沟槽形态（美国国家航空航天局 / 喷气推进实验室）

间超过了 4 年。

海盗计划的初始任务在 1976 年 11 月 15 日结束，此时距离火星运行到太阳后面还有 11 天（这是一个称作“上合”的天文现象）。“上合”之后，在 1976 年 12 月中旬重新建立了遥测和指令操作，太空飞船扩展任务的操作开始了。

1978 年 7 月 25 日，由于姿控系统的气体耗尽，“海盗 2 号”轨道任务结束。“海盗 1 号”轨道太空飞船的姿控系统气体也开始减少，但是通过小心计划，它又继续收集了 2 年的科学数据（以一种减少的水平）。最后，由于控制气体的供给告罄，“海盗 1 号”轨道器的电源于 1980 年 8 月 7 日在指令下关闭。

◎“火星全球勘测者”（MGS）太空飞船

1996 年 11 月 7 日美国国家航空航天局在佛罗里达州的卡纳维拉尔角用德尔它Ⅱ型不可重复使用的运载火箭发射。1997 年 9 月 12 日太空飞船平安到达火星，代表了在 20 年中首个成功的红色星球任务。“火星全球勘测者”的设计是为了快速、低成本的重新进行“火星观测者”任务的目标。经过了 1 年半的时间，其椭圆轨道被修正成为环绕火星的圆形轨道，太空飞船的初始绘图任务于 1999 年 3 月正式开始。

“火星全球勘测者”使用的是一架高分辨率照相机，用了整整 1 个火星年的时间，相当于大约 2 个地球年，从一个高度较低的、接近极轨道的角度观察这颗行星。在 2001 年 1 月 31 日完成了初始任务的太空飞船进入了扩展任务阶段。

“火星全球勘测者”的科学仪器包括 1 架高分辨率的照相机、1 个热辐射频谱仪、1 个激光测高仪、1 个磁力计 / 电子反射计。有了这些仪器，太空飞船成功地研究了全部的火星表面、大气层和火星内部，并在此期间发回了大量有价值的科学数据。在这次任务的所有重要科学发现之中有沟渠和泥石流地貌的高清晰图片，它们显示在火星表面或其附近有与蓄水层相似的液体水流的源头。

磁力计上的读数表明，火星上的磁场不是从行星的内核向全球发散，而是局限于其外壳的一些地区。太空飞船的激光高度计上的数据首次提供了火星北极冰盖的三维照片。最后，探测到其卫星（火卫一）新的温度数据及其特写照片显示它的表面由至少 1 米厚的粉状物质组成——很有可能是几百万年来流星体撞击的结果。

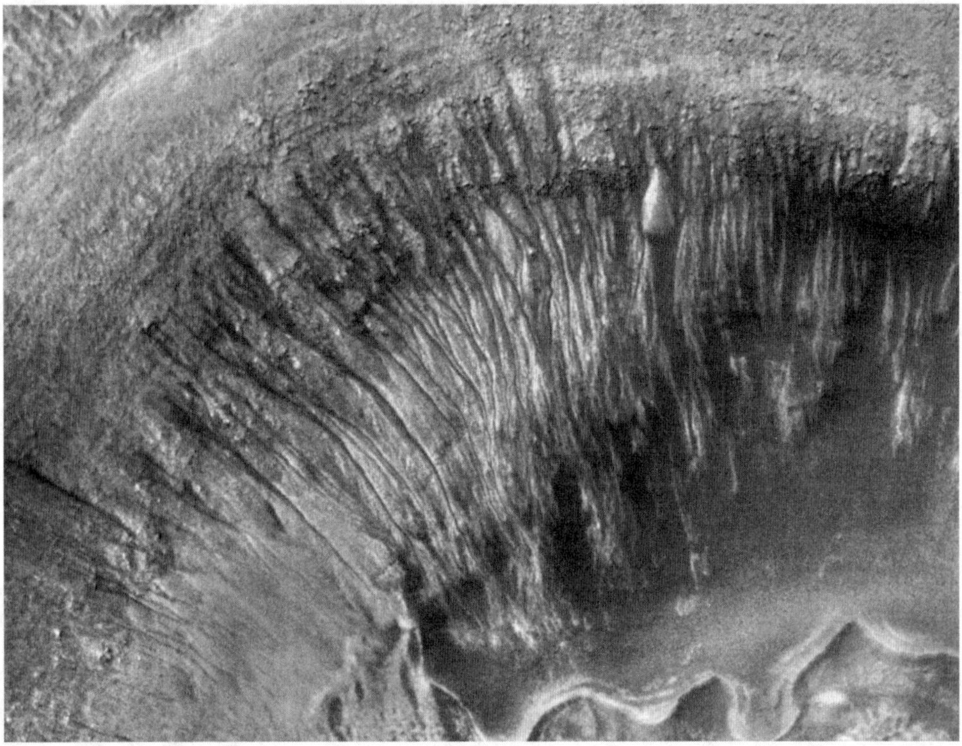

这张由美国国家航空航天局的“火星全球勘测者”太空飞船拍摄的高分辨率照片显示的是位于牛顿盆地（Newton Crater）——火星主要的表面特征——西南角的一个小陨石坑的北墙。科学家预测牛顿盆地，一个跨度大约为 287 千米的巨大盆地，可能是 30 多亿年前一个小行星撞击所致。这个小陨石坑的北墙留有许多小沟渠侵蚀而成的痕迹。对一些科学家来说，这些沟渠的存在显示了水和泥石曾经在古代的时候流经火星的表面［美国国家航空航天局 / 喷气推进实验室 / 马林太空科学系统公司（Mavin Space Science Systems）］

◎“火星气候轨道器”——由于人为失误在太空遗失

在 1998 年 12 月 11 日，美国国家航空航天局从佛罗里达州卡纳维拉尔角的空军基地，使用一枚不可重复使用的德尔它Ⅱ型运载火箭发射了“火星气候轨道器”（MCO），它最初被称为火星勘测者’98 任务的一部分。

这个轨道太空飞船的任务是环绕火星运行，并作为一颗行星际天气卫星和通信卫星将火星勘测者’98 任务的另一部分采集的数据发回地球。这一任务的另一部分是一个被称为“火星极地登陆者”（MPL）的登陆器，也在太空中遗失。这个“火星气候轨道器”携带了 2 个科学仪器：1 个大气探测器和 1 台色彩成像仪。不幸的是，

知识窗

火星观测者（MO）任务

美国国家航空航天局的“火星观测者”的任务是观测者系列行星任务中的第一个，设计目的是研究火星的地质科学。这一任务的最初科学目标是：（1）确定火星表面全球的元素和矿物的特征；（2）勾画火星全球的地形以及重力场；（3）确立火星磁力场的性质；（4）确定火星挥发物（容易蒸发的物质）的时间与空间的分布状态、丰沛程度、来源、沉淀物以及基于季节周期的尘埃；（5）探索火星大气层的结构和循环。这个1 018千克重的机器人太空飞船于1992年9月25日在卡纳维拉尔角发射成功。

不幸的是，因为一些不明原因，与“火星观测者”的联系于1993年8月22日中断了——按照预定的计划3天后太空飞船就应该进入火星轨道。与这艘太空飞船的联系没有再次建立起来，因此也不知道太空飞船是否能够遵照它的自动程序进入火星轨道，还是飞过了火星进入了日心轨道。尽管最初的计划一项都没有得以实现，但直到联系中断之前的巡航模式（行星际空间）的数据全部收集到了。“火星观测者”到底发生了什么事仍是太空探索的众多谜团中的一个。

当“火星气候轨道器”到达红色星球的时候，即1999年9月23日，所有与太空飞船的联系都中断了。美国国家航空航天局的管理者和工程师们进行了一次飞行后调查，现在他们认为因为太空飞船的到达轨迹出现了严重的错误，机器人太空飞船在火星的大气中烧毁了。这个人类造成的计算错误导致了太空飞船进入火星大气层过深，遭遇了毁灭性的气动力加热而烧毁。

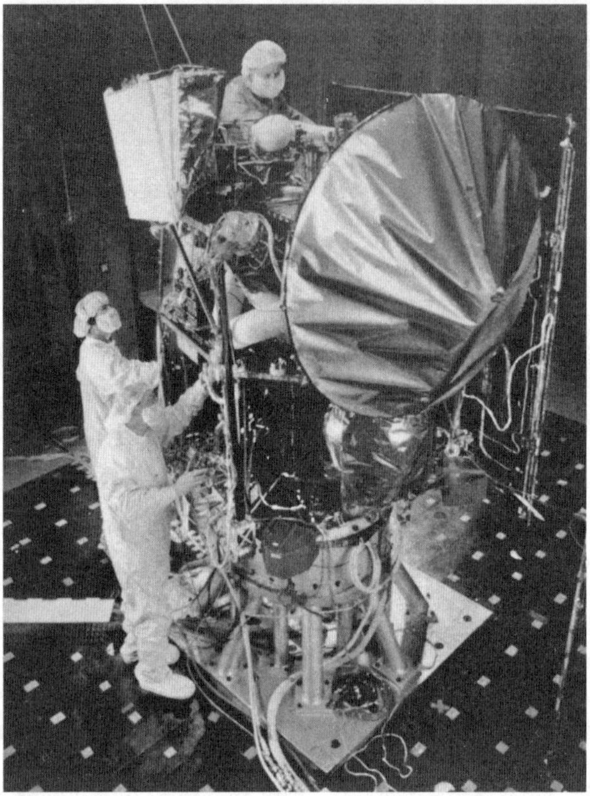

被运到卡纳维拉尔角实施发射之前，美国国家航空航天局的“火星气候轨道器”太空飞船正接受声学检查。尽管在 1998 年 12 月 11 日发射成功了，这实际上却是一次没有结果的飞往红色星球的行星际之旅，所有与机器人太空飞船的联系在 1999 年 9 月 23 日当它到达火星时突然中断。美国国家航空航天局的工程师们给出的结论是因为人类在设计太空飞船的最终轨道时犯了错误，使它在进入火星轨道时误入了火星大气层的深处，最终烧毁了（美国国家航空航天局 / 喷气推进实验室）

◎“火星—奥德赛2001”太空飞船

虽然遭受了令人失望的“火星气候轨道器”和“火星极地登陆器”失败的连续打击，美国国家航空航天局的官员们没有气馁，他们于 2001 年 4 月 7 日将“火星—奥德赛 2001”（Mars Odyssey 2001）太空飞船送上了红色星球。轨道器太空飞船上的科学仪器的设计是用来确定火星表面的组成、探测水和浅埋的冰以及研究火星附近的电离辐射环境。

太空飞船在 2001 年 10 月 24 日到达了火星，并成功地进入了火星轨道。经过了一系列修正轨道的大气制动操作后，太空飞船正确地进入了近圆形的环绕火星的极轨道，并且在 2002 年 1 月开始进行科学测量。太空机器人检测了火星上矿物质的分配，尤其是那些只有在水存在的情况下才能形成的矿物质。太空飞船也测量了火星的辐射环境以便确定其对于未来人类探索者的潜在危害。

环绕轨道飞行的太空飞船继续其科学数据的收集直到它初始任务的结束（2004

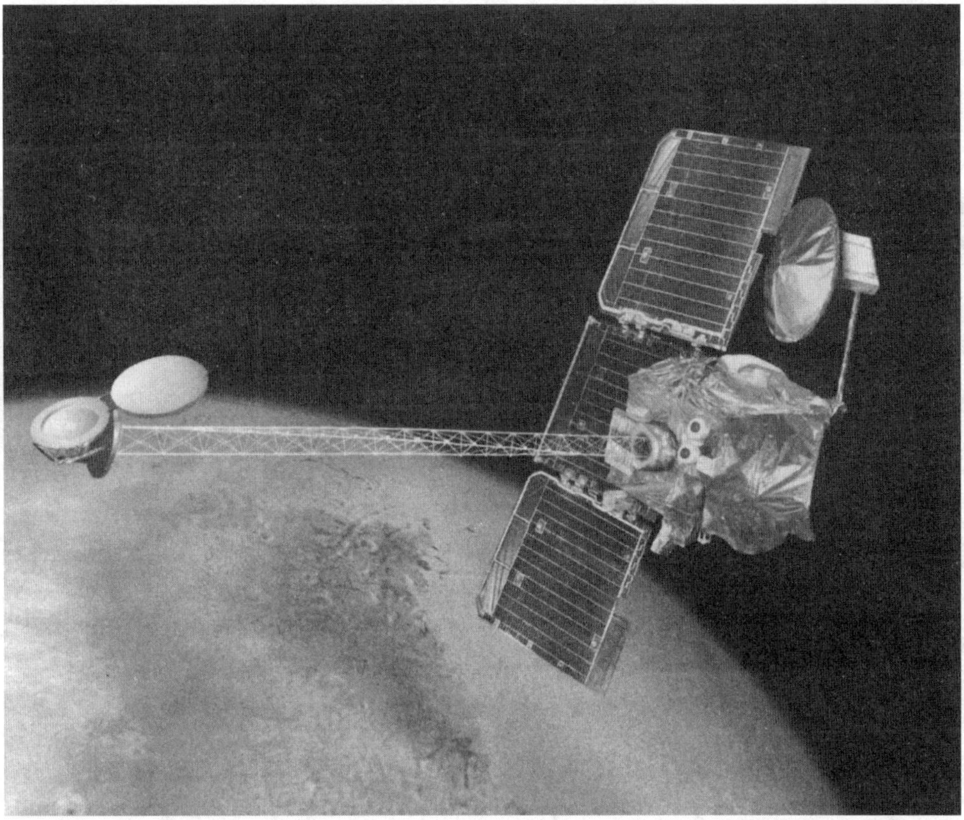

这幅图描绘的是美国国家航空航天局的“火星—奥德赛 2001”太空飞船在 2002 年 1 月开始的对火星进行的多年科学探测任务。2001 年 4 月 7 日从卡纳维拉尔角发射的这个机器人太空飞船探测了火星的矿物质在其地表的分布，尤其是那些只有在水存在的情况下才能形成的矿物质。太空飞船也测量了火星的辐射环境以便确定其对于未来的人类探索者的潜在危害（美国国家航空航天局 / 喷气推进实验室）

年夏末）。完成初始任务之后，太空飞船起到了通信转播的作用，支持从“火星探测漫游车”（MER）太空飞船对地球科学家的信息传输。

◎“卡西尼号”太空飞船

“卡西尼号”太空飞船是由非凡的大力神Ⅳ—半人马座火箭于 1997 年 10 月 15 日从佛罗里达州卡纳维拉尔角的空军基地发射。它仍然是美国国家航空航天局和欧洲航天局（ESA）合作进行的项目，目的是探索土星及它主要的卫星土卫六和由它的

这幅图描绘的是“卡西尼号”太空飞船在 2004 年 7 月 1 日点燃其主要引擎之后，正进行关键的土星轨道插入操作的情景。轨道插入操作减低了机器人的速度，让“卡西尼号”可以被土星的重力所捕获并进入其轨道。随着成功地轨道插入后，“卡西尼号”太空飞船开始了计划为期 4 年对土星、它神秘的卫星、炫目的光环和复杂磁环境的探索。在 2004 年 12 月 25 日“卡西尼号”太空飞船放出了随它一同而来的同伴——“惠更斯号”探测器，并将这个机器人送上了土星的最大卫星土卫六的大气层，这是一次具有历史意义的单程之旅（美国国家航空航天局 / 喷气推进实验室）

其他卫星组成复杂系统。借鉴了“伽利略号”太空飞船的助飞方式，“卡西尼号”太空飞船也踏上了太阳系的引力助飞之旅。太空飞船沿着金星—金星—地球—木星的引力协助轨道，最终到达土星。经过将近 7 年的太阳系空间旅行，飞过了 35 亿千米，“卡西尼号”太空飞船在 2004 年 7 月 1 日抵达了土星。

这个非常巨大并且复杂的机器人太空飞船的命名是为了纪念意大利出生的法国天文学家乔凡尼 · 多美尼科 · 卡西尼（Giovanni Domenico Cassini，1625—1712），他是第一任巴黎皇家天文台的台长，对土星进行过广泛深入的观测。

发射之后最关键的阶段就是土星轨道的插入（SOI）。当“卡西尼号”太空飞船到达土星时，这个精密的机器人点燃了它的主引擎，花了 96 分钟来减速，最终被土星捕获成为它的一颗卫星。穿过了土星 F 环和 G 环中间的缝隙，这艘无畏的太空飞船成功地飞近了土星，并开始了它对土星的第一圈环绕，在 4 年的初始任务中它一共完成了 70 多圈对土星的环绕。

到达土星的这段时间，给“卡西尼号”太空飞船提供了独一无二的观察土星光环和这颗行星的机会，因为这是“卡西尼号”太空飞船在它的整个任务期间距离土星最近的时刻。正如预期的那样，“卡西尼号”太空飞船到达了土星之后立即投入了工作并发回了科学信息。

自从土星的 F 光环被发现后就一直困扰着科学家，研究这个弯曲光环的科学家们发现一个也可能是两个小的天体，在 F 环的区域里环绕运行，还发现了一个与土星的卫星——土卫十五（Atlas）有关的物质组成的光环。“卡西尼号”太空飞船对于土星光环的照片还揭示了一个天体在靠近 F 环外层的边缘，土卫十七（Pandora）轨道的内侧移动。这个小物体，直径大约有 5 千米，被暂定了一个名字 S/2004 S3。它可能是在距离土星中心 14.1 万千米处环绕土星运行的一颗微小的卫星。这个物体位于距离土星 F 环 1 千千米处。第二个物体，暂定名为 S/2004 S4，也在“卡西尼号”太空飞船提供的最初图像中被观测到了。它与 S/2004 S3 大小相同，这个物体显示出了一些奇特的原动力（dynamics），使得它穿过 F 环。

在观测 F 环区域的过程中，科学家也注意到了一个以前未发现的环，现在称为 S/2004 1R。这个新的环与土星的卫星土卫十五有关。这个环位于距土星中心 13.8 万千米之处，土卫十五的轨道上，A 环和 F 环之间。科学家估计这个环的宽度为 300 千米。

到达了土星并成功进入土星轨道（2004 年 7 月）后，“卡西尼号”太空飞船开始了探索土星系统的扩展旅行。这次轨道之旅包括环绕土星至少 76 圈，其中 52 次与土星的 7 颗已知卫星相遇。在与土卫六交会时“卡西尼号”太空飞船的火星轨道受到土卫六引力的影响。近距离与土卫六的交会使得“卡西尼号”太空飞船能为其迷人的云雾笼罩的表面进行高分辨率的绘图。“卡西尼号”轨道太空飞船携带了一个名为“土卫六绘图雷达”的仪器，它可以穿透笼罩着这颗卫星的不透明的阴霾，绘制土卫六表面逼真的地形图。

这些轨道的大小，它们相对于土星和太阳的方向，以及它们对土星赤道的倾角都由许多不同的科学要求所限定。这些要求包括：绘图雷达覆盖土卫六表面，飞越选定的冰冷卫星、土星或者土卫六，遮掩土星光环，穿越土星的环系平面。

“卡西尼号”轨道器将会对科学家选定的最感兴趣的冰卫星进行至少 6 次近距离、有计划的飞越——它们是土卫八（Iapetus）、土卫二（Enceladus）、土卫四（Dione）和土卫五（Rhea）。在这几次会面中，“卡西尼号”使用高分辨率伸缩相机拍摄的图像对于表面特征显示的空间分辨率相当于一个专业的棒球场地大小。除了土卫六以外也需要对土星的其他卫星进行 20 多次较远距离（在大约 10 万千米的高度）的飞越。“卡西尼号”太空飞船环绕土星的轨道不同倾角使它可以完成对行星的两极地区和赤道带的研究。

除了“惠更斯号”探测器（下一部分将要讨论）外，土卫六也是“卡西尼号”轨道器密切关注的科学研究的主题。太空飞船会对土星最大的卫星土卫六进行 45 次瞄准的近距离飞越——有的飞越只在其上空 950 千米处完成。土卫六是土星的卫星中唯一一颗巨大得能够为“卡西尼号”轨道器提供明显引力协助的卫星。精确的导航和瞄准“卡西尼号”轨道器对土卫六的飞越点可以用来调整其轨道的路线。这个任务计划的步骤与“伽利略号”太空飞船利用木星的大卫星（伽利略卫星）来调整轨道以便能够对木星系统进行研究的方法是相似的。

正如当初计划的那样，“卡西尼号”轨道器的初始任务之行会在 2008 年 6 月 30 日结束。那时距“卡西尼号”到达土星已有 4 年，刚好是它在 2008 年 5 月 28 日最后一次飞越土卫六之后 33 天。最后一次飞越的目标点（提前）选择在使“卡西尼号”能在 2008 年 7 月 31 日对土卫六再进行一次附加飞行——如果资源（例如姿控推进剂的供给）允许的情况下，可以为任务控制者提供在扩展任务中继续进行更多次飞越的机会。土星轨道之旅目前设计中的一切都有利于扩展任务的开展。

“卡西尼号”太空飞船，原先包括了1个轨道器和1个“惠更斯号”探测器，是建造过的最大、最复杂的行星际太空飞船。轨道器本身的干质量为2 125千克。当附加了320千克的“惠更斯号”探测器和1个运载火箭接合器，以及3 130千克的姿控和机动推进剂之后，组装好的“卡西尼号”太空飞船的总发射质量为5 712千克。在发射时，全部装配完成的“卡西尼号”太空飞船站立时高6.7米，宽4米。

“卡西尼号”任务总共包括18件科学仪器，其中6个安装在炒锅形的“惠更斯号”探测器上。这个欧空局赞助的探测器于2004年12月25日与“卡西尼号”轨道器太空飞船脱离，并成功地在2005年1月14日进入土卫六的大气层时进行了它自己的科学研究。探测器的科学仪器包括：浮质收集热解器、下降绘图仪和光谱辐射计、多普勒风实验仪、气体色谱仪和质谱仪、大气结构仪器以及表面科学包。

“卡西尼号”太空飞船的科学仪器包括复合红外线频谱仪、成像系统紫外线成像摄谱仪、可见光和红外线测绘频谱仪、成像雷达、无线电科学子系统、等离子体频谱仪、宇宙尘埃分析仪、离子和中性粒子质谱仪、磁力计、磁场成像仪以及无线电波和等离子体波科学仪器。太空飞船的通信天线所传递的遥感勘测可以被用来观察土卫六和土星的大气层以及测量这颗行星及其卫星的重力场。

“卡西尼号”太空飞船上的仪器和计算机的电力由3个使用寿命长的放射性同位素热电发生器提供。放射性同位素热电发生器质量轻，不占空间并且可靠性高。放射性同位素热电发生器没有可移动的零件，可以通过固态的热电转换器直接将放射性同位素（此处指钚–238,因阿尔法粒子的放射而衰变）自然衰变释放的热（热能源）转化成电而给太空飞船提供电力。在发射时（1997年10月15日），“卡西尼号”太空飞船上的3个放射性同位素热电发生器可以将1.32万瓦的核衰变热转化成885瓦的电力。在目前计划的初始任务结束时（2008年6月30日），太空飞船的电力水平将会是大约633瓦。如果太空飞船其他的条件和资源允许的话，这个电力水平完全能够支持“卡西尼号”太空飞船在土星系统进行扩展任务。

“卡西尼号”任务（包括“惠更斯号”探测器和其他的轨道太空飞船）的设计是为了对土星，及其光环、磁力圈、冰冻的卫星和主要的卫星——土卫六进行详细的科学研究。“卡西尼号”轨道器对于土星的科学研究包括：云层属性和大气层构成、风和温度、内部结构和旋转、电离层的特点以及这颗行星的起源和演化。对于土星光环的研究包括：结构和组成、光环内部的动态活动、光环与卫星之间的内在联系以及尘埃和微流星体环境。

土星的磁力圈包括由其内部磁场产生的巨大环绕行星的磁泡环境。磁力圈也包括磁泡内带电和不带电的粒子。对土星的磁力圈的研究还包括它目前的外形；粒子组成、来源和沉淀；动态活动；它与太阳风、卫星和光环的互相作用以及土卫六与磁力圈和太阳风之间的互相影响。

在这次任务的轨道运行期间（2004 年 7 月 1 日—2008 年 6 月 30 日），“卡西尼号”轨道太空飞船会完成许多次与土星已知的冰冻卫星的相会。多次对卫星的飞越使得太空飞船的仪器可以研究冰冻卫星的特点和地质历史、表面形态改变的作用过程、表面组成和分布、整体组成以及内部结构、卫星与土星的磁力圈的互相作用。

土星的卫星各不相同，从行星般的土卫六到微小的、不规则的直径仅为几十千米的天体。科学家现在相信所有的这些天体［可能除了土卫九（Phoebe）之外］，不仅有水冰还有其他的化学成分，如甲烷、氨和二氧化碳。在机器人太空飞船探索太空开始之前，科学家认为外层行星的卫星相对来说无法引起人们的兴趣，并且在地质上是死的。他们假设的（行星）热源不足以融化这些卫星上的覆盖物，因而不能提供液体甚至半液体的冰或者硅酸盐泥浆。

“旅行者号”太空飞船和“伽利略号”太空飞船通过揭露外层行星的卫星上一系列广泛的地质活动已经极大地改变了这种观点。例如，土星的卫星土卫二（Enceladus）上可能一直有物质在流向土星的 F 环——一种能解释现今活动存在的情况，例如间歇泉和火山。土星的几个中等大小的卫星形体足够大，可能已经完成了内部融化以及后续分异和再铺平的活动。“卡西尼号”太空飞船正在极大地增进人们对于土星的冰冻卫星的认识。

最后，“卡西尼号”的任务（轨道器和探测器）包括详细地研究土星最大的卫星土卫六。这个迷人的行星般大小的卫星是太阳系中唯一拥有浓密大气层的卫星。然而，土卫六朦胧不透明的大气层使得地球上的天文学家无法看清它的表面。“卡西尼号”主要任务之一就是穿透这个自然的秘密面纱，其科学目标包括研究土卫六大气组成、示踪气体和浮质的分布、风以及温度、表面的状态（液态还是固态）和组成、土卫六上层大气层的情况。

由国际上的一些行星科学家组成的队伍正在利用这些从“惠更斯号”探测器和

美国国家航空航天局的“卡西尼号”轨道太空飞船的遥感仪器发回的数据来验证土卫六新的演化模型。将这些数据组合起来可以看出土卫六的甲烷可能以一种富甲烷冰的形式储存了起来，叫做笼形水合物。科学家猜想它形成了一层坚硬的外壳，位于土卫六外表面下大约几十千米处，由液体水和氨水混合而成的海洋上。科学家现在假想：部分这样的笼形化合物外壳可能被土卫六上的冰火山一次又一次地变暖，因而造成了卫星的外壳向大气中释放出一些它所储存的甲烷（冰火山现象是冰的融化以及冰的气体消除）。这些爆发可能都会在其表面产生暂时的液体甲烷流，这解释了土卫六表面探测到的像河流一样的地貌。

例如，在“惠更斯号”探测器 2005 年 1 月 14 日下降到 40 千米的高度以下时，它的船载仪器获取了土卫六表面的清晰照片。这些图像揭示了这个不同寻常的星球与原始的地球在很多方面有相似点——尤其是在气象状态、地形和河流活动等方面，但是两者的组成成分不同。“惠更斯号”的图像也为液体流（可能是甲烷）所造成的侵蚀提供了有力的证据。

与“卡西尼号”太空飞船的双向通信由美国国家航空航天局深空网巨大的碟形天线完成。太空飞船使用它自己的抛物面高增益天线来完成微波 X 波段信号的传输与接收。轨道器太空飞船的高增益天线也用来进行无线电和雷达试验，以及当“惠更斯号”探测器从土卫六的大气层下降时接收它发出来的信号。

因为遥远的距离（平均来算，土星距离地球 14.3 亿千米），对“卡西尼号”太空飞船的实时控制是不切实际的。例如，当太空飞船 2004 年 7 月 1 日到达土星时，从土星到地球的单向光速传播时间是 84 分钟。在 4 年的轨道环绕任务中，从土星到地球（反之亦然）的单向光速传播时间将从 67 至 85 分钟不等，具体时间取决于 2 颗行星在它们绕日旋转过程中的相对位置。为了解决这个问题，航天工程师在太空飞船设计时使用了大量的机器智能（使用先进的计算机硬件和软件）来使复杂的机器人太空飞船能够在最少人类监督的情况下运行。

“卡西尼号”太空飞船的每个科学仪器都是由能够控制仪器和格式化 / 打包［压缩成数据包（packetizing）］数据的微处理器运行的。地面的控制者在遥远处对于太空飞船的控制是通过控制太空飞船系统级资源的集中命令和由每个科学仪器的微处理器所发出的命令来达到的。在任务的环绕阶段按照不同时期的进度表，太空飞船对每个仪器的数据包进行收集，这些数据可能被立即传输回地球，也可能存储在“卡西尼号”太空飞船上的固态记录器中以便稍后的某个时间传回地球。

因为“卡西尼号”太空飞船的科学仪器都是固定的，整个太空飞船都得转向以便对准目标。因此，太空飞船经常通过使用反作用轮或者点燃太空飞船上的推进器来重新设置方向。大多数的科学观测都是在与地球没进行实时通信连接的情况下完成的。然而每个科学仪器都有自己不同的瞄准要求。这些不同的科学仪器总是互相矛盾或者与太空飞船朝向地球发回数据的需求相矛盾。太空飞船上的软件具有能够决定“哪个和什么需要先完成”的内置数据层次，能够重新设定程序，它指导船上的微处理器和太空飞船的主要计算机 / 时钟子系统，使它们能够解决时间安排上的冲突。任务的设计者在设计轨道器的飞行路径时也小心地加入了足够多的使太空飞船的高增益天线朝向地球的时间段。

◎“惠更斯号”太空探测器

“惠更斯号”探测器由“卡西尼号”轨道太空飞船带入了土星的系统。拴在“卡西尼号”母太空飞船上，由一根脐带电缆供给电力的“惠更斯号”在漫长的接近 7 年的旅途中大部分时间处于睡眠状态。任务控制者每 6 个月唤醒机器人探测器 1 次，只是为了进行为期 3 个小时的仪器和操纵的检查。“惠更斯号”是由欧洲航天局赞助的，它的命名是为了纪念荷兰物理学家和天文学家克里斯蒂安 · 惠更斯（Christaan Huygens，1629—1695），他第一个描述了土星的光环，并在 1655 年发现了它的最大的卫星——土卫六。

“卡西尼号”太空飞船在 2004 年 12 月 13 日对土卫六的第二次飞越使得太空飞船（此时仍然携带着搭乘的“惠更斯号”探测器）进入了一个将会在大约 4 600 千米的高度飞越土卫六的轨道。为了使“惠更斯号”探测器以正确的角度进入土卫六的大气层，“卡西尼号”太空飞船在释放它的机器人旅伴之前进行了一次瞄准的机动操作。12 月 17 日“卡西尼号”完成了一次精确的瞄准机动操作，改变了它的路线，使得这个互相结合的机器人太空飞船小组指向了对土卫六的直接碰撞轨迹。

2005 年 12 月 25 日（世界标准时间 2：00），旋转弹出装置使“惠更斯号”与“卡西尼号”分离，当时“惠更斯号”的相对速度为 0.35 米 / 秒，旋转速度为 7.5 转 / 分。因为这些成功的操作和行动，这个旋转稳定的大气探测器向着位于土卫六白天一侧的南纬地区的登陆地点滑去。为了支持多种不同的任务需要以及测量，探测器进入

1997 年航天技术人员在肯尼迪航天中心的负载危险整备车间（PHSF）检查“惠更斯号”探测器。机器人探测器作为“卡西尼 / 惠更斯号”太空飞船的一部分在 1997 年 10 月 15 日发射。经过 7 年附在“卡西尼”母太空飞船一侧的旅行，“惠更斯号”在 2004 年 12 月 25 日被释放。探测器滑行了 20 天，于 2005 年 1 月 14 日进入了土卫六朦胧的大气层。从 160 千米的高度开始一直到其降落到地面的过程中，“惠更斯号”探测器一路采集土卫六的大气样本。探测器平安地降落在卫星冰冻的表面并继续向“卡西尼号”传输了 70 分钟的数据。探测器上的仪器表明土卫六的表面类似湿沙或者黏土，有薄薄的一层固体尘埃，大部分都由脏的水冰和碳氢化合物的冰组成（美国国家航空航天局 / 肯尼迪航天中心）

土卫六的大气层时，其角度是相对大幅倾斜的 65°。欧空局的任务控制人员选择了这样一个进入角度是为了给探测器最好的到达土卫六表面的机会。随着探测器的分离，“卡西尼号”轨道器完成了最后的轨道机动调整以避免坠入土卫六的大气层，同时也调整了自己的姿态以便收集“惠更斯号”在土卫六不透明的富氮大气层中下降时发出的数据。

2005 年 1 月 14 日，滑行了 20 天的“惠更斯号”探测器到达了理想的距土卫六上空 1 270 千米的进入高度，并在降落伞的协助下继续在大气层中下降。不到 5 分钟“惠更斯号”就开始向“卡西尼号”传输科学数据，此时探测器还在土卫六的大气层中向下飘浮。

在“惠更斯号”落入大气层的第一阶段中，探测器上的仪器由一个定时器所控制。在下降的最后10~20千米的时候，探测器上携带的雷达测高仪以高度为基础控制科学仪器。从“惠更斯号”探测器的土卫六上层大气之旅开始到它在土卫六表面降落并停止移动，前后共花了大约138分钟。就在“惠更斯号”探测器降落之前，它采集到了这个降落地点的照片。探测器安全降落在一个湿软的表面，既不是液体又不是冰冻的固体——行星科学家对这个云层包裹的星球的表面状况最常提出的两种假想。在“卡西尼号”轨道器在地平面消失的时候，这艘母太空飞船停止了从它这个辛勤工作的机器人同伴处收集数据。探测器仍继续不停地传输数据，持续了大约4个半小时。

◎先驱者金星任务

先驱者金星任务包括美国国家航空航天局在1978年向金星发射的两艘单独的太空飞船。“先驱者金星轨道器”太空飞船（也叫“先驱者12号”）是一艘553千克重的太空飞船，其中包括了一个45千克的科学仪器负载。“先驱者12号”在1978年5月20日发射，1978年12月4日进入了环绕金星的大椭圆轨道。14年来（1978—1992），“先驱者金星轨道器”太空飞船收集了大量关于金星大气层和电离层的科学数据，它们与太阳风的相互影响以及行星表面的详细情况。随后，在1992年10月，美国国家航空航天局的任务控制者指令这艘太空飞船按预定安排坠入金星大气层。太空飞船的数据收集工作一直进行到它最终在金星大气层激烈燃烧的那一刻，震撼人心地结束了“先驱者12号”金星任务的操作部分。

“先驱者金星多探针号”太空飞船（也叫“先驱者13号”）包括1艘主运载舱太空飞船，1个大的探测器和3个同样的小型探测器。“先驱者金星多探针号”太空飞船在1978年8月8日发射，在进入金星大气层3周前分离。1978年12月9日，4个（现在已经分离）探测器与它们的（太空飞船）运载舱从极度分散的位置成功地进入了金星的大气层，并在它们向金星表面坠落的过程中返回了重要的科学数据。尽管探测器没有被设计成在撞击金星表面后能够幸存，但其中一个坚硬的探测器却做到了，并且在撞击后持续传输了1小时的数据。

“先驱者金星轨道器”和“先驱者金星多探针号”太空飞船全都提供了关于金星、金星表面、大气层以及它与太阳风的互相影响的重要科学数据。例如，轨道器太空

1978 年，美国国家航空航天局的“先驱者金星多探针号”太空飞船在佛罗里达州卡纳维拉尔角正被提起进行装舱和发射前的最后检测。也被称为“先驱者 13 号”，这个携带了多个探针的太空飞船在 1978 年 8 月 8 日发射，穿过行星际空间，在进入金星大气层 3 周前分离。1978 年 12 月 9 日，4 个（现在已经分离）机器人探测器从 4 个极为分散的位置成功地进入了金星云层包裹下的大气层。在每个探测器坠入金星稠密的大气层时，它们传输了重要的科学数据。尽管没被设计成能够在登陆后幸存，一个坚硬的探测器幸免于难并且在撞击后发回了大约 1 小时的数据。每个探测器的数据由同伴——“先驱者金星轨道器”太空飞船（“先驱者 12 号”）收集并传送回地球（美国国家航空航天局 / 肯尼迪航天中心）

飞船绘制了一张广阔的雷达地图，这张地图对金星表面的覆盖率达到了大约 90%。这艘太空飞船还利用它的雷达透视了行星稠密的不透明云层，揭示了金星表面主要是由略有起伏的平原构成，其中有两个突出的高原：伊师塔地（Ishtar Terra）和阿芙罗狄蒂地（Aphrodite Terra）。这个极其成功的由两艘太空飞船完成的任务也为美国国家航空航天局后来的“麦哲伦号”火星计划提供了重要的基础。

◎“尤利西斯号”太空飞船

尤利西斯任务是一个国际的太空机器人，它的设计是研究太阳的两极以及太阳两极上下的星际环境。“尤利西斯号”太空飞船是按照传说中的希腊英雄命名的，在荷马史诗的特洛伊战争传奇里，在尤利西斯回家的途中他漫游了许多未经开发的地区。太空飞船的任务是一次测量工作，主要是研究太阳风的性质、太阳与太阳风的分界处的结构、日心磁场、太阳射电爆发和等离子体波、太阳和银河宇宙射线以及太阳系 / 星际中型气体和尘埃环境——所有都与太阳纬度的活动有关。德国的道尼尔系统公司（Dornier System）为欧洲航天局建造了“尤利西斯号”太空飞船，欧空局负责科学任务的空间操作。

美国国家航空航天局使用“发现号”航天飞机和配置了一个上级火箭为“尤利西斯号”太空飞船提供发射支持。另外，美国通过能源部提供了放射性同位素热电发生器为太空飞船供给电力。“尤利西斯号”太空飞船由美国国家航空航天局的深空网负责跟踪并收集科学数据。对“尤利西斯号”太空飞船的监测和控制以及数据简化和分析在美国国家航空航天局的喷气推进实验室进行，其操作由欧空局和喷气推进实验室的联合小组共同完成。

“尤利西斯号”是第一艘飞出黄道平面研究太阳两极从未探索过的空间区域的太空飞船。为了到达太阳的高纬度地区，“尤利西斯号”太空飞船最初的目标方向极靠近木星，这样这颗巨行星巨大的重力场就能够给太空飞船加速使“尤利西斯号”太空飞船飞出黄道平面飞向更高纬度。与木星进行的重力助飞交会发生在 1992 年 2 月 8 日。飞越木星后，“尤利西斯号”向更高纬度飞去，1994 年 9 月 13 日达到的最大的南纬高度为 80.2°（经过南极的第一圈）。

因为“尤利西斯号”是第一艘探索太阳极地上空三维空间的太空飞船，太空科学家得到了一些令人惊奇的发现。例如，他们了解到有两种清楚分离并且截然不同

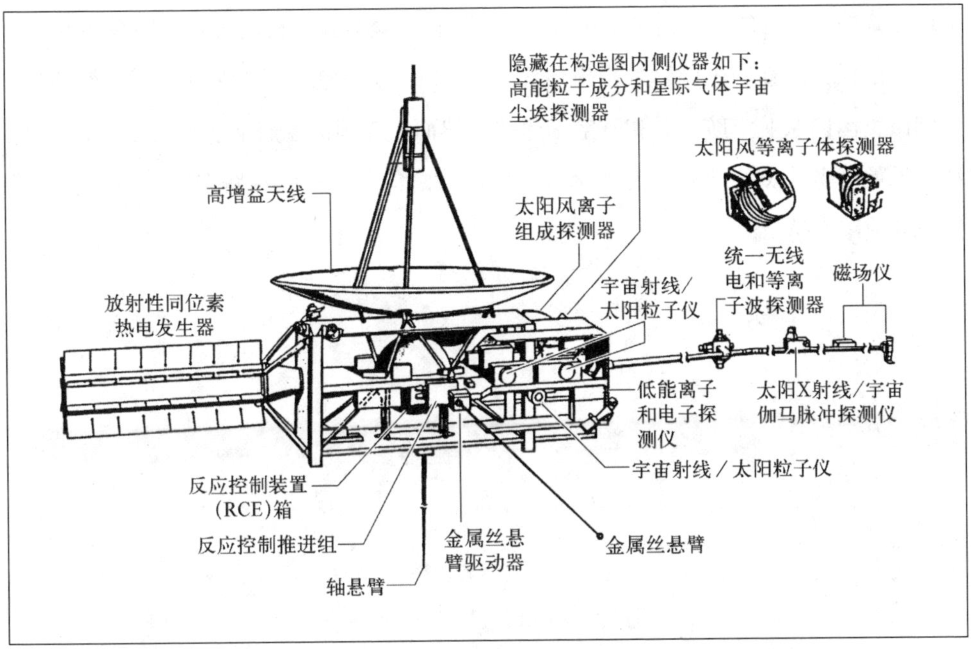

紧凑的“尤利西斯号”太空飞船以及它科学仪器的排列（美国国家航空航天局）

的太阳风体系存在，他们带着高速的风从太阳的两极发出。科学家也惊奇地观测到了宇宙射线是如何从银河系外的星系进入太阳系的。太阳两极地区的磁场竟然与人们在地球上的观测所见大为不同。最后，“尤利西斯号”探测到了从星际空间发出的以 8 万千米 / 小时或者 22.22 千米 / 秒的速度进入太阳系的一束粒子。

然后在 1995 年的 6—9 月间，“尤利西斯号”太空飞船又穿过北极的高纬度空间（经过北极的第一圈）。太空飞船对太阳的高纬度观测发生在太阳 11 年活动周期的低潮期（minimum portion）。

然而，为了全面了解太阳，也因为科学家想研究我们的父母星在 11 年的活动周期过程中近高峰期的情况。这个远行的核动力科学太空飞船的扩展任务提供了这个机会。在太阳的高峰期情况下，“尤利西斯号”太空飞船在 2000 年 9 月—2001 年 1 月（经过南极的第二圈）间到达了南极高纬度区域，然后又在 2001 年 9 月到 2001 年 12 月间（经过北极的第二圈）在北极高纬度区域穿过。

扩展任务已经顺利开展，“尤利西斯号”太空飞船继续传回有关我们父母星内部工作方式的有价值的科学信息，尤其是关于它的磁场以及其磁场影响太阳系的方式。

这个任务最初叫做国际太阳极地任务（ISPM）。最初任务计划了两艘太空飞船，分别由美国国家航空航天局和欧空局建造。然而，美国国家航空航天局在 1981 年取消了原始任务中太空飞船建造的部分，取而代之的是为欧空局建造的太空飞船提供发射和追踪支持。

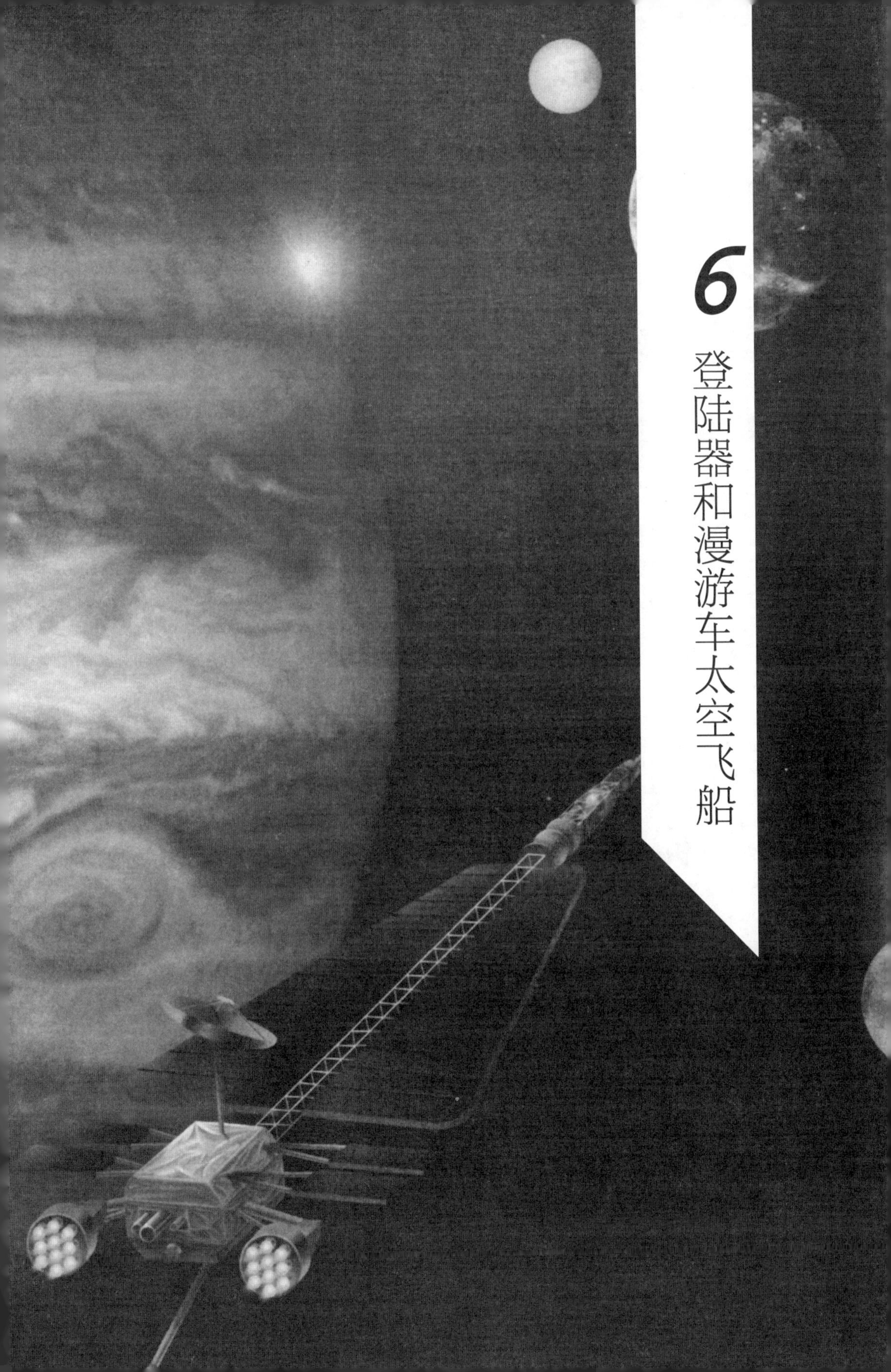

6 登陆器和漫游车太空飞船

登陆器是一个机器人太空飞船，它被设计为能够安全地到达一个行星的表面并生存足够长的时间以便将有用的科学数据发回地球。登陆器通常是固定在降落地点的太空飞船，意思是，一旦机器人落到行星体上，通常就不再从最初的登陆地点移动。为了支持它对于本地环境的研究，登陆器可以有一个或者几个自动手臂或者一套自动钻孔设备。

在一些对行星表面进行的太空探索任务中，登陆器通常主要起到位于地表的母太空飞船的作用。它能安全地将一个或者几个探测车送到地表，然后为展开的自动机器人系统（一个或多个）提供通信服务。每个微型漫游车的数据都通过登陆器太空飞船传回地球。地球上的任务控制者，使用登陆器的通信子系统将命令和指示发给微型漫游车（一个或多个）。

机器人探测车可以被设计成不同大小，从微型到大型（约为一个小汽车的大小）。它们也可以体现不同级别的机器智能，从完全依靠人类的监管到半自主操作，再到完全自主操作。这一章主要描述一些在过去的 40 年里成功地进行过太阳系探索任务的登陆器和漫游车。第 7、8、9 和第 10 章将会更多地介绍一些非常激动人心的登陆器和漫游车，今后 40 年里它们可以被用于太阳系的探索。

◎勘测者计划

美国国家航空航天局极为成功的“勘测者”计划开始于 1960 年。它由 1966 年 5 月—1968 年 1 月间发射的 7 个机器人登陆器组成，它们是“阿波罗”计划中人类登月探险队的先驱。这些机器人登陆器被用来开发软着陆技术、探索阿波罗任务的登陆地点，它们还增进了科学家对月球的认识。

“勘测者 1 号”太空飞船于 1966 年 5 月 30 日发射，在月球的风暴洋区域软着陆。它发现月壤的承压强度支持“阿波罗”计划的登陆太空飞船［叫登月舱（LM）］绰

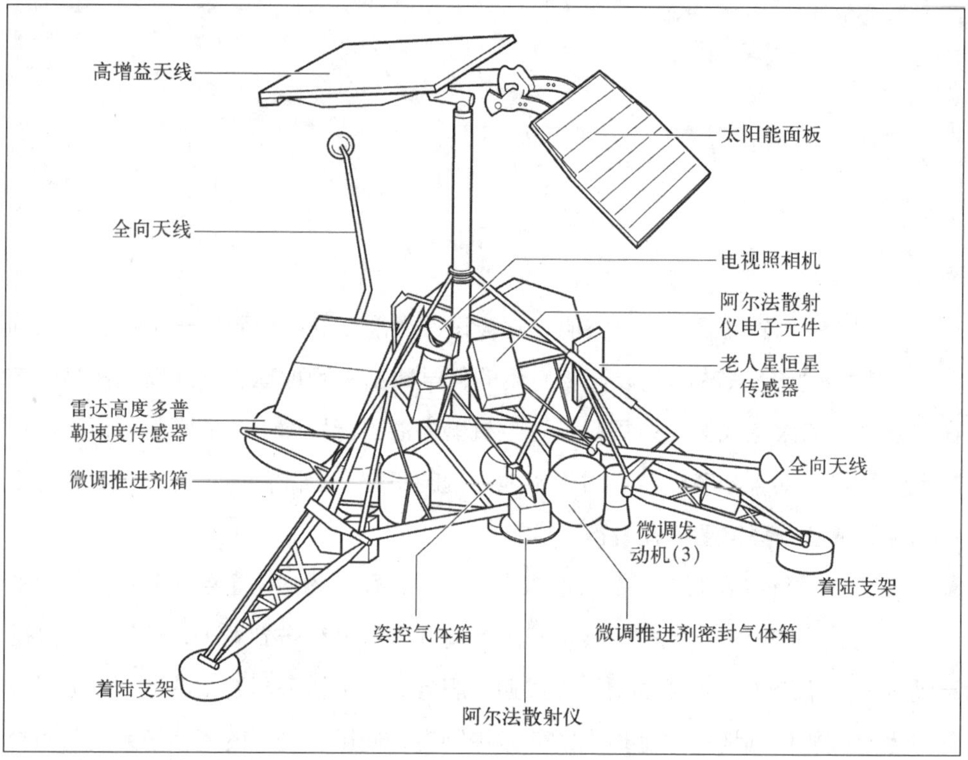

美国国家航空航天局的“勘测者”太空飞船是从1966年—1968年间探索月球表面的机器人登陆器，为“阿波罗”计划中宇航员的月球登陆（1969—1972）任务做了准备（美国国家航空航天局）/（注：图片没有显示出主要的制动火箭）

绰有余。这一发现反驳了当时普遍认为登月舱会陷入月球极细的尘埃直到完全看不见的假说。“勘测者1号”太空飞船也通过卫星电视传输了许多月球表面的图像。

“勘测者3号”太空飞船于1967年4月17日发射，在风暴洋另一个区域的一个小环形山一侧软着陆。机器人太空飞船使用附在它机器手臂上的小铲挖掘沟渠时，发现月壤的负重承压强度随深度的增加而加强。它也向地球传输了许多月球表面照片。

“勘测者5号”太空飞船在1967年9月8日登陆，软着陆于静海之上。太空飞船上的阿尔法粒子散射仪检测了月壤的化学组成，并发现其与地球上的玄武岩类似。

“勘测者6号”太空飞船于1967年11月7日发射，在月球的中央湾软着陆。除了进行土壤分析实验与拍摄许多月球表面的照片之外，这艘太空飞船也进行了一项极端重要的“跳跃实验”。地球上的美国国家航空航天局的工程师遥控点燃了“勘测者号”的微调火箭发动机使它在月球的表面简短地发射。太空飞船的发射没有产生尘雾而只是导致一个浅坑。这个重要的证据表明当“阿波罗号”宇航员的表面探索任务完成后,他们可以使用火箭推进舱（登月舱的上级部分）安全地从月球表面发射。

最后，“勘测者 7 号”太空飞船于 1968 年 1 月 7 日发射，在月球的高原地区，靠近第谷陨石坑（Tycho）处登陆。它的阿尔法粒子散射仪显示月球高原地区的铁含量比阴暗区（月球平原地区）要低。它也发回了许多月球表面的照片。

尽管“勘测者 2 号”和“勘测者 4 号”太空飞船在月球表面坠毁了（没有软着陆，也没有运行），整个的勘测者计划仍相当成功，并为发生在 1969—1972 年间的阿波罗载人月球表面探险奠定了基础。

◎“月球车1号”（Lunokhod）和“月球车2号”机器人漫游车

在 1969—1972 年期间美国胜利完成人类登月的光芒使得苏联向同一天体成功发射的机器人太空飞船任务黯然失色。

发射于 1970 年 9 月 12 日的“月球 16 号”是第一次成功发射到月球表面的自动（机器人）样品返回任务。在登陆到丰富海（Sea of Fertility）之后，机器人太空飞船展开了一个钻孔机在地表钻了 35 厘米深。月壤的样本，重量大约为 0.1 千克自动地传给返回舱，后者立刻离开月球表面于 1970 年 9 月 24 日在苏联降落。当然美国在 1969 年 7 月和同年 11 月的“阿波罗 11 号”和“阿波罗 12 号”月球登陆任务也分别将巨大的月球样本送回，这些月壤的样本是由宇航员在月球表面取得的。因此这次有趣的机器人样本返回任务在那个时候没有引起国际上的关注。

“月球 17 号”将第一个移动机器人，称作“月球车 1 号”（Lunokhod）放到了月球的表面上。登陆器太空飞船成功地在雨海（Sea of Rains）着陆并展开一个复杂的“月球车 1 号”漫游车。这个 8 轮子的探测车由地球发出的无线电进行控制。在持续了 10.5 个月的表面探测任务阶段漫游车行驶了 10.5 千米。这个探测车的照相机发回了 2 万多张月球表面的照片，它的仪器分析了位于几百个不同地点的月壤的特性。

“月球 20 号”（发射于 1972 年 2 月 14 日）和“月球 24 号”（发射于 1976 年 8 月 9 日）均成功地完成了机器人土壤样本返回任务。1973 年 1 月发射的“月球 21 号”成功地展开了另一个机器人漫游车——“月球车 2 号”，在静海的拉莫尼亚（Le

这张 1971 年的前德意志民主共和国（东德）的邮票描述了苏联“月球车 1 号”机器人漫游车离开其登陆器的情景。在苏联 1970 年的“月球 17 号”任务期间，母太空飞船在月球表面的雨海软着陆并展开了“月球车 1 号”机器人漫游车。由地球无线电信号控制的 8 个轮子的月球漫游车在月球表面行驶了几个月，发回了 2 万多张月球表面电视图像，在不同的地点完成了 500 多项月壤的测试（作者）

美国国家航空航天局的“海盗 1 号”太空飞船在 1978 年 8 月 8 日拍摄了这张火星的图像——在克里斯平原（Chryse Planitia）（黄金地）登陆 730 天后。照片近处可见机器人登陆器的一部分，左侧的方形结构是登陆腿的顶部；它的右侧是风和温度传感器以及一个刷子用来清洁挖取土壤样本的铲子。图片上左侧是火星表面上一片尘埃堆积的旷野和一个多岩石的平原向几千米以外的地平线延伸。大多数的岩石跨度约为 50 厘米；画面左侧的大岩石大约为 2.5 米宽，它位于距离登陆器太空飞船 8 米处，被昵称为“大块头乔”（Big Joe）（美国国家航空航天局 / 喷气推进实验室）

Monnier）陨石坑着陆。这个840千克的漫游车在其4个月的表面探测任务中行驶了37千米。在由地球上的苏联科学家和技术人员发射的无线电信号的控制下，这个漫游车拍摄了无数的照片，并完成了表面实验。

◎“海盗1号”和“海盗2号”登陆器太空飞船

“海盗1号”登陆器太空飞船在1976年7月20日完成了第一次在火星的软着陆。着陆地点位于克里斯平原（黄金地）西侧的斜坡，位于北纬22.46°，西经48.01°。“海盗2号”登陆器于1976年9月3日成功登陆于北纬47.96°、西经225.77°的乌托邦平原。

两个登陆器各重572千克，分别携带了用来完成美国国家航空航天局“海盗”计划登陆部分初始目标的科学仪器。这些目标包括：对火星的生态、化学组成（有机的与无机的）、气象、地震、磁性能、外观以及火星表面的物理特性等方面的研究。登陆器太空飞船的电力由2个装有钚-238的反射性同位素热电发生器（RTG）组件提供。

“海盗号”登陆器携带了许多精心挑选的仪器，它们主要用来帮助外空生物学家回答一些令人好奇的关于火星上生命存在与否的问题。尽管两个机器人登陆器进行了许多实验、测试和表面活动，外空生物学家对此问题的答案仍然在否定到不确定之间徘徊——答案仍然是未知的，留待本世纪的机器人（也可能是人类）探索者去解决。

“海盗号”登陆器的生态仪器，由3个分开的实验仪器组成，主要探测火星土壤中微生物的生命迹象。有一个用来搜寻火星土壤中复杂的有机分子的气相色谱—质谱联用仪（GCMS）；机器人登陆器还携带了一个分析火星土壤样本的X射线荧光频谱仪，用来确定它的元素组成；一个气象悬臂以及温度、风向、风速传感器从一只登陆腿的顶端向上向外伸出。机器人太空飞船也有一对慢扫描的照相机，它们被安装在每个登陆器的顶部，每个慢扫描照相机相隔1米远。这些照相机拍摄了火星表面的黑白、彩色和立体的照片。最后，科学家也设计了地震检波器来记录可能发生在这颗红色星球——火星上的地震。这些信息可以帮助行星科学家确定火星的内部结构。不幸的是，“海盗1号”的地震检波器登陆后没有运行，而“海盗2号”上的仪器没有检测到内部（构造的）活动的明显迹象。

每个“海盗号”登陆器也都有一个表面样本机械臂将它们的收集器所铲取的少量火星土壤交给生态、有机化学和无机化学分析仪器。这个有关节的机械臂也为了解土壤的物理特性提供了线索。例如，取样器上附带的磁铁可以提供关于土壤中铁含量的信息。

甚至登陆器的无线电都被用来进行科学实验。通过测量无线电信号在火星与地球间传播的时间，物理学家也能改进他们对于火星轨道的估计。对于这些无线电波的精确测量也使科学家能够确定阿尔伯特 · 爱因斯坦广义相对论的部分理论。

◎火星探路者任务

美国国家航空航天局使用德尔它Ⅱ型不可重复使用的运载火箭于 1996 年 12 月 4 日向火星发射了“火星探路者号”。这个以前叫“火星环境勘测探路者”（MESUR），任务的主要目标是展示能够将装置了仪器的登陆器和自由漫游的机器人探测车（rover）送上火星表面的创新科技。“火星探路者号”不仅完成了这一主要任务，而且传回了大量的数据，远远超出了预期的设计寿命。

“火星探路者号”使用了一种创新的登陆方法：直接进入火星大气层，在降落伞的帮助下减速穿过火星的大气层，然后使用一套巨大的气囊系统缓冲登陆的撞击。从它 1997 年 7 月 4 日在气囊保护下跳跃与翻滚着着陆一直到 9 月 27 日最后的数据传输，这个机器人登陆 / 漫游车发回无数张火星的近距离照片以及对各种岩石和登陆地点附近所找到的土壤的分析数据。

登陆地点位于北纬 19.33°，西经 33.55°，火星的阿瑞斯谷地（Ares Vallis）地区，靠近克里斯平原（黄金地）的一个巨大的冰水沉积平原，1976 年 7 月 20 日“海盗 1 号”登陆器曾经在此处成功地着陆。行星地质学家推测这个地区是火星上最大的外流河床之一——是凶猛的古代洪水短期内冲过火星北部低地造成的。

登陆舱，被美国国家航空航天局重新命名为卡尔萨根纪念站，首先传输在大气层降落和着陆期间收集的技术和科学数据。这个美国的宇航员卡尔 · 爱德华 · 萨根（Carl Edward Sagan，1934—1996）普及了天文学和天体物理学知识，并大量地撰写了关于外星可能存在生命的文字。

到达火星表面之后，登陆器的拍照系统（位于能自动弹起的天线竿上）立即获取了漫游车的视野以及周围环境的照片。这些图像被传回地球协助人类飞行小组计划机器人漫游车在火星上的操作。清除掉气囊之后，登陆器展开了漫游车的坡道。这个 10.6 千克的微型漫游车被存放在登陆器的其中一块帆板上。在地球上的控制人员的指令下，这个微小的机器人探险家苏醒过来，驶向火星的表面。随着漫游车的

美国国家航空航天局的“火星探路者号”登陆器和在红色星球上的微型漫游车（1997 年 7 月 4 日）。照片的视野朝向西方。巨大的洪水曾经在很久以前冲刷过这个地区，从左向右穿过画面上的这部分区域。地平线上的那两个山峰在 1 千米远处。图片拍摄的时候，漫游车仍然在登陆帆板上蜷缩着。气囊的材料在帆板下翻腾。卷入机器人漫游车两侧的圆柱体是（还没有打开的）漫游车坡道（美国国家航空航天局 / 喷气推进实验室）

送出，巨大的登陆器余下的任务就是通过拍摄漫游车的操作并将数据发往地球来协助漫游车工作。登陆器的 3 块帆板上装有太阳能电池，它们与一个可充电电池一起为登陆器提供电力。登陆器上还装配了气象站。

这个漫游车，被重新命名为索杰纳［以美国民权倡导者索杰纳 · 特鲁斯（Sojourner Truth）的名字命名］，是一辆有 6 个轮子，由喷气推进实验室的人员遥控操作（就是通过遥控远距离驾驶）的探测车。漫游车的人类控制者利用来自漫游车和登陆器系统的图像来遥控。行星际间的遥控操作要求漫游车能够进行一些半自主的操作，因为地球和火星的遥远距离以及相对位置的改变，使得传输的信号有平均 10—15 分钟的延迟。

例如，漫游车有一个危险规避系统，并且在火星表面的移动十分缓慢。这个小漫游车高 28 厘米，长 63 厘米，宽 48 厘米，离地净高 13 厘米。当收藏在登陆器里时，它的高度仅有 18 厘米。然而，在火星表面展开后漫游车伸展出它的全部高度并从展开坡道上驶下。这个行驶距离相对较远的小漫游车从一个 0.2 平方米太阳能电池组获取它的电力。另外还有几个不可充电的电池提供备用电力。

这个漫游车装配了黑白照相系统。这个系统提供了登陆器、火星的地形环境以

知识窗

火星极地登陆者（MPL）——另外一个火星之谜

“火星极地登陆者”机器人太空飞船的最初设计是用作“火星勘测者98”任务的登陆舱部分，由美国国家航空航天局在1999年1月3日使用德尔它Ⅱ型不可重复使用的火箭在佛罗里达的卡纳维拉尔角发射。“火星极地登陆者”是一个极具挑战性的计划，目的是让一个机器人太空飞船在火星南极板盖边缘的冰冷表面登陆。两个小型穿透探测器（“深空2号”）跟随着登陆器太空飞船一起来到了火星。平静的行星际飞行之后，所有与“火星极地登陆者”和“深空2号”的联系都于1999年12月3日在太空飞船到达火星时突然中断。失踪的登陆器装有照相机、机械臂和测定火星土壤成分的仪器。两个微小的穿透探测器被设计为在登陆器太空飞船接近火星时被释放出去，然后沿着各自独立的弹道轨迹撞击火星表面并刺入地表搜寻水冰。

登陆器以及它的两个微探针的确切下落仍然是个谜。美国国家航空航天局的一些工程师认为“火星极地登陆者”可能跌入一个陡峭的山谷。还有一些人则认为“火星极地登陆者”可能因着陆过于猛烈而解体了。第三种假设是“火星极地登陆者”可能在它进入火星大气层时出现了重大的故障。因为美国国家航空航天局的任务控制者完全无法与失踪的登陆器和它所携带的行星穿透探测器取得任何联系，确切的结论还不能得出。

及漫游车自己的车轮轨迹的照片，这些都能帮助科学家估计火星的土壤特性。漫游车上的阿尔法粒子X射线频谱仪（APXS）用来估算火星岩石和土壤的组成。

登陆器和漫游车都超过了它们的预计使用寿命——登陆器超过了大约3倍，而漫游车则是12倍。这个极为成功的登陆/漫游火星表面的任务所取得的数据表明古代火星曾经很温暖并且潮湿，进一步激起了科学家和大众对于这个问题的极大兴趣：当这个星球的表面有液体水和更厚的大气层的时候，它的上面是否曾经出现过生命？

◎火星探险漫游者（MER）2003任务

在 2003 年夏天美国国家航空航天局发射了完全相同的孪生火星漫游车，在 2004 年它们被用于在红色星球表面上工作。“勇气号”（MER–A）于 2003 年 6 月 10 日由德尔它Ⅱ型火箭从卡纳维拉尔角发射升空，2004 年 1 月 4 日在火星成功着陆。“机遇号”（MER–B）于 2003 年 7 月 7 日由德尔它Ⅱ型火箭从卡纳维拉尔角发射，2004 年 1 月 25 日登陆火星表面。两次登陆都沿用了“火星探路者”展示的成功利用气囊跳跃翻滚的着陆方式。

到达红色星球之后，每个漫游车就开始了在火星上明确的不同地点的探险任务。“勇气号”（MER–A）在古瑟夫环形山（Gusev Crater）登陆，古瑟夫环形山在火星赤道以南大约 15° 处。美国国家航空航天局的任务计划者选择了古瑟夫环形山是因为它具有环形山湖床底部的外观。“机遇号”（MER–B）在子午圈地区（Terra Meridiani）——火星上的一个区域也叫作赤铁矿地区（Hematite Site），因为这个位置显出了粗纹理的赤铁矿的迹象，赤铁矿是一种典型的形成于水中的富铁矿石。本

美国国家航空航天局的火星探险漫游者正在红色星球表面行驶（大约 2004—2005 年）的效果图（美国国家航空航天局 / 喷气推进实验室）

次任务的主要科学目标是搜寻并记录范围广泛的有过水活动痕迹的岩石和土壤的特征。在2006年7月末，两辆漫游车仍然运行正常，它们漫游所到之处远远超出了它们为期90天的初始任务目标所计划的范围。

这两个强健的新机器人探索者比“火星探路者”的微型漫游车具有更大的灵活性，它们每个火星日能够成功地在火星表面行驶100米。每个漫游车都携带了复杂的仪器，使它们能够搜寻古代时在火星表面存在的液体水的证据。两个漫游车各探测火星的不同区域。登陆之后两个漫游车马上通过拍摄全景（360°）可视（彩

这个有趣的拼接图是由美国国家航空航天局的“火星探险漫游者勇气号”导航照相机在2004年1月4日拍摄的。美国国家航空航天局的科学家对图像进行了重新加工使其表现出高空俯瞰机器人漫游车和它的登陆器母太空飞船在火星表面的情景（美国国家航空航天局/喷气推进实验室）

色）和红外照片对自己的登陆地点进行勘测。然后，美国国家航空航天局喷气推进实验室的科学家利用漫游车每天拍摄的图像和光谱，借助远距通信和遥控操作实现对整个科学计划的监控。在人类不连续的指导下，这对机器探索者像机器人勘探工一样，检查岩石和土壤目标并且用显微镜观察其组成和纹理。

每个漫游车都有由5件仪器组成的一套勘探设备，用它们来分析岩石和土壤样本。这些仪器包括：1个全景相机（Pancam）、1个微型热发射频谱仪（Mini-TES）、1个穆斯堡尔频谱仪（MB）、1个阿尔法粒子X射线频谱仪（APXS）、磁铁和1个显微成像仪（MI）。漫游车还有一个特殊的岩石磨蚀工具（或者RAT），可以磨蚀感兴趣的目标使其暴露出新的表面供进一步研究。

“勇气号”与“机遇号”的重量都是185千克，每一个火星日能够行驶100米。火星表面运行时间超过了原计划的90个火星日。向地球传输的通信主要由环绕火星的轨道太空飞船完成，如“火星奥德赛—2001”就担任了数据转播的工作。

这幅图所示为美国国家航空航天局的“勇气号”漫游车（2005年5月5日）在火星上的行进轨迹。这辆“火星探险漫游者（MER）勇气号”使用它的导航照相机拍摄了这张拼接图。“勇气号”之前刚放弃了攀爬土丘（在2005年4月14日），因为土丘的斜坡过于陡峭。在漫游车第一次驶过这一地区时，它忽略了一些岩石的分层岩层，这种回溯拍照法的采用幸运地使科学家小组在漫游车驶过后发现了它们。因为初次驶过这一地区的那几个星期里，“勇气号”正忙于检测哥伦比亚丘陵（Columbia Hills）地区中所谓的玛士萨拉（Methuselah）岩层。这张拼接图正是“勇气号”驶向玛士萨拉岩层时回溯其行驶的轨迹所拍的照片

7 样本返回任务

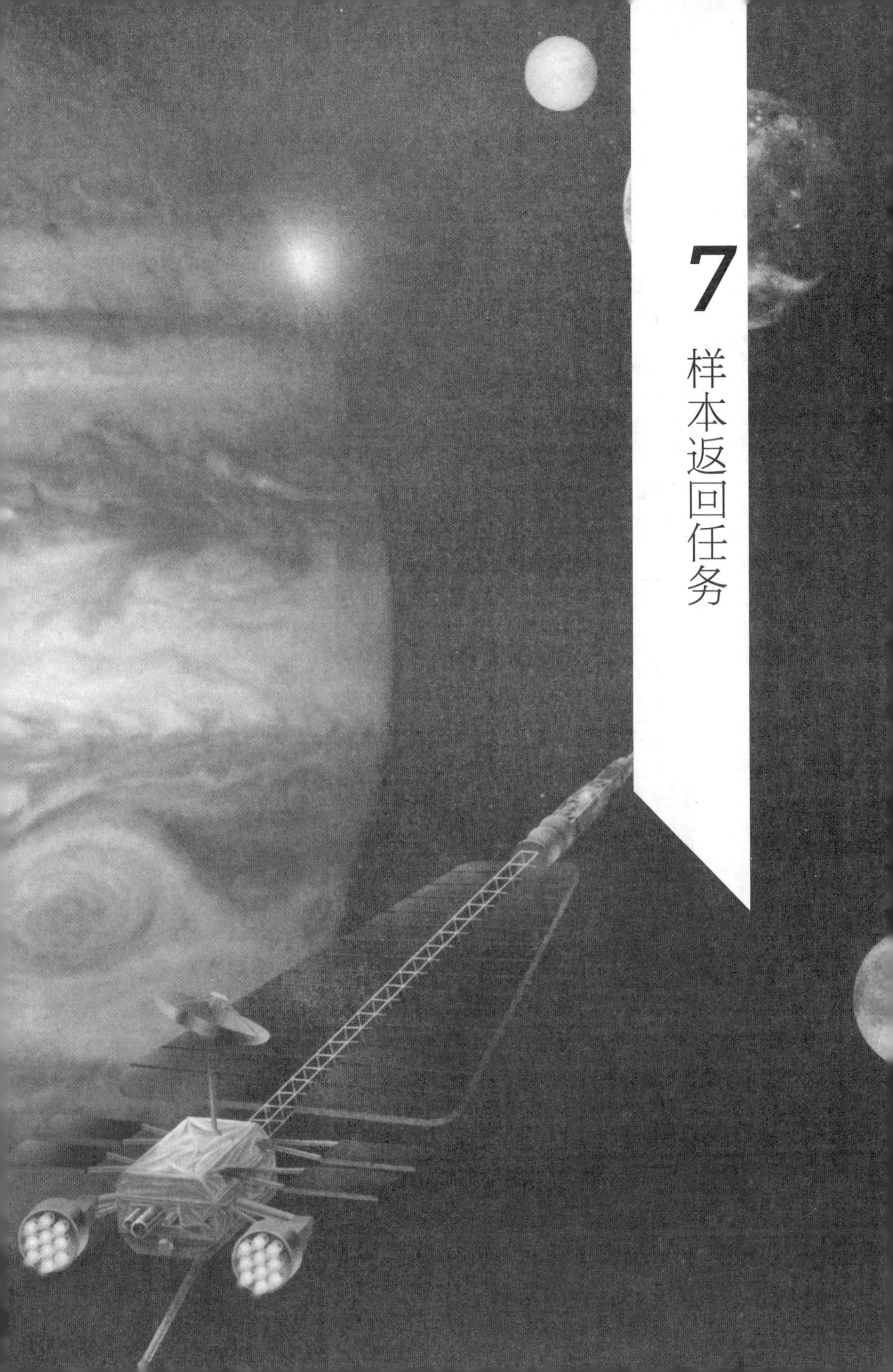

这一章描述美国国家航空航天局现在和将来使用机器人太空飞船采集地球外物质并返回地球供科学家研究的项目。

有三种能够处理地球外样本又能够避免外星微生物污染地球的基本途径（这种不希望发生的太空探索的结果被称为返回污染）。第一，当样本从它的故乡星球来到地球的途中，科学家可以给它消毒。第二，任务管理人可以将外星物质放到地球上一个遥远的、被最大限度监管的设备中进行隔离检疫，在那里科学家可以近距离地检查它。最后，外空生物学家和宇航员可以在样本被允许进入地球的生物圈之前在一个轨道隔离设备中对它进行初步的危险分析 [称为地球外协议测试（extraterrestrial protocol test）]。为了保证其有效性，一个隔离设施必须能够（1）容纳下所有的地球外物质样本的外星生物体；（2）在协议测试期间探测这些外星生物体；（3）在探测后控制这些生物体直到科学家能够以安全的方式将它们解决。

地球被样本返回任务带回的外星微生物污染的可能性有多大呢？没有直接的证据显示会有立刻发生的威胁。但是小心谨慎从事是绝对合理的。从历史的角度来看，载人的美国阿波罗计划月球任务（1969—1972）激起了大量的关于前进（forward contamination）和返回污染潜在问题的科学讨论。在 20 世纪 60 年代早期，科学家开始认真思索月球上是否有生命。在阿波罗计划中一些最痛苦的技术交流就是关于这个特殊的问题。如果有生命，不管多么原始或者多么微小，科学家都想要仔细地检查它们，并将它们与源于地球的生命形式相比较。然而，因为前进污染的问题，这种对月球上生命的仔细搜索将会非常艰难与昂贵。例如，所有登陆到月球上的仪器和物质都需要严格的消毒和净化程序。

关于返回污染人们还持有明显的怀疑态度。如果微生命确实在月球上生存，一些科学家公开地怀疑，这个（假设的）外星生命是否会对地球生命构成一种严重的危害。因为有这些潜在的地球外污染问题，一些科学团体的成员竭力要求进行这种费时而又昂贵的消毒和隔离程序。

20 世纪 60 年代早期关于污染之争的另一方是外空生物学家，他们强调，月球上这种明显的恶劣环境：实际上没有大气层，很可能没有水，极端的温度变化和持续不断地暴露在太阳致命的紫外线、带电粒子和 X 射线辐射下。这些科学家坚称不可能有生命形式会在这样极端不利的条件下生存。

因此，这次激烈的地球外污染的争论继续进行着，直到“阿波罗 11 号”探险队离开地球开始他们的月球登陆任务。作为折中方案，“阿波罗 11 号”任务采取了谨慎的防范返回污染的预防措施，然而对于保护月球不受地球生物污染的方面只进行了很有限的努力。

位于休斯敦（Houston）约翰逊航天中心的月球物质回收实验所 [Lunar Receiving Laboratry（LRL）] 在第一次月球登陆后 2 年间一直提供隔离设施。然而，在阿波罗计划期间，没有证据显示本地的外星生命当时在月球上存在或者曾经生存过。月球物质回收实验所的科学家进行了一次对碳的仔细搜寻，因为地球上的生命都是以碳元素为基础的。科学家从月球带回的样本里找到 100~200 的百万分率碳。这些数量里，只有几十的百万分率碳被认为是源于月球的，其他大部分都是由太阳风带来的。外空生物学家和月球科学家确认这些碳中没有任何是来源于生物活动的。实际上，自从最初的几次阿波罗月球远征之行以后，有一段时间甚至连隔离阿波罗宇航员的返回污染检疫程序都停止了。

然而，科学家从这些阿波罗时代的检疫和样品分析的操作中所学习到的知识成为他们计划新的检疫活动的起点。这些新的检疫活动可能是基于地球或者基于太空的。在 21 世纪的未来，当人们进行外星（现存的或者灭绝的）生命形式的扩展搜寻时很可能会需要一个隔离良好的检疫设施来接收，处理和测试来自火星、木卫二和太阳系中人们感兴趣的其他天体的外星物质。

◎“吉尼斯号”太阳风样本返回任务

美国国家航空航天局的“吉尼斯号”太空飞船的最初任务就是收集太阳风粒子的样本，并将这些地球外的物质安全地送回地球进行详细的分析。这个任务的具体科学目标是精确获取太阳的同位素与元素的丰度，并且为今后的研究提供太阳能物质的储库。对于所捕获的太阳风物质的详细研究使科学家可以验证太阳系形成的不同理论。对于这些问题的探索也会帮助解答一直徘徊在人们心头的关于太阳系演化和古代太阳系星云的组成的问题。

这张效果图显示的是美国国家航空航天局的“吉尼斯号”太空飞船的样本采集模式。机器人太空飞船打开采集罐收集和储存太阳风粒子的样本（美国国家航空航天局）

这个机器人太空飞船基础部分的长度为 2.3 米，宽度为 2 米。这艘太空飞船的太阳能组阵（solar array）的翼展长 7.9 米。在发射时，太空飞船负载的总质量为 636 千克，由 494 千克的太空飞船干质量和 142 千克的太空飞船推进剂组成。科学仪器包括太阳风收集器组阵、离子集中器和太阳风（离子和电子）监视器。太阳能电池组阵与镍氢存储电池组合供电，发射后可以提供 254 瓦的电力。

这一任务开始于 2001 年 8 月 8 日，当天一艘不可重复使用的德尔它 II 型火箭成功地将“吉尼斯号”太空飞船从佛罗里达州的卡纳维拉尔角空军基地发射升空。发射以后，太空飞船的巡游阶段持续了 3 个多月。在这一时期，太空飞船从地球向拉格朗日平动点 1（L1）飞行了 150 万千米。“吉尼斯号”太空飞船在 2001 年 11 月 16 日进入了环绕拉格朗日平动点 1 的晕轨道（haro orbit）。到达后，太空飞船巨大的推进器点火，使“吉尼斯号”进入了一个绕拉格朗日平动点 1 环飞的椭圆轨道。“吉尼斯号”太空飞船随后完成了 5 圈环绕拉格朗日平动点 1 的飞行；全部任务时间中几乎 80% 都是在采集太阳粒子。

2001 年 12 月 3 日“吉尼斯号”打开了它的收集器组阵并开始接收太阳风的粒子。总共有 850 天都在飞行，而它的特殊的收集器组阵也都暴露在太阳风下。这些收集器组阵是一些圆盘，它们由手掌般大小的六边形小片组成，这些小片由高质量材料，如硅、金、蓝宝石或者钻石般的碳制成。当样本返回舱打开后，科学罐的盖子也同时打开，将一个收集器暴露于大量的太阳风中。只要科学收集罐的盖子打开，这个巨大的收集器组阵就暴露于吹过太空飞船的不同种类的太阳风之下。

“吉尼斯号”太空飞船的离子和电子监视器位于仪器的舱面上，科学罐和样本返回舱之外。这些仪器寻找太阳风的变化，然后将这些变化的信息传给太空飞船的主计算机，计算机会命令收集器组阵打开合适的收集器。通过辨认温度、速度、密度及组成的具有特征的数值，太空飞船的监视器能够区别三种类型的太阳风——快速、慢速和日冕物质喷发。当某一种类型的太阳风经过时，这个多功能的机器人样品采集太空飞船就会折叠并伸出三个不同的收集器组阵中的一个。

“吉尼斯号”太空飞船上另外一个专门的科学仪器是太阳风收集器。正如它的名字那样，这个仪器会将太阳风集中到一套由钻石、金刚砂、钻石样的碳制成的小收集片上。只要科学罐的盖子处于打开状态，在整个收集期间收集器就暴露在太阳风下。

2004 年 4 月 1 日，地面控制者命令机器人太空飞船收藏收集器，因此它对来自太阳的纯净粒子的收集工作宣告结束。整理样本的过程在 4 月 2 日完成，“吉尼斯号”太空飞船关闭并密封了它的样本返回舱。随后，在 4 月 22 日太空飞船开始返回地球。然而，因为登陆地点的位置——位于犹他州西北角的美国空军犹他州测试与训练发射场（Tesing and Training Range）——以及“吉尼斯号”太空飞船的飞行路径的特殊几何学原理等原因，这个机器人样本采集太空飞船不能做到在白天直接进入发射场降落。为了能让追赶“吉尼斯号”的直升机机组在白天从半空中接住返回舱，吉尼斯任务控制者们设计了一次轨道绕行，太空飞船飞向另一个拉格朗日平动点，位于地球相对于太阳的另一端的拉格朗日平动点 2。成功地完成了绕拉格朗日平动点 2 的一圈飞行之后，“吉尼斯号”太空飞船在 9 月 8 日准备返回地球。9 月 8 日太空飞船靠近地球并在释放返回舱之前完成了一系列关键的动作。当太空飞船以 6.6 万千米的高度飞过地球的时候将样本舱释放。与计划完全相同，“吉尼斯号”的样本返回舱在北俄勒冈州上空以 11 千米 / 秒的速度成功地重新进入地球的大气层。

不幸的是，在 9 月 8 日重入大气层时“吉尼斯号”的样本返回舱的降落伞没能打开（很明显的是因为重力开关安装有误），返回舱以 311 千米 / 小时的速度猛冲进了犹他沙漠。高速的撞击撞碎了样本返回舱，并且破坏了样品收集舱——可能使一些收集到的纯净的太阳能物质暴露在了地球环境的潜在污染中。

然而，任务科学家努力地进行补救工作，从太空飞船的残骸中尽可能多地恢复样本，然后在 10 月初将恢复的物质运往得克萨斯州休斯敦的约翰逊航天中心进行评估和分析。恢复得以进行的要素之一是金箔的收集器没有在硬着陆时受损。另外一个撞击后的转折点是对于“吉尼斯”太空飞船集中器标靶的 4 个分离片段（segment）的复原。这些片段的设计目的是测量氧气和氮气的同位素比，其结构中包含的样本是本次任务最重要的科学目标。

美国是 1996 年太空条约的签约国。这个文件规定，对于月球以及其他天体的探索必须本着“避免这些地球外物质的传入对地球造成污染和对地球环境的不利改变”的原则来进行。“吉尼斯号”太空飞船的样本包含有从太阳收集来的原子。美国国家航空航天局的地球保护官员把“吉尼斯号”的任务归类为一个“安全，可不受限制返回地球”的任务。这个声明意味着外空生物学家和其他的安全专家已经确认在拉格朗日平动点 1 处进行的样本采集期间没有遭受地球外生物污染。美国国家研究委员会（National Research Council）的空间研究委员会也同意在地球保护指示中将吉尼斯号任务标识为“不受限制返回地球”。这个委员会确定样本没有包含生命的可能。所以,没有因为“吉尼斯号”失败的样本返回操作而对地球造成任何地外污染。然而，当携带了机器人采集物的样本舱从火星和木卫二这样具有孕育生命潜力的天体返回时，对地球的潜在污染仍然是件令人担忧的问题。

◎“星尘（Stardust）号”任务

“星尘号”任务是美国第一个专门用来探索彗星的任务，也是第一个被设计成返回月球绕地轨道以外的地球外物质的自动太空飞船任务。太空飞船于 1999 年 2 月 7 日从卡纳维拉尔角发射升空，穿越了太阳系空间并成功地于 2004 年 1 月 2 日在“怀尔特 2”彗星（Comet Wild 2）的彗核附近飞过。当“星尘”太空飞船飞过彗星的彗核时，它的相对速度约为 6.1 千米 / 秒。这次交会过程中太空飞船距离彗星最近时，它与彗核间的距离少于 250 千米，并且拍下彗星的图像传回了地球。太空飞船的尘埃监视器数据表明许多粒子样本被采集到。任务科学家们因此相信在这次的近距离交会过程中，“星尘号”捕捉了数以千计的由彗星物质组成的彗星（cometary material comet）粒子和挥发物。

太空飞船也采集了星际尘埃的样本，包括最近发现的从人马座（Sagittarius）的方向射入太阳系的尘埃。据信这些物质有古代前太阳的星际颗粒和可以追溯到太阳系形成前的星云残留物。科学家预计，对于这些吸引人的天体微粒的分析会使人们

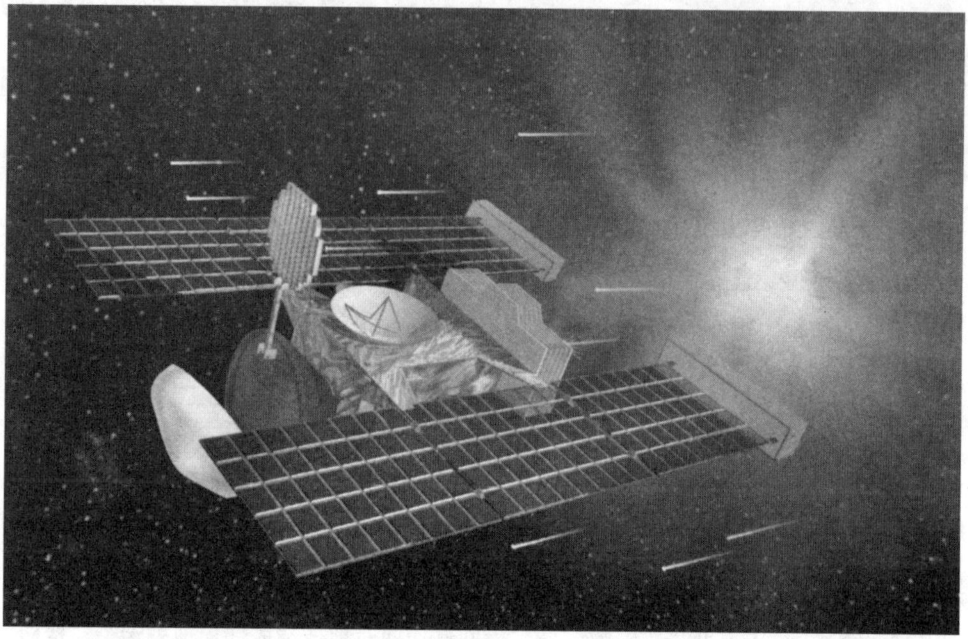

这幅图显示了美国国家航空航天局的“星尘号”太空飞船与“怀尔特 2”彗星相遇（大约在 2004 年 1 月）并在这颗彗星的彗核处采集尘埃和挥发物质样本的情景。机器人太空飞船在地球返回重入舱的特殊储藏库中采集、收藏和密封彗星物质的样本。这个返回舱由“星尘号”太空飞船所携带（美国国家航空航天局 / 喷气推进实验室）

对太阳、行星和可能生命本身的演变都有重要的认识。

2006 年 1 月，“星尘号”为了抛下它采集的外星物质的货物回到了地球附近。太空飞船准确地投出了一个特殊设计的 60 千克重的重入舱，将这些物质带回了地球。这个舱高速地穿过大气层，接着在降落伞的协助下落地。

“星尘号”返回舱在 2006 年 1 月 15 日成功地返回地球。太空飞船在大约 11.1 万千米的高空进行它最后一次轨道操作之后不久，就释放了样本返回舱。随着样本舱的释放，主太空飞船完成了一次避免坠入地球大气层的机动操作。完成了这次动作之后，“星尘号”飞入了太阳轨道。

被弹出后，样本返回舱以大约 12.8 千米 / 秒的速度进入地球大气层。航天科学家依据空气动力学原理为这个舱设计了与羽毛球相似的外形和重心。因为这个特殊的设计，这个舱自动地将自己在大气层中的坠落调整为俯冲姿势。

在样本舱下降的时候，隔热屏的大气摩擦降低了它的速度。当样本舱到达了大约 30 千米的高度时，它的速度已经降为音速的 1.4 倍。此时，一个小的烟雾炸药被点燃，放出了一个刹车伞。在距离地面大约 3 千米时，控制刹车伞的绳索被切断，一个更大的降落伞被拉出来最终带着样品舱软着陆。在触地的时候，样本舱的速度大约是 4.5 米 / 秒，或者 16 千米 / 小时。从样品舱开始进入地球大气层到主要的降落伞打开大约经过了 10 分钟。

科学家选择了靠近盐湖城的犹他测试与训练火箭场为着陆地点，因为这个地区设有美国空军和陆军联合控制的广袤且荒凉的盐滩。样本返回舱降落的痕迹大约有 30 × 84 千米——足够的空间允许样本舱在大气层下降过程中受到空气动力的误差和风力作用对其方向的影响。样本返回舱沿着由西北向东南大约 122° 的轨道靠近了降落区域。这次的降落发生在周日的清晨。

在样本舱向地球坠落时，舱上的一个超高频无线信标传输了一个信号。科学家还通过雷达追踪到了降落伞和样本舱。样本舱刚成功“软着陆”，回收人员就乘坐直升机飞到了降落地点取回了它。1 月 17 日，取回的样本舱被安全送回美国国家航空航天局位于得克萨斯州休斯敦的约翰逊航天中心。美国国家航空航天局的官员随后将采集到的样本分配给全球 150 个左右参与了这个项目的科学家。对于样本的初步分析表明彗星可能不是人们以前认为简单的由冰、尘埃和气体组成的云状物。正如来自“怀尔特 2”彗星的彗发中极微小的宝石状粒子所显示的那样，这些吸引人的天体可能实际上是多种多样、具有相当复杂和不同历史的物体。

◎火星样本返回任务

正如它的命名所暗示的那样，火星样本返回任务（MSRM）的目的是利用机器人太空飞船和登陆器系统来收集火星上的土壤和岩石样本，并将它们送回地球进行详细的实验室分析。人类正在对这种先进的机器人太空飞船能够进行多种多样的任务进行探索。

例如，登陆器可以携带和展开一个或者几个小机器人漫游车。这些漫游车（在任务管理者某种程度的监督和控制下）可以从最初的登陆地点向远处行驶，并收集大范围有趣的岩石和土壤样本返回地球。另外一个选择是设计非固定或者移动的可以（也是在地球人类的指导下）行驶到不同的区域并收集有趣的样本的登陆器。在土壤收集任务完成后，登陆器车的上面部分就能够从火星表面起飞，并且与一个特

这是幅火星样本返回任务的效果图。图上的这个样本返回太空飞船正在离开红色星球的表面。在此之前，土壤和岩石样本已经由漫游车采集并被储存于一个特别的密封舱里。为了支持地球的保护协议，一旦进入火星的会合轨道，这个样本返回太空飞船就会使用一个机械装置，将装有火星土壤样本的密封舱传递给一个轨道地球返回母太空飞船。然后，后者就会将样本送回地球由科学家进行详细的研究［美国国家航空航天局 / 喷气推进实验室；画家：派特 · 罗林斯（Pat Rawlings）］

知识窗

地球外污染

地球外污染可以定义为生命形式，尤其是来自一个星球的微生物，对于另一个星球的污染。用地球和它的生物圈来举例，如果一个地外土壤样本或者外星球本身通过与地球的生物体接触而产生的地球污染被叫做前进污染；如果外星生物体在地球的生物圈被释放就叫作返回污染。

外来物种被引入一个新的生态系统时通常是无法生存的，因为它无法与更适应这个环境的本地物种竞争。然而，偶尔也有外来物种繁荣生长的情况发生，那是因为新的环境非常适合这种外来物种，而本土的生命形式不能成功地保卫自己防御这些外来的入侵者造成的。当这种生物世界的战争发生时，其结果通常是对本土生物圈的一种永久的破坏，带来严重的生物、环境和可能的经济后果。

当然将一种外星物种引入一个生态系统的做法并不总是不受欢迎的。例如，许多欧洲和亚洲的蔬菜和水果都被成功而且有益地引入了北美环境。然而，任何时候当一种新的生物体被引进一个现存的生态系统中的时候，一定的风险也随之而来。

毁坏常驻物种的外来生物体往往是微生命形式。这样的微生物体可能在它们自己的栖息地不是致命的，但是一旦它们在一个新的生态系统中出现，对那些没有抵抗力的本地生命形式来说，它们就会成为冷酷的杀手。在地球上过去的几百年间，整个人类都成为那些他们没有防范的外来生物体的牺牲品，例如，由欧洲探险者带来的疾病迅速在波利尼亚人和美洲印第安人之间传播开来。

但是，一个外来生物体的破坏性不一定体现在对人类的直接感染上。谁能忽略19世纪横扫欧洲和不列颠群岛的土豆病菌的后果？仅在爱尔兰就导致了1百万人饿死。

显而易见，在太空时代认识到地外污染（前进或者返回污染）的潜在危险是极为重要的。在任何物种被有意地引入另外一个行星的环境之前，科学家必须谨慎地确定这种生物体对于没有防备的物种是否是致病的（导致疾病），也要确定它们是否会驱逐本地物种——因而给原来的生态系统造成破坏性的影响。在澳大利亚大陆引进兔子就是地球上的一个典型的、因非致病的生命形式引入一个新的生态系统时造成极大问题的例子。澳大利亚的兔子数量激增，因为它们的高繁殖率没有受到本地食肉动物的抑制。

在太空时代开始时，科学家已经认识到潜在的地球外污染的问题——这种污染是双向的。检疫隔离程序(步骤)的建立用以避免飞出地球的无人太空飞船对外星球造成前进污染，以及当月球样本被作为阿波罗计划的一部分返回地球时给地球生物圈造成的返回污染。例如，美国是1967年国际协议的签约国，这一协议由国际科学联盟理事会的太空研究委员会(COSPAR)负责监控。这一协议要求在太空探索时避免对行星体造成前进和返回污染。

隔离检疫是一个强制的隔离以避免传染性疾病的传播。历史上的隔离通常是一段时间，在此期间，可疑的携带有感染了传染性疾病的人和货物(例如，农产品或者家畜)被扣留在到岸港。通常40天的隔离时间被认为足以度过大部分高感染性陆地疾病的潜伏期。如果在隔离期结束时没有出现症状,那么旅客就被允许登陆。在现代，“隔离”一词有了新的含义，就是将某个可疑的生物体或者被感染的人置于一个严格的隔离状态，直到它不能再传播疾病。随着阿波罗计划和月球隔离检疫的开始，这一术语现在具有这两重含义。在将来探索行星以及它们主要卫星的太空任务中，当机器人太空飞船和人类探险家带回的样本在地球的实验室中被进一步研究的时候，我们如何避免返回污染对地球环境的潜在危害将会成为人们特殊关注的问题。

殊的运送太空飞船在行星的轨道上会合。

为了避免与上升的飞行器有直接的接触(防止返回污染)，这个自动的会合/返回运送太空飞船会小心地从登陆器中升起的部分里取出土壤样本罐，然后离开火星的轨道，进入能将样本送回地球的轨道。经过大约1年的太阳系旅行，这个自动的运送太空飞船就会带着珍贵的火星岩石和土壤样本进入地球轨道。

为了避免火星土壤和岩石中可能包含的外星微生物对地球生态圈造成潜在的地球外污染，样品罐可能会先放在一个特殊的由人类管理的轨道检疫隔离设备中进行分析。另一种返回任务的可能是完全绕过地球轨道检验隔离过程，使用一个直接的重新进入运载工具将装在舱内的火星土壤样本送到某个地球上的隔离地区。

不管样本返回任务最终采用哪种方法送回地球，目前对于火星陨石（落到地球上的）的分析激起了科学家极大的兴趣。科学家们正在有组织、有控制地获取处于原来状态的火星土壤和岩石以进行他们的研究。仔细地在地球的实验室里对火星的样本进行分析可以给人类提供重要和独特的红色星球信息。这些样本甚至能够进一步解答人们最想知道的问题：火星上有（或者至少曾经有）生命吗？成功的火星样本返回任务也是21世纪最终人类探索火星的一个重要和必须的步骤。

8 作为科学实验室的移动机器人

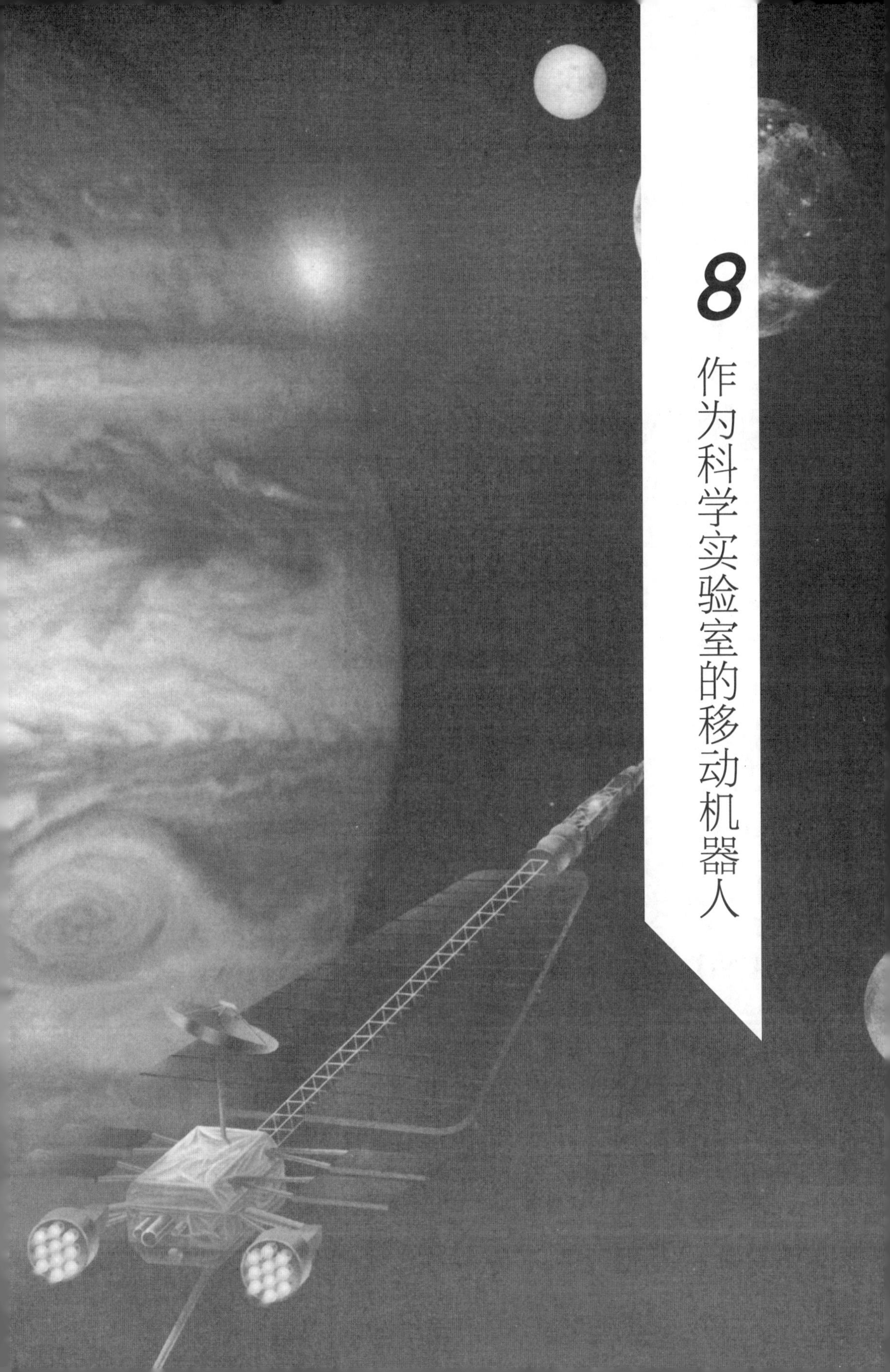

美国国家航空航天局的工程师们正在计划为行星的登陆器和漫游车大量提高它们的人工智能水平，使它们这些机器人太空飞船变得更加独立，能够在执行任务时不需要人类的控制和指导就能做出一些基本的决定。过去，机器人漫游车只有非常简单的人工智能系统，使它们能进行数量有限的、基本的、简单的决定。然而在将来，移动机器人将具有更高水平的人工智能或者机器智能，并且能够做出现在一直由人类任务控制者完成的决定。

如何将人类在遇到环境改变时做出决定的过程装入距离我们几百万千米远某一颗行星上的机器人漫游车或者复杂的登陆器太空飞船是机器人工程师们面临的一个技术挑战。为了使移动机器人深入探索月球或者火星的计划切实可行，未来的机器人漫游车将会有足够多的智能使它们能够自主地在月球或者火星表面导航，不需要持续不断的来自地球科学家的详细指示或者决策。

当火星探索漫游者（MER）的“勇气号”和“机遇号”这两个漫游车在火星表面漫游并寻找水的痕迹时，需要地球上众多的人指导它们的探索（此处请参考第6章）。机器人与人类小组相隔几百万千米，处于两个不同的星球，他们要花费好几天的时间才能完成许多独立的任务目标或者重大事件中的一个，这个过程非常缓慢并且需要周详的计划。更明确地说，“机遇号”机器人漫游车发现一个附近的目标，靠近它，并进行一些接触研究的这一过程要花费大约3个地球日。目前任务控制者衡量机器人在火星探索的有成果的一天的根据是在火星表面每个火星日（sol）能够移动大约100米（使用地球上的计时单位进行计量，一个火星日大约为24小时37分钟23秒的长度）。想象一下在地球上尝试使用一个每天最大行程距离相当于一个足球场长度的系统来探索整个大陆。

这一章讨论今后一个具有更高机器智能（或者人工智能）水平的移动机器人将会如何收集它的环境数据，然后现场决定合适的任务和行动，而不需要依赖人类的决定。在这样聪明的未来移动机器人上所携带的高级人工智能系统最终将会允许它们模仿人类的思考过程，并且像一个人类探险者那样完成它们的任务。例如，这样智能的漫游车遇到一个有趣的样本时可能会暂时停止移动，进行现场土壤分析，与轨道机器人太空飞船通信，了解关于这个地点的更多信息，或者甚至能够发信号给其他的机器人漫游车，使它们集合到这个地点，对这个非同寻常的发现进行一次集体的鉴定。

在接下来的20年中，可以互相协作的智能机器人小组应该能够勘测和考察月球或者火星上的广阔土地。互相的智能机器人漫游车小组能够更好地覆盖大片区域，甚至在进行单个机器人系统难以完成的复杂任务时，它们将会展示集体智慧的力量。如果有了机器人团队，即使发生一个机器人不能完成任务或者在事故中严重受损的情况，这个任务目标也能够完成。

◎用智能机器人寻找月球水

月球离我们很近而且容易到达，因此它是一个试验许多新的太空科技包括先进的机器人太空飞船的好地方。在详细的科学研究和最终人类探索更遥远的外星球，如火星时，这些机器人太空飞船将会是非常关键的。一个永久的月球基地是否可行取决于后勤工作，尤其以水冰的形式存在的可用水。后勤是个难题。水密度大而且相当重，因此21世纪从地球表面运输大量的水来维持人类在月球生存的这种做法的昂贵程度令人望而却步。如果月球上有大量的水（冰冻的水冰沉积），建立月球永久人类基地将变得简单并且可行。

这种非凡的资源条件是可能的，因为科学家现在假设，在数不清的年代以前，撞到月球表面的彗星和小行星留下了一些水。当然，水在月球的表面不会维持很久。强烈的阳光下它蒸发了，并且很快离开这个没有空气的星球飘入太空。科学家期待在处于永久阴影下的环形山最深处的严寒地区能够发现被古代彗星和小行星撞击时带到月球上并分散在月球表面的水。在20世纪90年代，两艘太空飞船“克里门汀”（Clementine）和“月球勘测者”（Lunar Prospector）收集的数据显示，月球两极阴影下的环形山可能保存了大量的水冰。

美国国家航空航天局计划利用智能机器人作为勘测员去解决这个重要的问题。第一个采取行动的是“月球勘探轨道器”（Lunar Reconnaissance Orbiter）——一个将在2008年较晚些时候进行的机器人太空飞船计划。这个“月球勘探轨道器”强调的整体目标是收集那些能够帮助人类重返月球的科学数据。作为美国国家航空航天局太阳系探索战略计划的一部分，由人类自己重返月球被认为是实地测试那些21世纪后期人类成功探索火星所必需的设备的一个关键步骤。

这个“月球勘探轨道器”将会沿着30~50千米高度的极轨道环绕月球运行至少1年，目的是绘制比以往更详细的月球环境。计划使用在“月球勘探轨道器”上的这6个仪器将会进行大量的工作：它们会详细绘制并拍摄月球，密切关注永久阴影下的两极地区。这个“月球勘探轨道器”的仪器还会测量月球的电离辐射环境和非常细致地搜寻水冰沉积的迹象。没有单个的太空飞船负载仪器可以提供确定月球上有冰的证据，但是如果所有“月球勘探轨道器”的水搜寻仪器收集的数据都怀疑同一地区有冰，那些数据就会十分引人注目了。

在美国国家航空航天局目前机器人与人类合作探索太空的战略之下，“月球勘探轨道器”只是未来20年里月球任务中一系列智能机器人中的第一个。一个引人注目

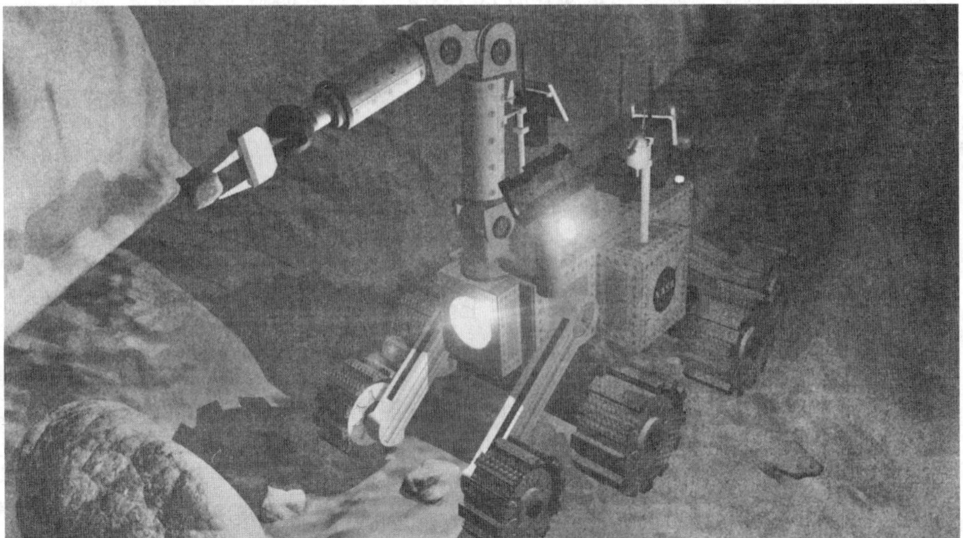

这幅图展示的是一个先进的半自主的机器人漫游车正在月球的南极进行遥远的样本收集工作。只接受极少的来自地球控制者的监督和遥控，这种先进的机器人样本收集器将会验证水冰的存在，并量化月球轨道资源勘探太空飞船收集有希望的资源数据。在地球永久阴影的极地地区存在着大量的水冰将会是开发人类极地的主要促进因素。机器人协助的月球冰开采可能会成为21世纪晚些时候月球上主要的行业（美国国家航空航天局 / 约翰逊航天中心）

的水冰存在的证据是由“月球勘探轨道器”获取的，接下来一个符合逻辑的步骤就是派一个智能的搜寻机器人到那个区域去抓挠和嗅探那个地点，并且在实地（最初位置）进行分析。这个漫游机器人的详尽调查将会确认水冰的存在。这个半自主化的移动机器人可能会扩展对这一地区的调查来初步估算可获取的水的总量。

最后，如果合适的水资源位置被找到，并且储量被估算之后，智能机器人勘探者小组将会被送往月球去开采这个特定的地点或者几个地点，从而为人类重返月球表面做准备。在地球人类的监督和遥控下，这个半自主的水勘探机器人小组就会使建设和运行永久的人类基地成为可能（从后勤的角度来说），并且为人类能够最终探索火星做准备。

◎探索红色星球的更智能机器人

美国国家航空航天局计划的“凤凰火星勘探者”（Phoeix Mavs Scout）将会在红色星球的北极永久冰盖附近的冰壤上着陆，并探索这些土壤以及有关岩石中水的历史。这个复杂的太空机器人作为美国国家航空航天局对于火星可能的现代生活环境的第一项探索，打开了一扇通向重新开启 20 世纪 70 年代“海盗 1 号”和“海盗 2 号”登陆器太空飞船任务曾经尝试的含碳化合物搜寻工作的大门。

“凤凰火星勘探者”太空飞船已经开发完成，并在 2007 年 8 月发射。这个机器人探测器将会于 2008 年 5 月在一个火星极地地区的候选地点降落。这个地点之前曾被“火星奥德赛”轨道太空飞船鉴定为在土壤的顶层之下具有高含量的冰。“凤凰号”是一个固定的登陆器太空飞船，它不能在火星表面从一个地点向另一个地点移动。而是一旦太空飞船安全在表面降落以后，它就会待在原地使用它的机械手臂挖掘冰的岩层，并将样本传给它的舱面科学仪器套件。这些仪器将会在火星表面上直接分析样本，将科学数据通过无线电信号传回地球，美国国家航空航天局的深空网将会接收这些信号。

“凤凰号”太空飞船的立体彩色照相机和一个气象站将会研究周围的环境，而它的其他仪器会检查挖出的土壤样本是否含水，有机化学物和能够表明这一地点是否曾有适宜生命生存的环境。出于外空生物学家的特殊兴趣，太空飞船的显微镜将会展现小到人类头发宽度的千分之一大小的特征。

“凤凰号”登陆器的研究火星上冰的历史和大气循环的科学目标补充了机器人太

这幅图显示了美国国家航空航天局计划的“凤凰号”机器人登陆器太空飞船在火星表面展开的情景（大约在 2008 年）。登陆器用它的机械手臂在火星北极地区富含水冰的一个地点进行挖掘，意图寻找红色星球上水的历史的线索。机器人探索者也会搜寻适合极微小的生物体生存的环境（美国国家航空航天局）

空飞船最令人激动的任务——估计适合微生物生命的环境是否可以在冰壤上存在。一个令人着急的问题是火星上的循环，无论是长期还是短期的，是否能够形成让即使是少量的接近地表的水保持液态的环境。正如地球上北极圈的环境那样，如果水保持液态——甚至在很长的时间间隔中只存在很短的时期——生命就能持续，如果其他的因素也同时适合的话。

在两个火星探索漫游者太空飞船，名为“勇气号”和“机遇号”——在 2004 年 1 月到达了红色星球的表面——的成功基础之上，美国国家航空航天局下一个火星的移动漫游车任务正在计划中，打算在 2010 年晚些时候登陆火星。名为“火星科学实验室”（MSL）的这个移动机器人的长度将是“勇气号”和“机遇号”的 2 倍，而重

这幅图显示了美国国家航空航天局的“火星科学实验室”（MSL）在红色星球上一个峡谷附近行驶的情景（大约 2010 年）。将会比其他之前的火星机器人漫游车的探索范围大得多的这个“火星科学实验室”能够在这颗星球上从科学家感兴趣的地点采集几十种岩石和土壤样本，并进行分析。这个复杂的机器人探索者的主要任务之一是研究火星现在和过去支持生命的能力（美国国家航空航天局 / 喷气推进实验室）

量是它们的 3 倍。这个“火星科学实验室”将会采集火星土壤样本和岩心，并当场分析它们过去或者现在支持微生物生命的有机组成和环境条件。

一个充气飞行器（aerobat）是一个自主的机器人飞行器（就是一个自由飞行的气球或者一个特殊设计的机器人飞机），它能在金星、火星、木卫二或任何外星球的大气层中飞行。（火星机器人飞机将在第 10 章讨论）

火星气球是个特殊设计的气球包（或是充气飞行器），它能在行星的大气层展开，并进行对行星表面的探索。在火星的白天，因为太阳照射的热量气球会膨胀并将仪器引导绳索提起使仪器离开地面。在夜间当气温变冷时气球就会下沉，仪器引导绳索就会再次下降碰触火星的表面，使得各种表面科学测试可以完成。一个典型的气球探索系统可以持续 10~50 个火星日（就是从 10 个火星日到 50 个火星日不等），并提供不同地点的表面（和原地的）大气数据，数据将通过火星轨道太空飞船传回地球。

美国国家航空航天局一个被提议的名为“地球科学充气太空飞船”的任务涉及从充气太空飞船的平台上对火星表面进行高空间分辨率光谱绘图。可以在从 4 千米到

6千米的高度部署一个或更多的充气太空飞船进行50天的探测任务。太空飞船上的仪器可以进行高分辨的矿物学和地球化学测量以支持将来的外空生物样本返回任务。

作为一个有用的机器人探索系统，充气飞行器必须能够进行以下一个或多个活动：自主状态判断、周期性高度改变、高度控制和在行星大气层内借助行星盛行风沿指定的轨迹飞行的能力、在指定表面地点降落。

最近的微电子技术和移动机器人技术的进展使工程师能够考虑创造和使用极小的自动或者遥控车辆，叫做“微型漫游车”，用于行星表面探索的任务。为了方便起见，工程师通常将一个微型漫游车定义为质量为10~50克的机器人系统。一个或者几个这样的微小机器人可以被用来探索登陆器附近的区域，并寻找特定的物质，例如水冰或者微体化石。这个微型漫游车然后将它的科学发现传回地球，与地球的通信可以通过登陆器太空飞船与一个轨道母太空飞船共同进行，或者通过通信卫星（hub）——例如计划中的“火星远距通信轨道器”（MTO）。

一组被赋予了某种程度的集体智能的微型漫游车可以详细地分析一个有趣的可能藏有微生物的火星表面或者地表下的地区。微型漫游车是如何到达那个有趣的地方的呢？其中一个探索的情况可能是这样的：一个起到母太空飞船和移动探险营地作用的巨大的表面漫游车，可以携带几组这样的微型漫游车，将它们释放或者射出，作为它自己测试程序的一部分来搜寻火星上可能的（灭绝的或者现存的）生命之地。

美国国家航空航天局的工程师期待在2009年9月份发射“火星远距通信轨道器”，太空飞船会在2010年8月到达火星，然后立刻开始为期6~10年的环绕红色星球的高轨道运行。这个未来的太空飞船任务的目的是为行星际远距通信提供通信服务。为在火星表面工作的漫游车和固定的登陆器提供可信的和更有用的对地球通信信道，“火星远距通信轨道器”将极大地提高今后的机器人任务与地球之间的通信性能。

最后，移动太空机器人将会实现更高水平的人工智能、自主性和机敏度，因而其服务以及探索的操作就会越来越少地依靠处于同一任务中的人类操纵者。这些机器人将能够理解更高水平的指令并实施它们，而不需要人类的干涉。它们将能够自主地解决错误的指令结构，不完整的任务操作以及存在于机器人的内置星球模式与它遇到的实际星球环境之间的不同。这点很重要，因为当更复杂的机器人被送往外层太阳系的时候，远距通信的传递时间延误将从几分钟变为几小时。

集体智能将是另一个未来机器人的有趣的概念。就像人类可以自己组成小组或者团队来达成复杂的目标一样，智能机器人的群体将会自己组成小组（或者一群）来进行更复杂的任务。例如，一组机器人漫游车可以集结在某个有趣的表面地点，获取所有能收集到的科学数据；或者几个移动机器人会冲过去帮助某个遇到困难的机器人。这样的集体行动和团队行为将会使未来的太空机器人团队超越任何单个机器的表现能力和人工智能水平。集体的机器智能会开拓全新的利用机器人系统探索火星或者太阳系其他地方的道路。

高水平的自主性的开发以及由机器人团队展示出的集体机器智能是机器人技术发展的一个重要的里程碑。一旦达到，这种能力将会使机器人被有效地使用到建造和运行永久的月球或者火星表面基地。从事这样复杂的外星球上的工作时，智能机器人团队将会起到勘探者、移动科学平台和建筑工人的作用，它们能在很少或者根本没有人类直接监督的情况下工作。因为未来的太空机器人能够学会像人类一样思考，这些机器会预见太空探索中何时需要人类同伴，并且能够在很少或者没有人类监督的时候完成必须的工作。如果一个人类探索者对于火星上的一个岩层表现出特别的兴趣，他的移动机器人同伴就会将它的传感器和注意力集中到这个地点。当一个宇航员在建造地面基地时将一个工具掉到火星上，他的机器人建筑同伴会连它的电子眼都不眨一下就立刻用它的机器手臂捡起这件工具并“递给”宇航员。

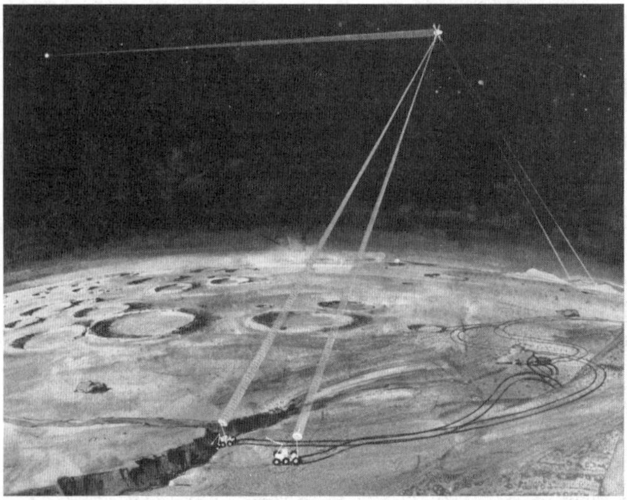

在勘测仪器的帮助下，装备了全面人工智能的机器人漫游车团队在大约2020年的时候将能够不需要地球上科学家的指示就可以绘制火星表面大片广阔土地的图形。这张艺术家的概念图显示了一对探索火星表面一个有趣地点的机器人漫游车。智能的机器人漫游车能够组成团队进行作业，当遭遇困难的时候将能够及时赶到并互助。一些机器人工程师建议让一组智能机器人拥有必须的、有限的“集体智能”用来维修它们机器家族的受伤成员或者抢救一个陷于危险的机器人同伴（美国国家航空航天局）

9 正在拜访太阳系小天体的机器人太空飞船

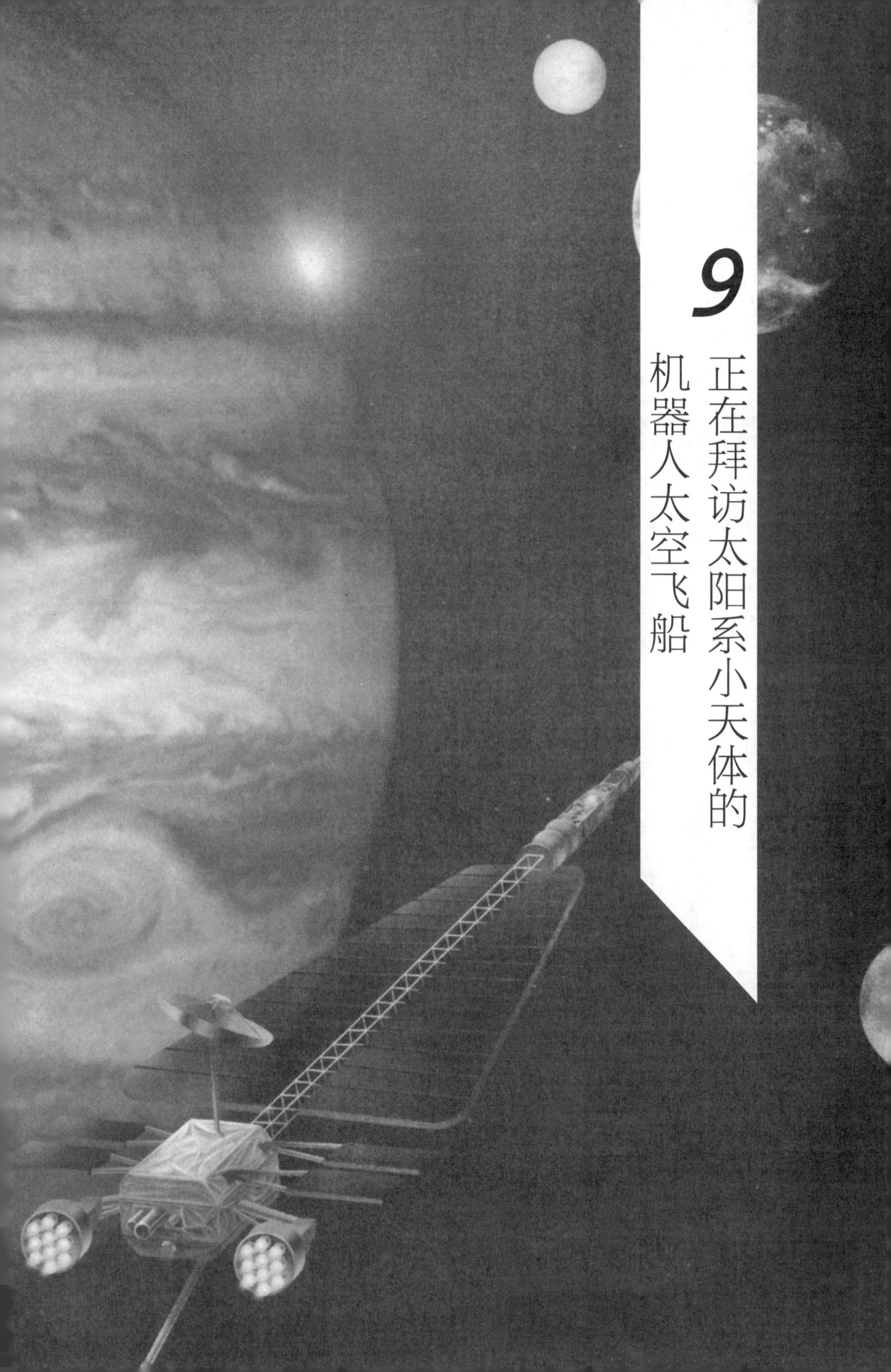

仅仅在 20 年前，科学家们对于太阳系内的小天体了解得还不十分具体，例如彗星和小行星。科学家对于彗核真正的性质曾经做过很多猜测，但是却没有人近距离观看过小行星的表面。然而当机器人探测器飞临那些有趣的天体，拍摄图像、采集样本、探测、甚至登陆其中的一些天体后，这一切都迅速改变了。这一章将讨论一些最重要的小天体探测任务，这些任务有的已经进行，有的不久即将开始。

小行星和彗星，被认为是在大约 40 多亿年前，由太阳系形成最初期的原始剩余物质所组成。从地球有生命开始，一直到苏梅克列维 9 号彗星和木星相碰撞的那一刻（1994 年 7 月），这些所谓的小天体们影响着许多形成了地球所在的太阳系及附近环境的基本活动。

彗星是一种由冰和少量岩石组成的绕太阳运行的小天体，里面还夹杂着灰尘、冻结的水和气体物质。当深空中的彗星接近太阳的时候，太阳的辐射会使它们的冷冻物质升华成气体（升华），形成彗发和一条含有尘埃和离子的尾巴。这个冰冷的彗星被认为是数 10 亿年前形成的外行星残留的原始物质。因为经过太空飞船任务的确认，彗核是一种由冰冻气体和灰尘组成的“脏雪球”。尽管彗星拖着的彗发和彗尾很大，彗核的直径通常也只有几十千米或者更小。

当一颗来自深空中冰冷区域的彗星接近太阳的时候，太阳的辐射让其（表面）冰冻物质升华，升华后产生的气体则形成了气团或彗发，其直径可能长达 10 万千米。测量显示还有一个巨大的氢气云也围绕在可见的彗发之外。这是 20 世纪 60 年代首次在彗星里探测到氢气。

彗发中产生的离子受太阳风中的带电粒子所影响，同时从彗核释放出的灰尘粒子受太阳风的压力的推动，迫使其向背离太阳的方向流动，这种结果就形成了离子彗尾（类型 I）和尘埃彗尾（类型 II），后者的长度最多可以长达 1 亿千米。类型 I 的彗尾由电离气体分子构成，直状的，能迅速地延伸到距离太阳多达 1 亿千米。类型Ⅱ的彗尾，由灰尘粒子构成，比较短，长度通常不会超过 1 000 万千米。类型Ⅱ的彗尾朝向彗星绕日运行轨道的相反方向弯曲。

纵观历史，除了太阳和月亮，可能没有天体能比彗星更能引起人们的注意和兴趣。古希腊人把这些彗星叫作“毛星”，因为在古时候，彗星常常被看作人类要有重大的灾难或邪恶事件的先兆。例如，英国著名戏剧家莎士比亚在他的剧本《恺撒大帝》（*Julis Caesar*）中写道：“乞丐死亡的时候，天上不会有彗星出现，君主们的凋陨才会上感天相。”莎士比亚用这句话表达了布鲁图斯（Brutus）、卡西乌斯（Cassius）以及那些罗马元老院的串谋者对恺撒谋杀的重要性。

很多科学家认为彗星是一个冰状的星体，是在 40 多亿年前，由太阳系形成期间的一些宇宙剩余物体组成。1950 年，荷兰天文学家简 · 亨德里克 · 奥尔特（Jan Hendrik Oort，1900—1992）认为大多数的彗星都居住在一个远离太阳的云团内（现称为奥尔特云）。人们认为，这个彗星聚集区一直延伸到太阳引力极限处，是一个半径约 5~8 万个天文单位（AU）的球形云团（一个天文单位是指地球到太阳的距离，一个天文单位约等于 1.5 亿千米）。数以万计的彗星可能居住在太阳系内的这个遥远的地域，它们的总体质量估计约与地球总质量相同。偶尔，奥尔特云团的彗星也会进入太阳系内行星的区域，这种现象的发生可能是因为彗星受到了周围星体引力摄动和其他扰乱现象的影响。

奥尔特的提议很快引出了另外一个关于那些已飞过太阳系的周期彗星的起源和位置的假设。1951 年，荷兰裔美籍天文学家杰拉德 · 彼得 · 柯伊伯（Gerard Peter Kuiper，1905—1973）提出存在另一种距离稍近一些的充满了彗核和冰星体的地区。这一区域与遥远的奥尔特云不同，现在被称为柯伊伯带。这个区域位于距离太阳 30 个天文单位（海王星轨道）向外至 1 000 个天文单位的范围的行星平面内（有关柯伊伯带内的冰星体将在第 10 章进一步论述）。

一旦彗星接近太阳系的行星区域，它的轨道就受制于那些大行星的引力，特别是木星，并且逐渐在太阳系内形成了半稳定轨道。按照惯例，行星的周期可以分为两类：长周期彗星（周期长于 200 年）和短周期彗星（周期短于 200 年），有时也把那些短周期彗星称为“周期彗星”。

在太空年代，机器人探测器探索了很多彗星，并且有力地证明了科学家们对这些有趣天体的了解。在这些最有趣的太空探测器中，如“乔托号”探测器（Giotto）

和“深度撞击号”探测器（Deep Impact）将在这章介绍。

小行星是一种体积很小且无大气层的固体岩石天体，它们围绕太阳独立运转。绝大多数的小行星也被叫做次要的行星，它们都运转在一个小行星带或者主要环带：在火星与木星轨道之间一个形同面包圈的日心空间。小行星带距离太阳约 2~4 个天文单位（AU）或 3 亿千米到 6 亿千米的距离，此地带可能包含着数以百万的小行星，它们的体积大小不等。大的小行星，如谷神星，直径有 940 千米，是月球直径的 1/4，小的固体小行星则不到 1 千米。被编号的小行星数量超过了 2 万个。

美国国家航空航天局的“伽利略号”太空飞船是第一个近距离观测到小行星的，伽利略号分别于 1991 年和 1993 年，访问了主带小行星佳斯普拉和艾达。佳斯普拉小行星和艾达小行星被证明是不规则的形体，非常像土豆，上面是千疮百孔的环形山和裂缝。“伽利略号”太空飞船还发现艾达有其自己的卫星——一个叫达克泰耳（Dacty l）的微小天体。达克泰耳环绕着它的母行星运转。天文学家们认为达克泰耳可能是在小行星带的过去碰撞中形成的。

美国国家航空航天局的“近地小行星交会”探测器（NEAR）是第一个专门对小行星进行太空探测的科学任务。正如在这章我们将要讨论的那样，这艘“近地小行星交会——苏梅克号”探测器在 2000 年 2 月追赶上了小行星“爱神（Eros）”，并且跟随它做了 1 年的环绕飞行，以研究它的表面、轨道、质量、成分以及磁场。然后在 2001 年 2 月，任务控制者引导“近地小行星交会”探测器第一次登上了一颗小行星。

目前，科学家们认为小行星是在 46 亿年前太阳系诞生时的原始物质，它们由于受木星引力影响没能融合（聚集）成一个行星大小的天体。如果把所有的小行星聚集在一起，估计它们的质量能组成一个直径大约 1 500 千米的天体，其大小仅小于月亮直径的一半。

已知小行星的直径从 940 千米（谷神尾——第一个被发现的小行星）到如石子般仅有几厘米大的小行星，大小不一。有 16 颗小行星的直径达到或超过了 240 千米或更大。大多数主带小行星都沿着一个近似椭圆形的轨道运转，会花费 3~6 年的时间完成对太阳 1 周的公转，它们的旋转方向与地球和其他的大行星一样。

未来对于太阳系的小天体的机器人探索需要在很多领域进行技术改进。对于那些低引力的小星体（在那里典型的重力加速度是 0.000 1 米 / 平方秒到 0.01 米 / 平方秒）的登陆和表面探测是一种极大的技术挑战难题。太空探测器如果对小行星和彗星表面进行探测，必须有科学装置和自主导航、计算系统去完成登陆、抛锚、表面/表面下的样本采集等任务，还要有一套用于样本检验的科学设备。机器人登陆器可使用挤压材料放在基底的下部来吸收所有能满足登陆的动能，一个稳固的系统常被用于保护登陆器和抵消样本采集装置所产生的反力。欧洲航天局的罗塞塔（Rosetta）探测器正穿梭于太空执行任务，计划与“67P/丘留莫夫–格拉西缅科”（67P/Churyumov–Gerasimenko）彗星相会，并且在彗核表面投下探测器，并沿着运转轨道观测彗星。

◎“乔托号”太空飞船

1985年7月2日，欧洲航天局（ESA）的“乔托（Giotto）号”探测器，在法属圭亚那库鲁发射中心，由阿里亚娜I（Ariane I）型火箭发射升空。“乔托号”的设计是用来交会和探测1986年回归的哈雷彗星。伴随着这项成功的交会，“乔托号”在1992年的一次扩展任务中，观测了格利格–斯科耶勒鲁普（Grigg-Skjellerup）彗星。

“乔托号”的探测任务主要是获得哈雷彗星彗核的彩色影像；彗发中挥发成分的元素与同位素结构，特别是母分子结构；描绘发生在彗星气团和电离层中的物理和化学过程；确认尘埃粒子的元素和同位素结构；测量总体气体产生率，尘埃流和尺寸/质量的分配，得出灰尘与气体的比率；探测彗星与太阳风相互作用下产生的等离子流的宏观范围系统。

在1986年3月13日，“乔托号”和哈雷彗星相遇了，当时“乔托号”距太阳0.89个天文单位，距地球0.98个天文单位，与彗星—太阳连线成107°的夹角。这次探测任务的一个设计目标是探测器与彗核交会的最近点为距彗星500千米以内处。但是实际的最近点为距离彗星595千米。与彗星接近期间，为了保护探测器，“乔托号”在设计时被安装了一个灰尘防护盾，它可以承受重达0.1克的灰尘粒子的撞击。“乔托号”的科学负载包括10个硬件仪器：1个窄角照相机、3个分别用于中粒子、离子和灰尘离子的质谱仪、各种灰尘探测器、1个偏极光仪和1套等离子体实验设备。所有的实验都完成得很好，并且提供了大量的重要科学数据，最有意义的成就可能就是对彗星的核心区域做出了清晰的识别，还肯定了人们有关彗星的预测，即哈雷彗星是一个“肮脏的雪球”（也就是冰和岩石构成的）。

在与彗星进行最近点相遇前的14秒，“乔托号”探测器被一个大灰尘粒子撞击，这次撞击造成了角动量矢量仪明显移位（约 0.9°）。伴随着这次碰撞，在接下来的 32 分钟内，科学数据能够断断续续地接收到。这 32 分钟之内一些实验仪器的传感器受到损坏。尽管是一次意外事故，其他的一些仪器（相机隔音板和偏转镜、防护屏前端上的灰尘传感器和大多数的仪器光圈）也因为被暴露在灰尘粒子下而受到了损坏。

“乔托号”上的照相机拍下了许多影像，并且带给科学家们一次独一无二测定哈雷彗星的彗核和其成分的机会。其彗核（约 15 千米 ×10 千米）是一个不规则的、形如花生的物体，并且比人们的估计大了很多。彗核非常暗，被一团云状尘埃所包围。虽然探测器受到多个粒子的撞击，但还是成功地遇见了哈雷彗星，完成这次历史性的飞越后，欧洲航天局的任务控制者马上使探测器处于休眠（安静）状态，同时它将在深空中继续穿越。1990 年 2 月，为了一项新任务，欧洲航天局重新激活了处于休眠下的“乔托号”，让它去观测格利格–斯科耶勒鲁普（Grigg-Skjellerup）彗星，该彗星是一个公转周期 5.09 年的短周期彗星，在 1992 年 7 月通过了近日点。

“乔托号”在执行扩展使命（GEM）期间，“乔托号”机器人探测器历经辛苦，长途跋涉，终于在 1992 年 7 月 10 日成功地拜访了格利格–斯科耶勒鲁普彗星，与彗星最近的交会点约为 200 千米。在相遇的那一刻，太空飞船的日心距离为 1.01 个天文单位，地心距离为 1.43 个天文单位。在前一天晚上（7 月 9 日），欧洲航天局打开了探测器上所有的科学仪器。在 7 月 23 日，欧洲航天局终止了对格利格–斯科耶勒鲁普彗星造访的操作。这颗再次休眠的“乔托号”在 1999 年 7 月 1 日在距离地球 21.9 万千米处飞过。在这次与故乡行星的邂逅中，它的飞行速度相对于地球是 3.5 千米 / 秒。

意大利画家乔托 · 迪 · 邦多那（Giotto di Bondone，1266—1337）曾在 1301 年目击了回归的哈雷彗星，欧洲航天局就用这位画家的名字命名这个太空探测器为“乔托”。这个文艺复兴时期的画家也把这个著名的彗星画在了他著名的壁画《麦琪的礼拜》（*Adoration of the Magi*）中，该画可以在意大利帕托那（Padua）的斯科罗维尼（Scrovegni）教堂欣赏到。

◎“深空1号”（DS1）太空飞船

“深空 1 号”是美国国家航空航天局的新千年计划中一系列科学验证太空飞船和探测器中的第一个。它主要的任务是验证从未在太空中飞行过的先进的太空飞船技术。在测试太阳能电子推进系统、自主导航系统、先进的微电子和电子通讯技术设备，以及其他太空技术的同时，“深空 1 号”在 1999 年 7 月 20 日与穿越火星的近地小行星布拉耶（Brallie）（就是以前命名为 1992 KD 的小行星）相遇。然后，在 2001 年 9 月，这个机器人探测器与伯莱尼（Borrelly）彗星交会。尽管导向系统失灵，但是“深空 1 号”还是向地球发回了有关彗核的有价值的照片。

作为太空新技术测试任务中飞行验证的一部分，机器人探测器携带了微型整合相机频谱仪（MICAS）、一个结合了紫外线和红外线频谱仪的两个成像渠道的仪器。微型整合相机频谱仪可以让科学家们研究那些目标天体的化学成分、地形、尺寸、自转形态和大气层状况。“深空 1 号”也携带了用于行星探测等离子体实验（PEPE）设备，还有离子与电子频谱仪以使用来检测太阳风，太阳风与目标星体的相互影响，以及彗发的成分。

航天工程师把“深空 1 号”探测器构建在一个八角形的铝制框架的运载舱上，该框架规格为 1.1 米 ×1.1 米 ×1.5 米。附加了仪器与系统之后，探测器的尺寸分别为 2.5 米高，2.1 米深，1.7 米宽。太空飞船的发射质量大约是 486 千克，其中包括 31.1 千克的联氨和 81.5 千克的氙气。机器人探测器的电力主要来自电池系统和 2 个位于主体两侧的太阳能电池板双翼。当展开时太阳能电池板大致可以延伸到 11.75 米长。

这对太阳能电池板代表了太空飞船上携带的主要技术演示测试中的一项。它有一个原柱形的透镜把所有阳光都聚集到电池片上，还可以保护电池片。每个电池阵有 4 块 1.6 米 ×1.13 米的嵌板组成。在任务的最初阶段，这对太阳能电池阵能够提供 2 500 瓦的电力。随着探测器远离太阳以及其太阳能电池的老化，电池阵给探测器提供的电力逐渐减少。在探测器在太阳系飞行的时候，任务控制者使用太空飞船上的天线与其联络。其中有 1 个高增益天线、3 个低增益天线和 Ka 频段天线（除了 1 个低增益天线在探测器底部外，其余的都安装在太空飞船顶部）。

1 台氙–离子发动机安装在框架底部的推进装置内，可以满足探测器旅途中所需的推进力的需要。这个直径为 30 厘米的电力火箭发动机由一个可以注入氙气的电离箱组成。阴极发出的电子经过放电管与氙气碰撞，抢夺其电子，从而制造出正离子。这些离子通过 1 280 伏的电压后，被加速到 31.5 千米 / 秒的速度，然后从探测器以离子束的形式射出。在最大电力（2 300 瓦）的情况下，氙—离子引擎能产生 0.09

牛顿的推力；在最低 500 瓦电力水平的运转下，也能产生 0.02 牛顿的推力。为了抵消引擎过度带电，多余的电子被收集起来并被注入离子束中，并随着离子束排出太空飞船外。“深空 1 号”携带 81.5 千克的氙推进剂，在太空飞船执行其初始任务时消耗了其中大约 17 千克。

这幅图是概念中的美国国家航空航天局的“深空 1 号”在 2001 年 9 月与伯莱尼彗星（Borrelly）交会的情景。“深空 1 号”的首要任务是验证卓有前途的太空新技术——测试氙离子引擎推动器系统——在 1999 年 9 月，随着探测器与彗星一次危险的、兴奋的交会后，该任务成功地完成了。在 2001 年 9 月 22 日，“深空 1 号”进入伯莱尼彗星的彗发部位，并且与彗核的最近交会距离为 2 200 千米。在交会时，“深空 1 号”探测器以相对于彗核每秒 16.5 千米 / 秒的速度穿过太空（美国国家航空航天局 / 喷气推进实验室）

1998 年 10 月 24 日，“深空 1 号”探测器在卡纳维拉尔角发射升空。一枚三级火箭成功点火将“深空 1 号”探测器送入了太阳环绕轨道。在印度洋上空 550 千米处，探测器与上一级火箭分离。大约在发射后 97 分钟时，任务控制者通过美国国家航空航天局的深空网收到了“深空 1 号”传回的遥感信号。遥感信号表明所有关键的太空飞船系统都运行良好。在这套通信设备的协助下，太空机器人也开始了其探测彗星和小行星的科学之旅。

1999 年 7 月 29 日，“深空 1 号”飞临近地小行星布雷尔（Braille），以约 15.5 千米 / 秒的相对速度，在距离小行星 26 千米处飞过。就在这次相遇前，一个软件程序问题让探测器进入了安全模式。然而，这个问题不久就被解决了，太空飞船又恢复了正常的工作。在接近布雷尔小行星前，在 48 小时内进行了 6 次小的飞行轨迹修正操作。在到达与小行星最近的相遇点之前大约 7 小时的时候，太空飞船向地球做了相遇前最后一次信号传输，其后就将其高增益天线转离地球，用微型综合相机频谱仪的相机 / 频谱仪相机对准了小行星。不幸的是，太空飞船却出现一个目标跟踪问题，微型综合相机频谱仪在太空飞船接近小行星时没能对准小行星，以至于没有获得任何小行星的近距离图像和光谱。在最近处接近小行星之前，太空飞船的微型综合相机频谱仪被关闭了大约 25 秒，此时太空飞船距小行星 350 千米，测量工作由等离子体实验仪器进行。

因为布雷尔（Braille）逐渐远离，交会后探测器转到另一侧以求获得小行星另一面的图像和光谱。这次又一个设备出现了异常。由于目标跟踪器的影响，仅仅获得了 2 张黑白照片和 12 个光谱，这两张照片是在距小行星约 1.4 万千米处，分别在最近点交会后 915 秒和 932 秒捕捉到的。光谱是大约 3 分钟后得到的。在接下来的几天里，“深空 1 号”将这些数据发回地球。人们估计布雷尔的直径在最长处是 2.2 千米，最短处为 1 千米。光谱表明，该小行星与较大的小行星灶神星相似。“深空 1 号”的太空探测的初始任务一直延续到 1999 年 9 月 18 日。

1999 年末，探测器的离子引擎发动机消耗了 22 千克的氙推进剂，给探测器提供的全部推动力换算成变速增值 V（速度变量）为 1 300 米 / 秒。“深空 1 号”的最初计划是，在 2001 年 1 月飞越威尔森—哈灵顿（Wilson-Harrington）彗星，然后在 2001 年 9 月与伯莱尼（Borrelly）彗星交会。但是由于在 1999 年 11 月 11 日探测器的恒星目标跟踪设备失灵，因此任务控制者利用新开发的技术在没有恒星跟踪器的情况下操作太空飞船，提出使其进行新的飞越伯莱尼彗星的扩展任务。这些革新探索的结果是，在 2001 年 9 月 22 日，“深空 1 号”进入伯莱尼彗星的彗发部位，并且成功地（最近处距彗星为 2 200 千米）与彗核交会。交会时，探测器相对于彗核的速度是 16.5 千米 / 秒。整个交会期间，等离子体实验仪一直处于活跃状态。正如计划的那样，在相遇前 80 分钟，微型综合相机频谱仪开始进行测量和成像工作，一直到两者交会前的几分钟，仪器还在运转。两个仪器都成功地返回了许多数据和图像。

2001 年 12 月 18 日，美国国家航空航天局的任务控制者们命令太空飞船关闭了离子发动机。这项操作结束了其扩展任务。然而，任务控制者们决定使探测器太空飞船的无线电接收器保持打开状态，以防在未来的某一天管理者们希望能再次联系“深空 1 号”。

◎“深度撞击号”太空飞船

在 2005 年 7 月初，美国国家航空航天局的“深度撞击号”机器人太空飞船在太空进行了一次复杂的实验，去探测一个彗星的下方表面和揭示彗星内部的一些秘密。

当一个较大的飞越太空飞船把较小的撞击探测器释放到“坦普尔 1 号”彗星(Tempel 1)轨道的时候，这个实验就变成彗星子弹追踪一颗太空飞船子弹（穿透器），而第三颗太空飞船子弹（飞越太空飞船）跟随在后面观测。

对于研发出“深度撞击号”探测器的飞行系统及其一系列科学仪器的工程师来说，最大的挑战就是瞄准并撞击“坦普尔 1 号”彗星直径仅为 6 千米的彗核。在距彗核 86.4 万千米处，撞击器与飞越探测器相分离，以 10 千米 / 秒的相对速度向前飞行，这个有自主导航系统的撞击器必须在彗核朝向太阳的一面的某个区域进行撞击。这使得太空飞船上的科学仪器能够拍摄碰撞前后的景象。

这个“深度撞击号”飞行系统由两个机器人太空飞船组成：飞越太空飞船和撞击探测器。每个太空飞船都有自己的接收和传递数据的仪器与性能。飞越太空飞船要携带主要的影像设备，并把撞击器运送到彗星的慧核附近。作为执行任务的母太

这幅图画描绘了撞击时刻以及在“坦普尔 1 号”彗星上人类制造的陨石坑的形成。这个事件发生在 2005 年 7 月 4 日，当时这个 372 千克的铜制“炮弹”由美国国家航空航天局的“深空 1 号”太空飞船发射并撞击了“坦普尔 1 号”彗星。几十亿年以来，地球一直被各种彗星和小行星撞击。因此，从一个非科学的角度来说，“深空 1 号”任务是报仇的时候了——历史上首次一颗彗星被地球撞击，或者更准确地说是被地球发出的一个机器人探测器撞击（美国国家航空航天局）

空飞船，“深度撞击号”飞越太空飞船要在撞击前24小时把撞击器释放出去。在撞击器飞向目标的时候，飞越太空飞船接收其发回的数据，并利用太空飞船上携带的仪器拍摄撞击器与彗星撞击时的影像，以及观察撞后的现象（包括产生的弹坑和喷发物），然后再把所有的科学数据传送回地球。

将撞击器发射出去之后，飞越太空飞船不得不减速并且仔细地修正自身轨道，以便观察这次撞击、喷发物、弹坑的形成和弹坑的内部。所有这些发生得都相当快，就在飞越太空飞船距离彗核不到500千米的时候，随后太空飞船一掠而过迅速地飞离。

撞击器的首要任务是引导自己飞向彗星的彗核，并且撞击彗核的阳面。当它撞进彗星里面后，剧烈的撞击将轰炸出一个接近100米宽、28米深的弹坑，这也就要求撞击器有足够的动能。

“深度撞击号”探测器是一艘三轴稳定的太空飞船，它使用一块固定的太阳能电池板和一个小型镍氢（NiH_2）可充电电池，能产生620瓦的电力。太空飞船约3.2米长，1.7米宽，2.3米高。这个“深度撞击号”飞越探测器的质量为650千克，结构由铝和蜂窝铝板构成，使用联氨的推动力系统，能够提供的速度变量 （变速增值V）为190米/秒。太空飞船的热量控制系统使用隔热毯、表面散热器、特殊涂层和加热器，使温度保持在一个恰当的范围。

在2005年7月，探测器与“坦普尔1号”彗星交会期间，“深度撞击号”飞越型太空飞船使用高增益天线向地球传回了接近实时的撞击图像。工程师也对彗发中灰尘和碎片问题给予了高度关注，在探测器的关键位置安装了碎片防护装置，用来保护可能遭受攻击的设备和子系统。

撞击器是圆柱形，重量约370千克，主要由铜（约49%）和铝（约24%）制成，为了最大限度地减少彗核喷出物中不好的光谱射线所造成的破坏。因为科学家们估计高速度的冲撞可以产生相当于4.8吨三硝基甲苯（TNT）[19焦耳（GL）] 炸药爆炸时的能量，所以任务计划者想让撞击器以10.2千米/秒的相对速度去撞击彗核。除了在执行任务的24小时期间，撞击器的机械和电力系统一直都附属在飞越太空飞船上。仅仅在最后的24小时，撞击器才用自己内部的电池电力开展工作。在距离目标86.4万千米处时，也是在撞击前的24小时，飞越太空飞船才把撞击器释放出去，撞击器然后用自己的高精确恒星跟踪器和自动导航软件引导自己飞往彗星的彗核阳面。在最终飞向彗核的地面零点期间，撞击器还采用了一个小型的联氨推动力系统来进行轨道微调和姿态控制。

2005 年 1 月 12 日，“深度撞击号”从佛罗里达州卡纳维拉尔角的发射中心成功地发射升空，开始了它不寻常而又十分有趣的太空之旅。伴随着这次发射升空，“深度撞击号”飞越太空飞船和它的搭载（协同）伙伴撞击器一同进入日心轨道，在 7 月初与“坦普尔 1 号”彗星交会。7 月 3 日，飞越太空飞船释放撞击器后，减缓速度和修正轨道，以便更好地观察这次撞击。7 月 4 日（大约 24 小时后），撞击器撞进彗核。

按照计划，“深度撞击号”的撞击器成功地撞击“坦普尔 1 号”彗星的阳面。直到撞击前的几秒钟，撞击器的相机仍然在捕捉和传输影像。在撞击时，有一片光亮的、速度很快的灰尘被释放出来，顷刻间充满了“深度撞击号”飞越太空飞船的相机镜头。美国国家航空航天局的电视台提供了实时直播这个戏剧般的画面，并且也提供给了互联网，全世界的观众都目睹了这一壮观的事件。美国国家航空航天局所有可用的望远镜包括哈勃太空望远镜（HST）、钱德拉 X 射线太空望远镜（CXO）和斯皮策太空望远镜（SST），都被用来观测这次壮举。

撞击的时候，飞越太空飞船距离彗核大约 1 万千米，在撞击前约 60 秒钟，飞越太空飞船开始收集影像。撞击后约 600 秒时，飞越太空飞船距离彗核大约 4 000 千米，它对弹坑的观察开始了，并一直持续到太空飞船到达距离彗核约 500 千米处——此次飞越的最近点——才停止。撞击 16 分钟后，因为飞越太空飞船要调整轨道以便穿越彗发，摄像工作停止了。不到 21 分钟，“深度撞击号”飞越太空飞船完成对彗发的穿越后，又一次修正轨道，这次的目的是回望彗星。50 分钟后，探测器把所有收集的数据传给地球的科学家。“深度撞击号”飞越太空飞船目前处于休眠（睡眠）状态，等待着未来科学研究的召唤。

这次撞击，尽管强烈，但对彗星绕日轨道没有明显的改变。撞击热量融化的冰蒸发掉了，灰尘、碎片都从坑中喷发出来。当科学家们整理出探测器收集的数据后，他们对彗星的内部结构将有更多的了解。看是否内外的结构有着明显的不同。

◎“罗塞塔号”探测器

“罗塞塔号”（Rosetta）探测器是欧洲航天局的一项机器人太空飞船任务，任务是与名为“67P/ 丘留莫夫-格拉西缅科”的彗星会合，并将在其彗核的表面降落一个探测器，然后从轨道上观测彗星，并在前往这个彗星的途中，至少还要飞临一颗小行星。这次任务的重要目标是研究彗星的起源，彗星物质与行星际物质的关系，后者对于太阳系起源的影响。

2004 年 3 月 2 日，在欧洲航天局的法属圭亚那库鲁（Kourou）航天中心，“罗塞塔号”太空飞船由一枚阿里亚娜 5（Ariane 5）运载火箭成功发射。截至 2006 年 7 月 31 日，“罗塞塔号”还处于任务的巡航飞行阶段。这艘太空飞船有一个复杂的运行轨道，为实现在 2014 年晚些时候抵达“67P/ 丘留莫夫–格拉西缅科”彗星，“罗塞塔号”在飞行途中将会 3 次借助地球引力和 1 次借助火星引力完成变轨。在最终到达这个彗星时，“罗塞塔号”太空飞船会在彗核表面释放一个名为“菲莱号”（Philae）的登陆器，然后将借助这个精密的登陆器远距离地探测这颗彗星。“菲莱号”成功登陆后，会从彗核表面传送数据给“罗塞塔号”太空飞船，然后再由“罗塞塔号”把数据传给地球上的科学家。当“罗塞塔号”通过近日点（发生在 2015 年 8 月）后，它还要做绕彗星飞行直到名义上飞行任务结束（计划在 2015 年 12 月完成）。

“罗塞塔号”太空飞船携带下列科学仪器：摄像机、红外线和紫外线频谱仪、等离子包、磁力计、粒子分析仪、射频发声器，用来研究彗星彗核表面下的物质。登陆器携带的仪器有：1 台摄像机和 1 台用来检测彗核表面物质化学成分的阿尔法粒子 / 质子 / X 射线频谱仪。

“67P/ 丘留莫夫–格拉西缅科”彗星，是由来自基辅（乌克兰）的两位天文学学家克利姆 ·“克米特”· 丘里莫夫（Klim “Comet” Churyumov）和斯韦特兰娜 · 格拉西缅科（Svetlana Gerasimenko）一起在 1969 年发现的。当时他们在阿拉木图（Alma-Ata）天体物理研究所进行一个有关彗星的研究。到目前为止，人们已 6 次从地球上观测到这颗彗星飞过太阳，分别在 1969 年（被发现）、1976 年、1982 年、1989 年、1996 年和 2002 年。通过观测发现，这颗彗星有一个运转周期为 12 小时的小彗核（3 千米 ×5 千米）。它在一个大偏心率（0.632）的椭圆轨道上绕太阳运转，一个周期为 6.57 年，它近日点距离太阳 1.29 个天文单位（AU），远日点距离太阳为 5.74 个天文单位。

最初，“罗塞塔号”的目标是探测一颗名为“46P/ 维尔塔宁”（46P/Wirtanen）的周期彗星。但是因为发射日期被延迟，这个原先的探测目标只好被放弃，欧洲航天局便选择了一个新的探测目标——“67P/ 丘留莫夫–格拉西缅科”彗星。

◎“近地小行星交会”（NEAR）探测器

美国国家航空航天局的 “近地小行星交会”探测器（NEAR）于 1996 年 2 月 17 日在美国的卡纳维拉尔角由一枚不可重复使用的德尔它Ⅱ型火箭发射升空。“近地小行星交会”探测器配备了 5 个科学仪器，分别为：X 射线 / 伽马射线频谱仪、近红外频谱仪、装有电荷耦合之（CCD）的多色照相机、激光测距仪和磁力计。主要探测目标是与近地小行星“爱神星”（也称作第 433 号小行星“厄洛斯”）交会，并进入其环绕轨道。

爱神星是一颗大小约为 13 × 13 × 33 千米的不规则形状的 S 级小行星。这颗小行星是人类发现的第一颗近地小行星。1898 年 8 月 13 日德国天文学家古斯塔夫 · 维特（Gustav Witt, 1866—1946）发现了它。在希腊神话里,“厄洛斯”（Eros）[罗马名字：丘比特（Cupid）] 是赫尔墨斯（Hermes）[罗马名字：墨丘利（Mercury）] 和阿佛洛狄忒（Aphrodite）[罗马名字：维纳斯（Venus）] 的儿子，是人们所说的爱神。

爱神星是一颗阿莫尔（Amor）型（亲地型）小行星，爱神星的轨道穿过火星公转轨道，但不穿过地球的绕日轨道。这颗小行星沿着与黄道平面夹角为 10.8°、略呈椭圆形的轨道运转，环绕太阳公转周期为 1.76 年。近日点距离太阳 1.13 个天文单位，远日点距离为 1.78 个天文单位。在 20 世纪，爱神星云转道与地球距离最近的一次发生在 1975 年 1 月 23 日，此时距地球 0.15 个天文单位（约 2 200 万千米）。

“近地小行星交会”探测器离开地球以后，便开始了它的太空巡游之旅。1997 年 6 月 27 日在距小行星马西德（Mathilde）1 200 千米的范围内成功地飞过，而在此前探测器一直处于休眠状态，这种微活动状态仅仅在飞越的前几天才结束。在这次交会期间，飞过小行星时的相对速度为每秒 9.93 千米 / 秒，探访期间，探测器收集了大量这颗小行星的数据和照片。

1997 年 7 月 3 日，“近地小行星交会” 探测器执行了它的第一次重要的轨道修正，使用了一个能提供 450 牛顿的助推器，即一个使用联氨和四氧化二氮作为推进剂的火箭引擎。这次修正成功地使它的速度降低到 279 米 / 秒，并且把近日点的距离从 0.99 个天文单位缩小到 0.95 个天文单位。随后在 1998 年 1 月 23 日，探测器完成了一次借助地球引力的助飞——这次重要的操作使其轨道的倾斜角度从 0.5° 调整到 10.2°，远日点从 2.17 个天文单位调整到 1.77 个天文单位。这次引力协助下的轨道调整使“近地小行星交会”探测器几乎拥有与目标小行星——爱神星相同的轨道参数。

美国国家航空航天局的最初探测任务是在1999年1月与爱神星相会，并且进入其环绕轨道，随后进行大约1年的探测。但是由于一个程序的问题，使太空中使用火箭引擎点火的计划流产，美国国家航空航天局修改了包括1998年12月23日飞越爱神星在内的探测任务。这次飞越任务随后在2000年2月14日得以实现。

2000年4月30日，探测器环绕小行星“爱神”的轨道半径逐级减至2000年4月30日的50×50千米，继而又降到2000年7月14日的35×35千米。随后几个月

这幅图描绘的是“近地小行星交会”探测器(NEAR)在2000年2月14日实现飞越爱神星的情景。在进入环绕爱神星轨道以后，探测器又进行了1年的探测。2001年2月12日，这次任务终于以“近地小行星交会”探测器降落到爱神星上马鞍状地区而结束了。为了纪念地质学家和天文学家尤金·M.苏梅克，美国国家航空航天局把这艘探测器重新命名为“近地小行星交会—苏梅克号”(美国国家航空航天局/约翰逊航天中心/派特·罗林斯)

这是"近地小行星交会—苏梅克号"探测器在2000年9月5日于爱神星上空100千米处拍摄的4张照片的拼接图。在拼接图上部行星表面突起物围绕在一些散石的周围，可能是古代撞击形成的陨石坑的残留物（美国国家航空航天局/喷气推进实验室/约翰斯·霍普金斯大学应用物理实验室）

里轨道提升到200×200千米，而后再次缩小，于2000年12月13日缩小到35×35千米的倒退轨道。2001年2月12日，这次任务终于以"近地小行星交会"探测器降落到爱神星上的马鞍状地区而结束了。为了纪念1997年7月18日在一场交通事故中不幸遇难的美国天文学家尤金·M. 苏梅克（Eugene M. Shoemaker，1928—1997），美国国家航空航天局把这艘探测器重新命名为"近地小行星交会—苏梅克号"。

◎"黎明号"探测器

"黎明号"（Dawn）探测器，计划在2007年7月发射升空，它隶属于美国国家航空航天局"发现探索"计划——一项关于高度快速发展航天探测器的倡导，其目的是研究太阳系诞生初期的条件和进程。带着这份任务，"黎明号"探测器将探测谷神星和灶神星的结构和成分。这两颗较大的主带小行星有着许多可以对比的特征，而且自从它们在46亿年前形成以来一直完好无损。

谷神星和灶神星与其他的一些小天体都位于火星和木星之间的广阔区域，天文学家把太阳系内的这个区域称为“主小行星带”。这次探测任务的目标是了解这两颗小行星的特性，重点是关注它们的内部结构、密度、形状、大小、成分和质量。探测器太空飞船也将有关小行星表面形态、陨石坑范围和磁场的数据传递给地球，这些数据可以帮助科学家们分析热历史、星核大小、在小行星演化过程中水的作用以及在地球上所发现的哪些陨石来源于这些天体。关于这两颗小行星的数据包括：全部地表图像、全部地表光谱绘图、元素丰度、地形剖面、重力场以及剩磁成像（如果有的话）。

这次探测任务中，最高层次的问题就是弄清楚行星演化时其大小和水所起的作用。科学家们认为谷神星和灶神星是解决这个重要问题最恰当的两个天体。因为两小行星是小行星带中最大的两颗原行星——它们的生长因木星的形成而中断。谷神星保持着原始而又湿润的状态，而处于进化过程的灶神星则十分干燥。行星科学家们认为，谷神星可能有着活跃的水文进程，导致了季节性极盖的水霜冻。谷神星也可能有一个稀薄的、永久性的大气层，这是其区别于其他小行星的一个有趣的物理条件。灶神星可能有比火星上岩石磁力更强的岩石。这一发现将改变目前人们对于行星发电机制起源的时间和方式的猜想。

按照计划，太空飞船于2007年7月，在美国卡纳维拉尔角由一枚德尔它7925 H型火箭发射。历经4年的太空飞行后，“黎明号”太空飞船于2011年抵达灶神星，在进入环绕灶神星的轨道后，进行长达11个月的观测。计划轨道的最高观测点为700千米，最低点为120千米。完成对灶神星的探测后，“黎明号”太空飞船将在2012年离开灶神星，飞往谷神星，并于2015年抵达。进入绕谷神星环绕轨道后还将进行11个月的探测。按目前计划它将对谷神星进行科学观测的最高轨道为890千米，最低轨道为140千米，该探测计划的这一部分将于2016年结束。

航天任务计划者预测到达灶神星和谷神星要耗费的氙推动剂分别为288千克和89千克。太空飞船的联氨助推器将用于轨道的捕获。根据太空飞船助推剂的剩余情况以及探测器和设备的完好程度，美国国家航空航天局喷气推进实验室的任务控制者将选择是否让这个机器人太空飞船在2016年以后继续对小行星带进行探索。

“黎明号”探测器采用铝板制造，箱形结构上两侧装配了两块太阳能电池板。太空飞船的一侧与太阳能电池板同一平面的位置安装了一个抛物面高增益碟形天线（直径为1.4米）。另一侧也安装了一个扇形波束的中增益天线。在太空飞船顶部的面板上，除了延伸出一个5米长的磁力计悬臂外，还安装一个仪器台，里面有照相机、绘图频谱仪、激光测距仪和恒星追踪器等仪器。此外，顶部面板还放置一个伽马射线/中子频谱仪。太阳能电池组提供7 500瓦的电力，驱动太空飞船和太阳能电子离子推进系统。

“黎明号”是美国国家航空航天局第一艘纯粹以科学探测为目标的离子引擎探测器。这次所用离子推动技术是以“深空1号”探测器的离子推进作为基础，通过把推进剂氙气离子化后，再进行电子的轰击产生推动力的。这个氙—离子引擎能产生90毫牛顿的推动力和3 100秒的比冲。太空飞船还使用一套12个联氨引擎系统，提供0.9牛顿推动力，来保持姿态控制。太空飞船与地面上的科学家和任务控制者的通信联系是通过高增益和中增益天线以及一个利用135瓦行波管放大器的低增益全向天线完成的。

总之，“黎明号”太空飞船任务的目的就是帮助科学家更好地了解太阳系形成时的条件和过程。选择探测灶神星和谷神星，因为它们是两颗最大的太阳系原行星，自形成以来一直保存完好，没有被其他的天体猛烈撞击过。谷神星是太阳系最大的小行星，灶神星则是最明亮的，也是唯一能用肉眼观测到的小行星。更为重要的一个事实就是这两颗小行星的成分截然不同。行星科学家们推测，两者的不同源于在太阳系早期历史中，这两颗行星形成的条件不同。特别是，谷神星是一个“潮湿”的天体，而灶神星却“严重缺水”。水使谷神星在整个演化过程中保持凉爽。有证据表明，谷神星上仍然有水的存在，其形式可能是表面的霜冻或者蒸汽，甚至可能其表层下存在液态水。恰恰相反的是，灶神星非常干燥炎热，内部已经融化，甚至在早期进化过程中变为一个火山。这就是经历着迥然不同演化过程的两颗原行星，谷神星一直保持着它原始的状态，而灶神星却已经演化和改变了数百万年。

10 未来几代的勘探机器人

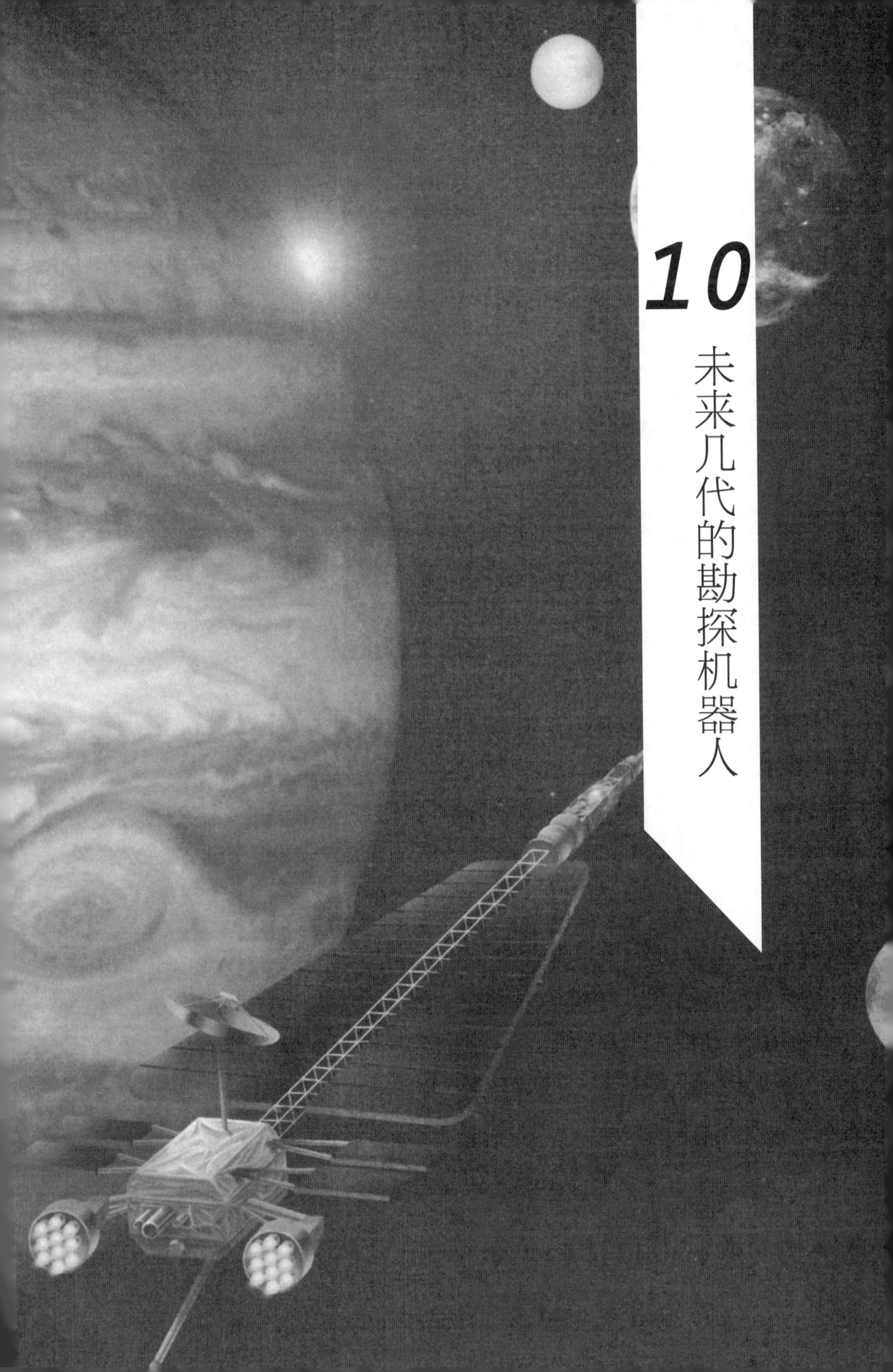

在未来30多年的时间里，会出现几代新的太空机器人，其中最有代表性的就是各种太空飞船。这些太空飞船将会探测太阳系的最外部区域，也会驶入太阳系的内部区域。在这两个区域之间的地带，有一些星球上可能有生命，我们的太空飞船会尝试联络这些可能存在着的生物。这几代新的太空机器人都有同一个科技特征——更加智能。本章将要讲述的太空机器人无论是在自控、纠错、自评还是修复方面，都具有更高的水平，它们甚至有简单的学习能力。

如果想探测太阳系最边缘或者最内部的地带，飞行器就要飞越很远的距离。与太阳有关的探测要涉及数个光分（light-minutes）的距离，而与冥王星或者与柯伊伯带有关的探测则要涉及数个光时（light-hours）的距离。相距如此遥远，在飞行器执行收集数据任务的过程中，地球上的人无法对其实行实时监控。周围环境出现异常，或是装载的仪器出了点儿小毛病的时候，机器人必须仍然能够独立执行任务。

为了保证机器人能顺利完成任务，它们的智能化程度应该更高，这样它们才能针对不同的情况及时应变。举个例子来说，一架探索火星含水区域的机器人飞机要在火星的大气层里做低空飞行，甚至是贴着地表飞行，这时高智能的机器人就派得上用场了。如果机器人的设计和装备都得当，那么人类控制者就可以舒服地待在月球基地或者火星基地里通过控制机器人来进行充满危险的行星勘测了。对于人类探索者来说，通过虚拟现实进行研究可能比他穿着笨重的宇航服亲自去勘探效果还要好。身处虚拟现实（即由电脑构造的虚拟现实环境）之中，如果有机器人的辅助，远程操作和遥现都可能成为人类探索者的工作手段。探索太空时，这种技术最大的局限就是人类参与者和模拟人类探索者行为的机器人之间的距离问题。两者之间的距离不能超过几光秒，否则，从机器人传出的信息到达人类探索者的时间就会过长，人类探索者无法进行有效控制。有时，机器人面临的危险可能导致自身的损坏或是销毁。这种情况下，如果机器人的信息到达人类探索者需要多于5秒的时间，那么后者就没有足够的时间作出反应去阻止机器人可能损害自身的行为。

今天，美国国家航空航天局喷气推进实验室里的工作人员操控“勇气号”和“机遇号”两个机器人在火星上的探索，并接收它们从火星传回的信息。这些机器人在火星地表移动时，步伐谨慎而缓慢。它们每天行进的距离只能用米而不能用千米来衡量。

这种人与机器人的互动合作产生了良好的效果。有了目前的基础，就可以期望将来有更高级的机器人登上月球和火星勘察。如果人类能够在地球上控制月球机器

这幅图描绘了美国国家航空航天局的“新视野号”太空飞船可能在 2016 年 7 月探测冥王星（图前景中的部分即为冥王星的地表）及冥卫一（据 2005 年的天文观测，冥王星可能有两颗较小卫星，但该图并未全部画出）。一个以钚-238 为燃料的放射性同位素热电发电系统（图中飞行器左下方圆柱体）可以于该飞行器在距离太阳几十亿千米的区域飞行期间为其长期提供电能。该飞行器与众不同之处即在于图中直径长达 2.1 米的碟形天线。只要飞行器距地球不超过 75 亿千米，“新视野号”太空飞船就可以通过这个天线与位于地球表面的科学家进行通信联络。人们希望“新视野号”执行有关冥王星的任务后，能够在柯伊伯带发现一颗或几颗冰冷的小行星（美国国家航空航天局 / 喷气推进实验室）

人（无线电波由地球发送至月球，再由月球传回，所需时间为 2.6 秒），那么人类就有可能待在月球或火星表面的基地里，通过远程操作控制机器人在其他行星上走来走去进行探测。人类将无需忍受太空中的炙热和寒冷，也无需考虑太空粉尘的危害，更无需冒任何风险，只需待在基地里或基地附近监控机器人执行任务，收集机器人传回的信息，就可以获得许多新发现了。

将来，半自动或全自动的机器人能够在火星的冰冷地区进行仔细的勘测，也可以潜入充满危险的木卫二海底寻找生物。目前有一个机器人任务计划叫做“木星冰冷卫星轨道环绕器（JIMO）”。如果机器人真能登上木星的两个卫星（木卫三和木卫四），那么必定还会有惊喜地发现。最终会有一个叫做“星际探索”的坚固的机器人去探索其他机器人无法到达的地方。它会经历最极端环境的考验，驶入太阳系最深处，使科学家们首次了解一颗恒星的外部区域——那颗恒星就是给了人类生命的太阳。

◎“新视野号”冥王星—柯伊伯带的飞越任务

美国国家航空航天局早期把“新视野号”飞越冥王星—柯伊伯带的任务称作“冥王星快速飞掠”（PFF）。2006 年 1 月 19 日，这一任务在位于佛罗里达州的卡纳维拉尔角得以执行。这次侦察探索任务将会使科学家进一步了解这个人类知之甚少的位于太阳系边缘的世界。最早在 2015 年，才会有机器人太空飞船飞越由冥王星和冥卫一组成的寒冷的双行星系。

探测过冥王星之后，这一飞行器将继续执行任务，在 2026 年以前探测一个或更多的柯伊伯带星体。它的这次长途旅行将会使我们了解许多关于这些冰冷星体的知识，比如它们的表面特征、地质特征、内部结构，甚至了解它们的大气层。

探索冥王星—冥卫一星系有很多目的，包括研究其地质特征、冥王星和冥卫一的地形、获取冥王星的地表地图以及测定冥王星不稳定大气层的组成和结构。冥王星在 1989 年到达近日点，由那时开始，它就运行得离太阳越来越远，这会导致它稀薄的大气层重新冻结在地表。太空飞船预计能在其大气层重新冻结之前到达冥王星。即便如此，与冥王星最近距离的接触恐怕也要等到 2015 年，但在那之前的 12~18 个月中，对这个双行星系的研究就会开始。这个体积不大的飞行器的电能也由长期有效的放射性同位素热电发电器提供。该发电器的设计与那个正绕着土星运行的“卡西尼号”飞行器上的发电器很相像。

知识窗

柯伊伯带

柯伊伯带是位于太阳系最边缘的一片很大的区域，由几十亿颗固体的、冰冷的微行星和彗星核组成。柯伊伯带是围绕太阳系外围的一个环状结构，从海王星的轨道（距太阳30个天文单位）一直延伸到距太阳1 000个天文单位远的地方。它在1951年由一位荷兰裔美国籍的天文学家杰哈德·彼得·柯伊伯（Gerard Peter Kuiper，1905—1973）首次发现，遂以他的名字命名。

人类在1992年发现了第一颗柯伊伯带星体，将它命名为“1992QB”。这颗微行星的直径约为200千米，轨道周期约为296年，距太阳的平均距离约为44天文单位。1992QB的体积和一颗较大的小行星差不多，有人认为它由冰冷的彗星核组成，与半人马天体很像。半人马天体由一组冰冷的小行星组成，位于太阳系外部海王星和土星的轨道之间。

2002年，有人在柯伊伯带里发现了一颗较大的天体，将其叫做“创神星”（Quaoar）。它的直径约为1 250千米——大约相当于半个冥王星的大小。它距冥王星16亿千米，距地球64亿千米。它以接近正圆的轨道绕太阳运行，绕一周需要285年。“创神星”的名字来源于通瓦族印第安人的神话。通瓦族印第安人在欧洲人到达美国之前居住在加州洛杉矶。

就像冥王星一样，“创神星”也位于柯伊伯带——由海王星的轨道延伸至80亿千米以外，由彗星样的冰冷天体组成的区域。天文学家认为冥王星既是一颗行星，也是一个柯伊伯带天体。但他们认为“创神星”只是一个柯伊伯带天体。虽然它的体积不小，但天文学家却认为“创神星”不是人们一直在寻找的“第十大行星”。它是一个能激起人好奇心的新世界。它的组成成分里，岩石和各种各样的冰的数量相当。其中有由水结的冰，还有甲烷冰（冷冻的天然气）、甲醇冰（酒精冰）、二氧化碳冰（干冰）以及一氧化碳冰。凯克望远镜（Keck Telescope）的观测显示“创神星”上存在由水凝结的冰。

有许多人认为，那些驶进太阳系内部的轨道周期较短的彗星，都来自柯伊伯带。科学家们相信，一些原始的物质形成太阳系之后，残留了一些天体，这些天体就形成了现在的柯伊伯带。

这个重要的使命将填补人类使用机器人太空飞船探测太阳系的空白。迄今为止，整个太阳系中，人类了解最少的就是冥王星。据一些科学家推测，柯伊伯带里的那些原始冰冷天体中，冥王星是体积最大的一颗。这个飞行器除了拍摄一些冥王星地表和大气层的特写镜头，还会探测冥王星、冥卫一，甚至探测几个柯伊伯带天体的地表物质的物理和化学特征。

◎遥现、虚拟现实和具有人类特征的机器人

遥现也称作虚拟现实，它通过使用电信、互动显示以及异地机器人身上的一系列传感设备，为操作者虚拟出机器人所在的场景。由于操作者所使用的设备以及机器人的性能不同，遥现既可以构出一个简单的三维立体图像，也能构出一个有视觉、听觉和触觉效果的完整动态虚拟现场。

遥现实际上是把虚拟现实技术与机器人技术结合在一起。在不远的将来，位于月球基地或地球的操作者就可以穿着带有传感器的特制服装，戴着有三维视图的头盔利用遥现技术在月球上行走和工作了。人类探索者也可以利用遥现技术操控机器人在火星表面行走。将来，如果在火星上建立了基地，人类就可以待在安全舒适的基地里，或者待在绕火星运行的载人飞行器里，通过操控机器人来勘测火星最偏远的区域了。

虚拟现实（VR）实际上是由电脑生成的人造现实。它能够在不同程度上捕捉并展示物质世界的细节，从而使人进行研究。如果一个人戴上数字手套、耳机和固定在头部的立体画面显示器，这个人就可以进入由电脑生成的三维世界。

虚拟现实由几个必不可少的部分构成。其一是由电脑生成的供研究或操控的虚拟场景（即数据单元）。它可以是一个具体的场景，比如根据太空机器人传回的数字图像生成的行星地表；也可以是较抽象的场景，比如地球大气中处于不同高度的臭氧层，及脉冲星或黑洞内发生的天体物理学变化。

这幅图描绘的是正在实地作业的地质机器人，名为“远程勘探者”（TeleProspector）。人类地质学家可以留在月球基地或地球表面，但是他们的视觉和触觉可以由“远程勘探者”经遥现（虚拟现实）技术延伸至月球的偏远区域。该机器人有多种效用，它有立体视觉，装配了传感器，能够复制人类的行为，还能模拟触觉。这样，操控者所处的虚拟现实就和机器人所处的实景相差无几。该图显示的是机器人和人类地质学家通过遥现技术同时沿着古老岩浆的痕迹在月球地表以下几千米的地方发现了一些新奇的晶体（美国国家航空航天局/约翰逊航天中心；画家：帕特 · 罗林斯）

构成虚拟现实的另一个必不可少的部分是特制的头盔或双耳式耳机（护目镜），这些仪器用来给人造场景提供视觉和音效。各种影像被有序地编排，以提供三维效果。耳机也有立体声效果，听者可以感觉到声音来自不同的方向。特制的传感器会记录头盔佩戴者头部的移动，虚拟的场景和音效会随着头部的移动相应变化。

许多虚拟现实设备系统还包含带电子传感器的手套。这种数字手套能使人通过移动双手而与虚拟世界互动。使用者可以移动或触碰虚拟世界中的物体，感觉就像在真实世界里移动或触碰物体一样。高级的数字手套甚至能模拟触觉。如果使用者在虚拟世界中触摸物体，他的感觉和在真实世界中相同（比如能感觉到物体平滑或粗糙，坚硬或柔软，冰冷或温暖，轻巧或沉重，柔韧或者是硬邦邦的，等等）。

虚拟现实还是一个很新的领域，但在未来的几十年，它会迅速发展。计算机技术、成像技术、传感系统（比如上文提到的数字手套）都将会得到完善，所以它们生成的虚拟世界也将更加逼真。在宇宙空间工业和太空探索领域，虚拟现实技术有很大的潜能待发挥。举个最简单的例子，通过虚拟现实，科学家们可以身处地球或行星基地就能体会到在其他天体上行走的感觉。

在未来，实行新的任务之前，太空任务计划者们会使用遥现技术来给探索月球和火星地表的机器人及人类科学家选择一条最合适的路线。之所以称为“最合适”的路线，是因为走这条路线最安全，能源消耗最少，而且能完成最多的任务。宇航员会经常使用遥现技术执行空间设备的维护和修复任务。对于太空工程师来说，遥现是一个不可或缺的设计工具。有时在生产样板模型的过程中，有些金属材料会意外弯曲。有了遥现技术，太空工程师可以在此类事故发生之前就检验测试一种新的太空仪器零件。

美国国家航空航天局的研究员预计未来的机器人能够模仿人类行为，由此他们盼望高级机器人能够在太空或行星表面与宇航员更好地合作。这项研究目前阶段的重点并不是使机器人具备人类的思考方式，而是致力于使机器人更“自然地”做出行动或反应，就是努力使机器与人的交流能够像人与人的交流一样自然。在互动合作过程中，人与机器人要相互交谈，并像同事一样工作。机器人无需与人一模一样，但这种能力在某些情况下能派得上很大用场。仅靠机器的智能，有些问题是无法解决的，这种情况下，机器人就可以向它的人类伙伴提出问题，这是人机互动合作的最大优点。

为了更早地制作出智能机器人，美国国家航空航天局的研究员目前正在制作具有推理能力（机器智能）的机器人，这种机器人的推理能力将接近人类的推理能力。机器人的思考方式越像人类，人机互动合作的效果就会越好，在执行某个具体任务或在勘测的过程中就能更好地交流。所有这些努力的最终目的都是力争使人机互动合作过程中双方的交流更自然，更像人与人的交流。

美国国家航空航天局的空间探索目标包括许多具体的任务，这些任务都可以通过人机互动合作来完成。比如在行星地表建造遮蔽所、安装及检查管道、组装压力舱、检查居留地点以及搜集并传送在行星地表的发现。机器人能够组装建筑物、测试设备、使用小型工具进行挖掘、还能焊接。人类—机器人工作组根据清单和计划来安排工作。旧的人机对话是“主—仆”型的，机器人处于人的控制之下。这样，机器人能力的发挥不仅受连接体（通常基于电脑）性能的限制，还要受人类操控者能力的限制。新式人机互动合作的最大优点就是人类操控者无需每时每刻地进行远程操作或监控。

在地球上进行的现场论证试验过程中，机器人就像实地作业的地质学家一样与人类科学家合作。将来这些仿人的机器除了能在其他的天体表面进行勘测，还能使用设备处理它们发现的物质。等机器人具备了人类的行为特征，它们就可以侦查、测量、搬运设备、检测和保养用来寻找能源的设备，还能够检查、监控并修复人类在行星地表的居留所。这类机器将自动执行任务，只有遇到靠自身能力无法解决的困难时才会向人类寻求帮助。

从智能机器的角度来说，设计上文提到的机器人，或者说智能机器人，是一项具有挑战性的工作。但是这个梦想终会成真，人类终将能够使用智能机器人作为探索太空的助手，或建造位于月球和火星的空间站。一些美国国家航空航天局的工程师认为，将来的智能机器人甚至可能扮演外勤医生的角色。它们可以检测宇航员的健康状况，采取紧急救护措施，如果有必要的话，还可以把受伤的宇航员送回基地。

知识窗

智能机器人和人机结合体

智能机器人是一种仿造人类制作的机器人——它在外形、特征和行为上都与人类近似。“智能机器人”这一概念最早出现在科幻小说里，工程师和科学家仍然使用这个名词来称呼智能机器和电机机械，因为它们的“行为”与人类相差无几。未来的实地考察地质机器人会具有人形，能够通过无线电发报机与它的人类同事交流（就像探测月球表面的小组一样），还能转动它的头或用胳膊做动作。这样的机器人就可以叫做“智能机器人”。

人机结合体（cyborg）这个名称来源于“控制生物有机体”（cybernetic organism）这个概念。控制学是信息科学的一个分支，它研究信息的传递和控制，尤其涉及人及动物大脑与机器及电子装置的差异。“人机结合体”这个词在现代的科幻作品中频频出现，比如备受欢迎的电影《星际迷航：未来一代》(Star Trek: The Next Generation)中那吓人的"博格集合体"。这个概念在20世纪60年代初期由几个科学家首次提出。那些科学家当时正在研究用什么方法才能应对太空中极度严酷的环境。他们的想法是在宇航员的体内植入一些装置，使其能够适应外太空的环境。由于这些装置的存在，宇航员就成了"控制生物有机体"，或叫作"人机结合体"。

那些提出"人机结合体"设想的科学家们并没有考虑用宇航服、太空舱或人造居所来保护宇航员的身体(这些恰恰是实际应用的方法)，而是很大胆却有些鲁莽地提出了这个问题：为什么不制造一些无需保护就能在外太空生存的人机结合体？由于一些技术、社会和政治原因，这项研究未能继续，但是"人机结合体"这个名称却为世人沿用。

今日，这个概念用来指使用高科技装置来增强人体能力的人类。无论这个人是在地面、海底还是在太空进行作业，都可以被叫做"人机结合体"。如果一个人的体内植入了起搏器，或者有人使用助听器，抑或有人装着人工膝盖，他们都可以被叫做"人机结合体"。如果一个人把便携的、能与计算机互动的部件(比如上文提到的在虚拟现实中使用的特制的视觉设备和手套)用皮带系在身上，他暂时就成了一个"人机结合体"。

广义来讲，这个概念还可以用来指代虚构的"人造人"，或是思维能力接近人类，甚至超出人类的高端机器人。石人(中世纪犹太神话中一个黏土生命)和弗兰肯斯坦[参见玛丽·雪莱(Mary Shelley)于1818年发行的科幻小说《科学怪人弗兰肯斯坦：现代的普罗米修斯》(Frankenstein: The Modern Prometheus)]就是"人造人"的代表。而阿诺·施瓦辛格(Arnold Schwarzenegger)饰演的终结者机器人[参见电影《终结者》(Terminator)三部曲]则是能力超出人类的高端机器人的代表。

◎火星飞机

火星飞机是一个轻质量的航空机器人概念平台。它可以用来装载试验设备，进而使在火星上进行探测成为可能。在一些设计好的任务场景中，人们在火星周围选择几个地点安置火星飞机。实际地点与预计的地点相差不会超过几千米。在这些位置上的火星飞机会配备地震仪或气象站，这样，若干火星飞机上的设备就可以构建一个科研网络。

能够拍摄高分辨率图像的火星飞机的设计载重量约为 50 千克。在星际生物学领域，火星上的几个地区受到高度关注，火星飞机可以对这些地区进行仔细的地理化学勘察。这个超轻的航空机器人可以在海拔 500 米到 15 千米，对应幅度为 25 千米到 6 700 千米的范围内飞行。科学家们可能会使火星上的机器人飞机沿着狭长的山谷和峡谷飞行以进行空中勘察。飞行在巨大的峡谷里，机器人飞机会掠过一大片引人入胜的地区，同时拍摄高分辨率的图像。它带回的信息会帮助判断到底哪些地点值得派实地勘探机器人甚至是宇航员去探索。

关于火星飞机，美国国家航空航天局的设计员们有两种基本的想法。第一种想法是把它设计为可以丢弃的单程航行太空平台。它将从母太空飞船起飞，进入火星稀薄的大气层之后，就自动展开巨大的机翼，开始太空侦察、大气层探测以及其他的科学调查。当联氨燃料最终耗尽，它就自动坠毁。

第二种想法是给火星飞机配备一个小型的、多推进力的火箭发动机，再配备着陆装置，以便它能够在火星表面进行不会损坏飞机的软着陆。这样，它能够在执行任务之后再次起飞。由于火星的大气非常稀薄，飞行器要具有宽大的机翼，还要有发电设备，才能实现快速的起飞。安装火箭帮助起飞是一个切实可行的办法。这种机器人飞机能够进行原位测量，还能完成火星土样采集的部分工作——在火星的广大区域进行土样采集并就地检测，或者把样品送到地面或空中的机器人飞行器（本书在第 7 章详述了采集样品的任务）。

探测火星任务的设计者们意识到，要想在探测过程中随机应变地处理情况，或是想实现人类登上火星的目标，就得具备一组机器人飞行器。这些太空平台可以帮助宇航员对备选降落地点进行评估，部署特殊传感器进行网络科学任务，还可以到达火星的偏远角落采集土壤和岩石样品。一旦宇航员在执行任务中迷路或遇到危险，火星飞机还能在很大的范围内开展搜救工作。如果一架悬停在高海拔位置的火星飞机配备了无线电收发装置，宇航员、地面基地、地面机器人或其他种类的机器人就可以把火星飞机当作一个暂时的无线电中继站使用。

这幅图展示的是约在 2020 年的一个机器人飞机正在探索火星。该飞机的翼宽达到 19.8 米，以联氨提供动力。它从绕火星运转的母太空飞船起飞，之后打开降落伞降落在火星表面。这架可以拍照的飞机将载着重达 45 千克的仪器航行 4 000 千米（美国国家航空航天局）

◎使用机器人探测冰冷地区

有水（即使是固态水）的地方就可能有现存的或已经灭绝了的生命。火星的北极地区就有固态水存在，所以星际生物学家们对这些地区尤其感兴趣。美国国家航空航天局发射的“伽利略号”木星轨道飞行器给木卫二拍摄了一些特写照片，这些照片显示在木卫二的冰冷地壳下方，很可能存在一片液态水的海洋。这些地方可能存在外星生命形态。尽管条件尚未成熟，美国国家航空航天局的研究员们还是努力送机器人去太空“破冰”——寻找外星生命形态。

一些环绕火星和在火星地表进行的测试证明火星上有水，科学家们也应用地球物理学的知识判断出火星上有水。那么下一个计划就是钻探这些含水的地区了。星际生物学家认为寻找火星生命的最好方法是“跟随水的印迹”。科学家目前还不甚了

图为构想中的“穿冰机器人”——这个机器人勘测器能够穿透行星或其卫星的冰冻地表。穿冰机器人先使它前方的冰融化得以前进，液态水从这个鱼雷形的机器人周围流过，在它的身后重新冻结。在外星，这个机器人会像鼹鼠一样钻出一条地道，同时将在地下收集到的数据传回地表。它在火星上穿透较浅地区的冰冻表面时，可以使用通讯电缆，而穿越木卫二上厚厚的冰层时，就要在冰层中放置若干迷你无线电中继站使其构成一个通讯网。为了避免该机器人被地表以下大石块之类的物体卡住，它还配置了半自动转向装置和智能水平仪（美国国家航空航天局 / 喷气推进实验室）

解火星的地表情况，但之前的几次火星探测收集的数据提供了大量的证据显示很久以前火星确实存在地表水，这些水可能构成小溪、浅海甚至是大洋。照片显示火星地表有由流水冲击而形成的沟渠，但却没有证据显示火星目前仍然存在液态水。

通过探索地球的某些寒冷地区，比如冰岛和南极洲，科学家们知道永冻层里的冻泥和冰的混合物里含有水。而在永冻层下方甚至可能存在液态水。根据这点，不难判断出，即使火星表面的水早已蒸发掉，它的地表下方仍然可能有大量的液态或固态水存在。

科学家们认为，如果想勘测火星的冻水里究竟有无休眠生命，就要钻探或穿透

200 米的距离。因为如果液态水存在，它们很有可能存在于地表以下的深处。这是巨大挑战。想进入火星极地的地表下方，就要使用“穿冰机器人”。

降落在貌似安全实则危险的火星北极地区之后，飞行器会激活一个它携带的穿冰探测器。探测器先将鱼雷形状的前端加热，在冰层融出隧道，然后由于自身的重力，探测器会向下方前进。穿冰机器人自身的设备会自动监测并分析发掘时遇到的气体和其他物质。这个能够加热并自动转向的智能机器人可以灵巧并谨慎地移动，以避开地下障碍（主要是大块岩石）。穿冰机器人是一台高智能的机器，如果在冻土之下发现含液态水的土层，它可以在小范围内自动调整行进方向以适应周围情况的变化或抓住计划之外的科学探索机会。

穿冰机器人先使它正前方的冰融化得以前进，液态水从机器人周围流过，在它的身后重新冻结。在穿透冰冻物质的过程中，穿冰机器人会监测身旁流过的物质的特征。然后再经由缠绕在机器尾部的细电缆将收集到的科学数据发送到登陆器太空飞船。如果冰层的厚度不小于 1.6 千米，最好使用一种更实用的方法——在冰层中放置若干迷你无线电中继站，数据将经由这些中继站传送到登陆器太空飞船。

穿冰机器人代表了主动与被动结合的融化系统的最先进技术。由于比传统的机械切割方式使用的能量少，这种方式比以前使用的钻探方式效率高。另外，由于穿冰机器人身后的水重新冻结，就没有必要在它融出的隧道内放置大量的钢管防止坍方或塌陷。事故应急系统和半自动转向装置也避免了机器人卡在情况多变的地下。用穿冰机器人来穿透木卫二的冰层是最理想的途径。本书的后面章节对这一内容有更多介绍。

知识窗

木　卫　二

木卫二是意大利科学家伽利略（1564—1642）在 1610 年发现的木星的卫星，表面平坦，由冰层覆盖。基于飞行器在木卫二周围进行探测的结果，科学家认为这颗卫星冰冻的地表之下可能存在液态水。木卫二的直径为 3 124 千米，质量为 4.84×1022 千克。该卫星距木星 67.09 万千米，位于环木星的同步轨道上。其离心率为 0.009，倾斜度为 0.47°，每 3.551 天（1 天为 24 小时）绕木星一周。

木卫二地表的重力加速度为1.32米/平方秒，平均密度为3 020千克/立方米。

星际生物学家认为木卫二是除火星之外的可能具有外星生命的太阳系天体。

美国国家航空航天局开展了一项名为“木星冰冷卫星轨道环绕器（JIMO）”的任务。该任务计划发送一个高科技的机器人飞行器围绕木星的三个有趣的卫星飞行——木卫四、木卫三和木卫二。这三个行星大小的卫星的冰冷地表之下都可能含有液态水。基于“伽利略号”的探测结果，“木星冰冷卫星轨道环绕器”任务会进一步研究这三个天体的构成和历史，并探寻这些天体上是否有外星生命。目前，这项任务的目标包括：检测卫星上是否有潜在的生命，研究卫星的起源和演变，探索卫星周围的辐射环境，并计算每个卫星被宇宙残骸撞击的频率。

这个飞行器将使用一项新技术——依靠核裂变反应堆提供的电能推进。这项技

美国国家航空航天局“普罗米修斯计划”的概念图。图中飞行器由核反应堆供电，由离子推进。该飞行器将于2015年左右进入木星系。“木星冰冷卫星轨道环绕器”任务将对木卫四、木卫三和木卫二依次进行勘察，着重寻找冰冻地表以下的液态水海洋。由于木卫二的液态水海洋中可能有生命存在，科学界对这颗卫星尤其感兴趣（美国国家航空航天局/喷气推进实验室）

术曾成功地使用在美国国家航空航天局的“深空 1 号”飞行器上。目前的电力推进技术足能使“木星冰冷卫星轨道环绕器”飞行器在执行一项任务期间围绕三个木星卫星飞行。如“卡西尼号”一样，现代的飞行器都有足够的推进力，可以在围绕一颗行星飞行之后，再围绕其卫星或其他天体飞行，就像环状体系一样。“木星冰冷卫星轨道环绕器”飞行器的核电推进系统能在长时期内提供推进动力，使飞行器能缓缓地穿越木星星系，然后分别围绕三颗卫星运行。

探寻木卫二生命的任务需要一架绕木卫二飞行的母太空飞船、穿冰机器人和涵泳机器人（hydrobot）。“木卫二轨道探测器”可以作为整个任务的机器人指挥所。星

这幅图描绘的是提议中的穿冰机器人（后景）和涵泳机器人（前景）——有趣的机器人联合体——它们能够在木卫二可能存在的冰下海洋中探索。在这个计划中，登陆机器人先到达木卫二的表面，然后放下“穿冰机器人 / 涵泳机器人”包，自身则作为通信中继站留在地表。穿冰机器人先在冰层中融化出通道，然后将涵泳机器人送入地下海洋。涵泳机器人是一部自推式水下装置，能够分析地下海洋的化学成分,还能寻找外星生命的痕迹。该图显示的是能独立工作的潜水机器人（涵泳机器人）正在检测一个假定的水下热液口，同时探测在这个适合生物生存的环境中是否有外星水生生命形式存在（美国国家航空航天局 / 喷气推进实验室）

际生物学家和一些其他的研究者对木卫二上的一个地域尤其感兴趣，到达木卫二的轨道之后，这个机器人飞行器就会发射一个登陆机器人到上述地域。在木卫二的冰壳上实施软着陆后，登陆机器人会放下一个携带涵泳机器人的穿冰机器人。穿冰机器人将在木卫二的冰壳中融出一条道路，到达可能存在的地下海洋。穿冰机器人在行进的过程中，会在于它身后重新冻结的冰层当中放置若干异频雷达收发机，用以与登陆器传递信息，然后登陆器再以突发脉冲传输模式将信息传送至沿轨道飞行的母飞行器上。通过该母太空飞船（木卫二轨道探测器），地球上的科学家可以随时了解任务进程。但整个任务执行过程中，无论是穿冰机器人、涵泳机器人还是木卫二轨道探测器都不接收人类给出的任何指令，而要完全地独立操作。

当穿冰机器人透过木卫二厚厚的冰层，发现可能存在的地下海洋时，这个鱼雷形状的机器人就会放出一个叫做“涵泳机器人”的能独立工作的自推式水下机器人。涵泳机器人会立即进入水中，开始对水域的科学测量。这个潜水机器人还会仔细勘察木卫二的水域中有无外星生命。涵泳机器人探测到的数据会经由穿冰机器人、位于地面的机器人和绕轨道运行的母飞行器传回地球。上页图是一位画家所描绘的本世纪最伟大的科学发现。这个想象中的场景展示的是涵泳机器人正在检测水下热液口，同时探测在木卫二的地下海洋里是否有外星生命形式存在。这个假想场景中的智能机器人组（木卫二轨道探测器、登陆机器人、穿冰机器人和涵泳机器人）使得人类有机会在太阳系的其他星球上发现生命。不管最终是否能在木卫二上发现生命，这个使用高智能机器人探测宇宙的任务计划都是未来更高级计划的先驱。

◎“星际探索”任务

“星际探索”是一个构想中的机器人，它能够进入距离太阳表面（光球）160万千米以内的区域。这次与太阳的近距离接触使科学家们首次有机会对日冕（太阳的外部大气层）的物理状态进行直接（实地）考察。这一具有挑战性的任务要求高级机器人飞行器技术的支持，包括超强热防护、特制仪表、导航与控制设备、通信设备和推进设备。美国国家航空航天局高级计划的科研员预测，该类型的机器人飞行器任务能够在2020—2030年得以执行，2030年是较保守的估计值。

“星际探索”的勘测目标包括确定日冕被加热的地点、哪些物理过程加热了日冕并使太阳风达到了超音速。就像目前预想的那样，机器人探测器会把遥感日冕的数

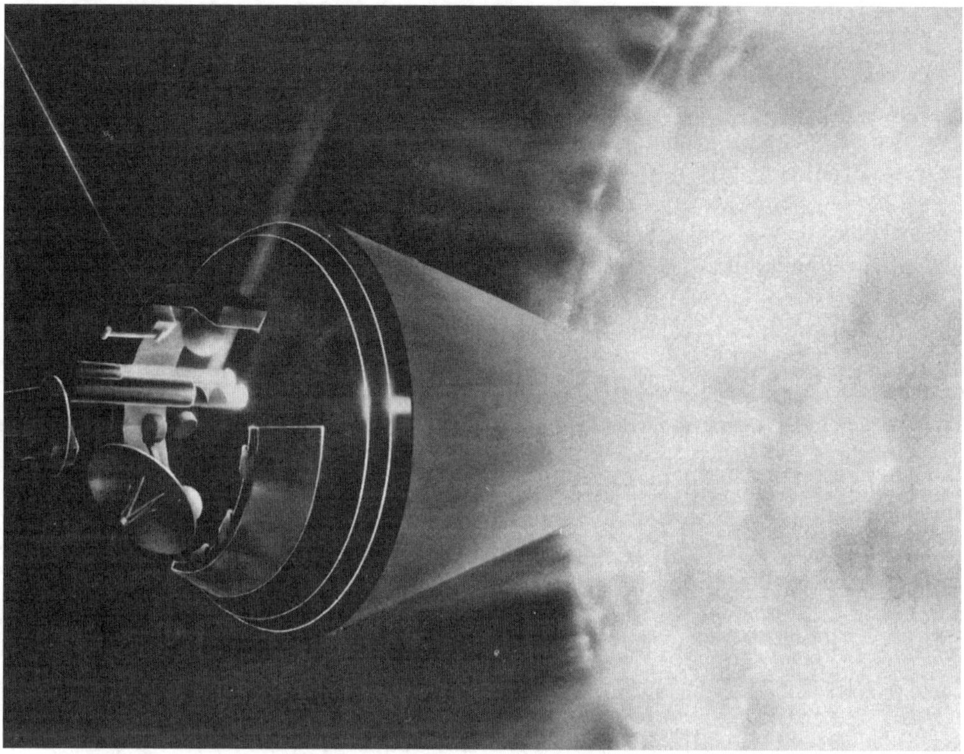

该图显示的是 1 台机器人太阳探测器正在距太阳 160 千米以内的区域飞行。造访太阳之后，这个机器人飞行器将得到日冕内部物理状态的第一手材料。该太阳探测器的首要科研目标是帮助科学家了解日冕的加热过程和太阳风的形成过程（美国国家航空航天局）

据与在日冕内进行的实地测样结果相结合，这样得出的数据是其他飞行器无法获得的。由于飞行器将在极热的环境下运行，放射性同位素热电发电器将在整个任务期间被用作可靠的电力来源。木星的重力助推可以使这个三轴稳定的飞行器提高速度，最终能够在离太阳很近的轨道上飞行，并对日冕进行抽样。

“星际探索”将在极端条件下运行，它的运行范围距太阳最近的行星间距为 0.2 个天文单位，距太阳最远的行星间距为 5 个天文单位。一个天文单位等于 1.496 亿千米。当探测器距太阳 0.2 个天文单位时，它距太阳的可见表面（光球）仅有 160 万千米，距太阳那正在进行热核反应的核心约为 230 万千米。当它距太阳 5 天文单位时，它就离木星很近了。

◎太空核能

由于美国能源部［早期叫做“原子能委员会”（DOE）］与美国国家航空航天局的合作，美国得以在诸多太空任务中使用核能作为电力来源。其中包括月球科研站，若干探索远日行星的任务——木星、土星、天王星和海王星，以及在火星表面寻找生命的任务。

例如，当“阿波罗12号”上的宇航员在1969年11月从月球表面起飞向地球返航时，他们在身后留下了一个以核能为动力的科研站，该站能够连续几年向地球传送信息。“阿波罗14号”执行了17项任务后留在月球表面的科研站也由核能提供电力，该电力来源于以钚-238为燃料的放射性同位素热电发电器。自从1961年，核能使得许多空间任务得以执行，其中包括探测木星和土星的“先驱者10号”和“先驱者11号”；到访火星地表的“海盗1号”和“海盗2号”；飞越木星、土星、天王星、海王星及其他天体的“旅行者1号”和“旅行者2号”；在太阳极地轨道上工作的“尤利西斯号”；到访木星的“伽利略号”；还有到访土星的“卡西尼号”。

在太阳系文明发展的过程中，充裕的、稳定并可运送的能源代表着一项很重要的技术。如果想进一步探索太空，太空核能系统就会扮演越来越重要的角色。如果派机器人去探索更遥远的太空，或使载人太空飞船飞离地球轨道，就需要太空核能系统。当宇航员要回到月球建立永久居所，再由月球去火星建立地面基地时，同样需要太空核能系统。

与传统的太阳能电源和化学电源相比，在太空任务中使用核电源有几个显而易见的优点。使用核电源符合体积更小、质量更轻的要求，有效期也长，在极端条件（比如超强的捕获辐射带、火星表面、外太空行星的卫星甚至是星际空间）下也能够运行。而且，不管距离太阳远近，核电源都能够正常运行。

太空核电源采用核过程中产生的热能。此类核过程包括放射性同位素的自然（但可预期的）衰变，自持的连锁中子反应当中重原子核的控制裂变（如铀-235的裂变），控制热核反应中轻原子（如氘和氚）核的聚变。这种核反应产生的热能可以直接转换为电能，也可以经由各种热力循环（热机）而转换为电能。具有控制热核聚变的能力之前，使用太空核电源都要通过放射性同位素的衰变反应堆，或通过核裂变反应堆。

放射性同位素热电发电器包括两个主要的功能要素：热电转换器与核热源。在美国所有的太空任务中，凡需要放射性同位素提供能源时，就使用钚-238的放射性同位素。钚-238 的半衰期为 87.7 年，因此可以长期有效（半衰期是指放射性元素的原子核有半数发生衰变时所需要的时间）。在核衰变过程中，钚-238 首先放射出只具很低穿透力的阿尔法射线。这样，只需小量的屏蔽就可以保护飞行器不受核辐射。热电转换器根据热电偶工作原理把一部分核（衰变）热能直接转换成电力。

设计并制造一个裂变能源系统是为了使铀原子在一个核反应堆里产生裂变，产生的能量可以用来作为空间项目的能源。裂变过程中，中子撞击铀原子，铀原子裂变成为更小的原子，这种更小的原子叫做裂变产物。在这个过程中，铀原子会释放出热能。这些能量由一套转换系统转换成电能，从而给太空飞行器提供能量。这个裂变过程可以被人为地控制以适应所需，这样，裂变过程就能够在反应堆系统内持续地提供能量。

太空反应堆的设计是与地球上的反应堆不一样的。前者的体积更小，与一个 5 加仑的油漆桶大小差不多。根据太空安全工程师的设计，在到达应该开始发生反应的地点之前，太空反应堆都会处于低温、不反应的状态。一旦到达地点，反应堆就会接收到信息，指示它开始运行。这就要求系统提高发射时和运行时的安全性。

虽然太空裂变能源系统的设计非常复杂，它反应所依据的基本原理却十分简单。只需三个基本的子系统，就可以获得电能。首先，要有一个受控的裂变反应堆核心来产生热量。其次，要有一个冷却循环或冷却机制把热量由反应堆核心转移。最后，需要一个能源转换子系统从冷却循环接收热量，再把接收到的部分热量转换成电能。根据热力学原理，系统无法将接收到的全部热量转换成为有效电能，所以，接收到的一部分热量会散发到周围环境（太空）中。工程师们使用散热器把空间动力系统当中过多的（剩余的）热量转移到太空中。

要把反应堆中的热量转换成电能，有多种能源转换技术供选择。最终会使用哪种技术，则取决于空间任务的要求、飞行器上其他设备的兼容性，也要考虑到飞行器的有效负荷能力。核反应堆运行过程中会产生辐射，工程师们还要使用辐射屏蔽来保护飞行器上的电子部件和敏感设备。

俄罗斯的航天项目已经向太空发射了几个核反应堆，最近发射的一个叫做“黄玉”（Topaz）。美国只于 1965 年向太空发射了一个实验性质的太空反应堆 SNAP-10A，该反应堆能够在预定轨道上正常运行。SNAP-10A 计划的目标是使其在太空运行时，每年至少发电 500 瓦特。SNAP-10A 反应堆体积较小（和园丁用的提桶体积差不多），是以铀-235 为燃料的氢化锆（ZrH）热反应堆。由于反应堆外部的一个电子部件失效，当飞行器仍然位于轨道时，这项任务就被安全地提前终止，但是 SNAP-10A 成功地通过了轨道测试。

由于美国率先在太空使用了核能，人类的安全问题、保护地球环境的问题就接踵而来。之后的太空核能源计划的主要任务之一就是避免过度的风险。这就要保证放射性同位素燃料在正常条件下的安全，还要保证它在危险情况下仍然安全。对于 SNAP-10A 这样的高级太空反应堆来说，就意味着它们在发射时要处于“冷”（不反应）的状态，而当它们到达环地球轨道或是行星际轨道，安全稳定地飞行时，再开始反应。

◎对高级机器智能的需求

目前，数据的处埋和信息的分类工作都由人类在地球上完成。将来，这样的工作会由高级的太空机器人完成。以前，由太空任务获得的信息和数据数量之大，远超过了科学家们的筛选能力。比如登陆火星的海盗号任务就传回了许多图像数据，大约需要 7.5 万卷磁带才够将这些数据转换到磁带上。未来的智能太空机器人（轨道器、登陆器和漫游车）从轨道飞行器或登陆机器人获得信息之后，就能够使用太空飞船的船载计算机鉴别哪些信息应该传回地球，哪些信息应该储存或丢弃。有数据过滤能力的机器人可以避免地球上的科学家被超大量的数据压得透不过气来，也可以降低行星间数据传输的压力。

具有上述能力的高级智能太空机器人将会在它们的计算机内存中储存大量的分类模板或者“世界模型”。这些模板能够分辨出某个特定任务中任务对象的特征或任务的兴趣所在。机器人探测器会把它们通过机器视觉“看”到的景象与计算机内存中的资料相对比。只有符合分类模板的信息才会被储存到计算机内存中，并贴上“感兴趣”的标签。这样的信息最终才会被传送回地球。

与目前的太空飞船不同，未来的高级智能机器人能够丢弃任何不必要或者无用的数据。一旦有异常的事物出现，智能机器人就会小心仔细地检测该物体或现象。机器人会汇报这些异常的发现，并向地球上的（或月球上的永久居留所，抑或火星的地表基地上的）人类操控员发出警报，提示该数据的潜在意义。机器人发出的这个警报，无异于古希腊的阿基米德（公元前 287—公元前 212）喊出的“尤里卡（我发现了）”。据传说，阿基米德当时正在努力解决国王给他的一个挑战性题目。在洗澡时，他发现了浮力原理，从而解决了这个难题。他兴奋得不得了，没穿衣服就从浴池里跳了出来，从锡拉库扎（Syracuse）的大街上一直跑到国王的宫殿，边跑边喊“尤里卡”。如果智能探测机器人能够自动进行数据分析和筛选，人类就可以从费力劳神的脑力劳动中解放出来了。

作为探测机器所使用的通用太空机器人需要两种基本形式的高级机器智能（人工智能）：（1）智能机器人必须能够学习新环境；（2）它要能够根据新环境形成一些假设。能否形成假设和学习新环境是研制高级机器智能的关键。深空行星际系统和太空星际机器人系统都要具有能自动研究外太空目标的机器智能。对星际探索来说，机器智能系统还要有能力识别外星文明中的人工制品，或至少为外星文明中的人工制品编一个目录。

简单地说，支持深空探索的机器智能必须在遇到一些未知的物体时，能够做出一些科学结论。由于做出科学结论需要高水平的智能，智能自动太空机器人使用的智能通常被叫做“高智能的机器智能”，或者简称为高级机器智能。

如果一套自动深空探索系统要具备真正的学习能力，它就得能应用推理算法的三个步骤：分析、归纳、溯因，进而具备机械的或类人的形成假设能力。

高级太空机器人需要具备分析推理能力是为了处理原始数据，为了能够识别、描述、预测并阐释地球外的物体和现象，也为了处理现存的知识结构。探测机器人如果具备归纳推理能力，就能够进行定量概括，也能够对外星世界中的物体和现象，甚至是某些进程的特征做出一个摘要总结。这样的逻辑能力可以使机器人构建出新的知识结构。溯因推理能力使智能机器人针对新的科学原理、理论、概念、模型等等创制一些假说。一个智能机器人要想构建新的全方位的知识体系，创制这种假说的能力就是关键。机器人构建的新知识体系很重要。如果我们想使用太空机器人成功地探索太阳系的行星天体（包括卫星、小行星和彗星）和其他恒星周围的世界，机器人构建的新知识体系就必不可少。

虽然上文提到的三种推理能力各不相同、各自独立，但是仍然可以将它们依复杂程度排序。分析推理能力在创建新知识的过程中作用最小。一个自动系统如果只具有分析推理能力，那么它只能承担太空勘察任务。如果一台机器具有分析推理能力和归纳推理能力，就很可能有能力承担勘察和探索任务。智能机器人的预编程序中的模板必须能够代表机器可能遇到的太空物体。一旦模板不能够代表遇到的太空物体，执行任务的机器就需要溯因推理能力来完成任务。这种逻辑能力是最复杂的，在构建新知识体系的过程中处于核心地位。一个具备溯因推理能力的自动太空机器人系统可以在没有人类直接监控，或只有少量的人类直接监控情况下，完成勘察、探索和深入研究任务。

行星间或星际探索任务中使用的高级机器人需要这种有适应能力的机器智能要具有如下几个方面的能力：学习能力、记忆能力和识别能力。学习能力是指根据环境中的信息模式归纳出普遍性原理。这种机器智能要求一定的形成假设和确认能力。在学习过程中，智能机器人会在试用的基础上总结出普遍性原理。经过强化、练习、仔细确认之后，智能机器人才会使用这些新的原理。记忆是指不断地获得普遍性结论的能力。有记忆能力的机器人可以经过再循环过程和再制造过程调出很久以前存入的数据。识别是指一种能够根据之前构建的普遍性原则指认或分类环境中出现的信息模式的能力。

下面以一个假设的情况来说明高级机器智能的太空机器人的价值和将要扮演的重要角色。在2035年，一个智能的自行装置在火星表面以自由方式进行探索——即在没有人类直接监控的情况下在火星表面自由漫步，寻找火星上可能存在过水的地方。突然间,智能自行装置来到了一个有趣的地质现场,它发现这个地点与30年前“机遇号”火星探测器在火星另一端发现的现场很相像。智能自行装置就会搜索它的内存，调出机遇号任务得到的所有数据和火星科学实验室（MSL）15年前到访另一现场后得出的全部数据。搜索了几千兆字节的数据之后，这个智能的自行装置就会发现该现场与此前“机遇”号以及火星科学实验室探索过的一个遥远地点的共同之处。

接下来，该智能自行装置就会使用它有适应能力的机器智能来把它在新现场收集的数据分类。为了确保形成的假设有效，它甚至会使用全自动实验室进行几个附加测试。待数据分类完毕,智能自行装置就会开始形成新的假设,并试着做出结论（这就是上文提到的学习能力）——看看古火星上到底哪里有水存在过。这时，智能自行装置才准备好与人类操控者共享它的新发现。它会联络火星通信轨道器，发送一个“尤里卡”信息给地球上的科学家或是在火星地表的宇航员。

这个假设的情况听上去是不是不太现实？也许吧。但是美国国家航空航天局喷气推进实验室的任务设计者们已经开始考虑制造一个叫做“天体生物学实验室”（Astrobiology Field Laboratory）的高级智能太空机器人——复杂的漫游实验室，能够于2015年在火星表面“抓挠和嗅探”现存生命或曾经存在生命的迹象。这些可能存在生命（现存的或已灭绝的）的地点就是火星上曾经有水的地方。

11 自我复制系统

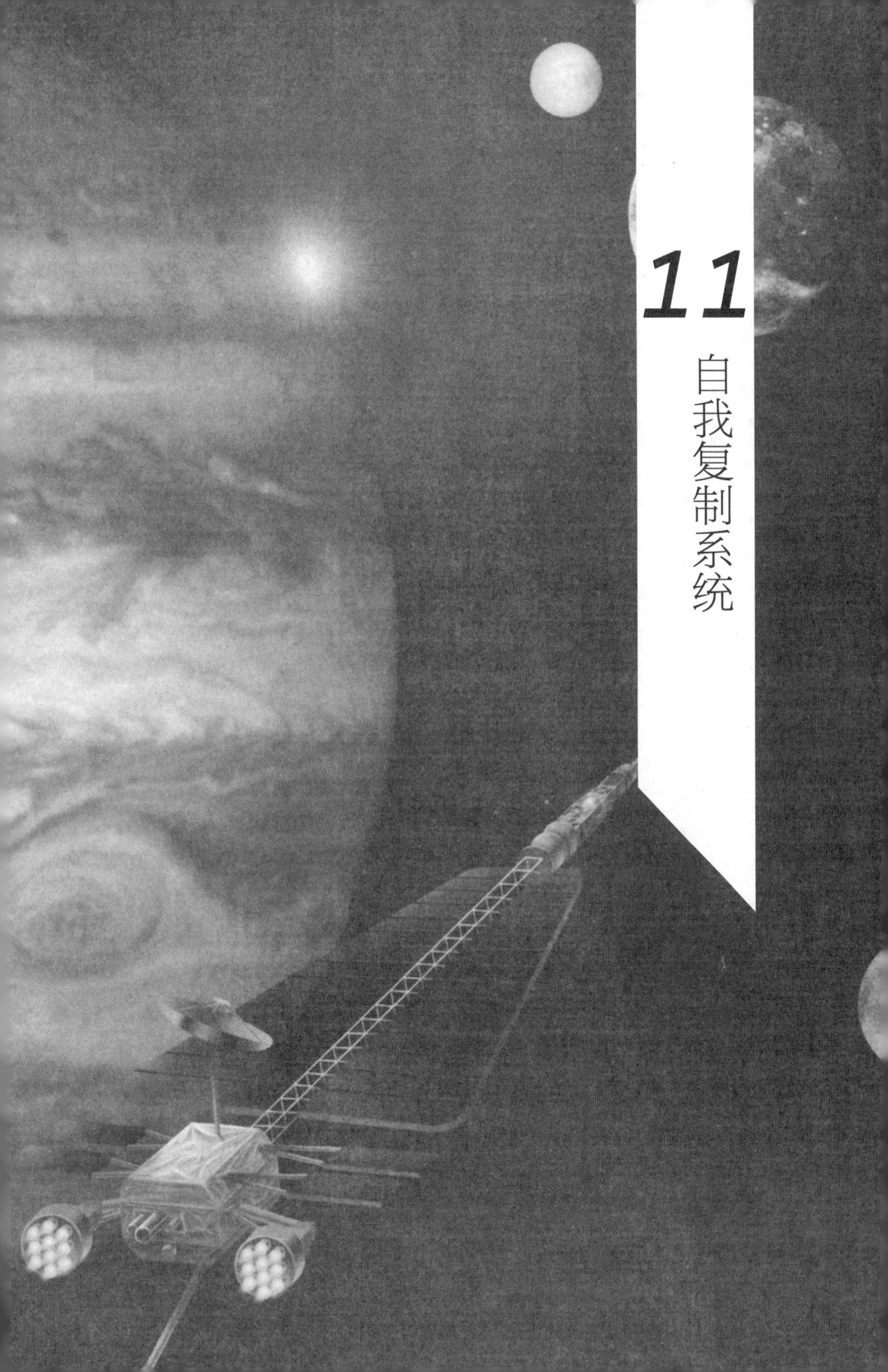

21世纪后期将在太空生产的产品中最重要的两个是机器人和遥控操作器系统。如果我们不先由地球提供大量的自动化设备，就无法实现拥有高级空间制造系统这一终端目标。最终，根据第一代太空工业机器人的作业经验，太空机器人和遥控操作器都会在太空中被生产出来。遥控操作器就是一个高级的太空机器人系统，它携带的特制传感器支持人类操作员通过虚拟现实和遥现技术进行准实时操控。太空工业机器人将会帮助建造和完善月球基地、组装沿轨道飞行的设备和人类定居点，还会为第一个火星地表基地做一些包括资源加工在内的实地准备工作。

在一个建造月球基地的场景中，人类工作人员将会位于地球的舒适环境（虚拟现实）当中，通过遥控操纵太空机器人做出推、拉、敲击、提升等动作。同样，人类探索火星的过程中，也会在人类探索者飞离地球之前，先送自动资源开采设备到火星，从火星资源中开采出水、氧，甚至是回程时火箭用的推进燃料。

与在地球上制造，被运送到地球以外的地方作为种子机器或启动机器的第一代设备相比，第二代和第三代太空工业机器人的多功能程度要更高，容错能力要更强。制造第二代和第三代太空工业机器人和遥控操作器系统所需的核心技术是能够适应太空环境的传感器和计算机视觉。太空机器人和遥控操作器还应具有更高的决策能力和自我保护能力。

一旦工程师具备了在太空中制造机器人的能力，太空机器人的进化就可能向前迈出一大步——自我复制系统（SRS）。事实上，一个自我复制系统的单元的行为很像一个生物有机体。

◎自我复制系统的理论与应用

杰出的匈牙利裔美国数学家约翰·冯·诺伊曼（John von Neumann, 1903—1957）是第一个认真思考自我复制系统问题的人。他的著作《自复制自动机理论》

（*Theory of Self-reproducing Automata*）由其同事亚瑟 · W. 伯克斯（Arthur W. Burks）编辑，并于 1966 年出版，此时冯 · 诺伊曼已经因癌症过世十年之久了。

冯 · 诺伊曼在研究复杂机械时产生了对自动复制的兴趣。由于为第二次世界大战曼哈顿计划（美国原子弹的顶级机密项目）工作，他接触到了自动计算。通过这次接触，他对大型复杂计算机器非常着迷。事实上，我们今天使用的大部分通用数字计算机的格式就是根据他发明出的串行处理存储程序理念设计出的，所以这种计算机也叫做冯 · 诺伊曼计算机。

1945 年，冯 · 诺伊曼草拟了一份报告，介绍了他的存储程序计算机。虽然第一部电子计算机——电子数字积分计算机（ENIAC）使用的是十进制，但冯 · 诺伊曼意识到，在设计计算机时，使用二进制比十进制简便得多。电子数字积分计算机是世界上第一部数字计算机，于 1946 年完工，包含 18 000 个真空管。虽然这是“思维机”发展过程中的一大步，电子数字积分计算机仍然使用着十进制。冯 · 诺伊曼提议使用的二进制使得计算机中的回路只需处于两种状态：开或关，也可以用二进制的语言表示成 0 或 1。

数字计算机能通过应用数学解决真实世界中的挑战性问题，冯 · 诺伊曼是最早认识到这种价值的人之一。他在美国洛斯阿拉莫斯国家实验室的工作，是为了使当时正在研制的新数字计算机为热核武器设计过程中遇到的难题提供计算解答。许多科技历史学家都认为冯 · 诺伊曼在该领域的贡献大大加速了美国氢弹的研制，使得美国能于 1952 年 10 月 31 日在太平洋进行氢弹测试。

由于他在计算机设计上的伟大贡献，冯 · 诺伊曼被誉为该领域的奠基人之一。然而，他继续着手解决更具挑战性的难题——研制自我复制机器。自动机理论使他能够将近期（第二次世界大战时和战后）钻研的关于大型电子计算机的逻辑学理论和证明理论进行综合应用。直到他于 1957 年过世，他都一直在研究自我复制机器。

事实上，冯 · 诺伊曼构想了几种自我复制机器，他将其分别命名为动力机、蜂窝机、神经元类型机、连续机、概率机。遗憾的是，在他于 1957 年过世之前，他只形成了对动力机的非正式描述。

在冯 · 诺伊曼提出的几种自我复制系统中，人们最常讨论的是动力机。冯 · 诺伊曼设想这种自我复制系统处在“备件的海洋”中。动力机有一个记忆带，会指令设备仔细检查某些机械步骤。这种机器有机械臂，也有移动能力，这样它就可以收集和组装部件。储存的计算机程序会指令机器伸出机械臂捡起某一个部件，然后对这个部件进行识别和评估，进而确定这个部件是否为记忆带所需部件（注：在冯 · 诺伊曼的时代，并不存在微处理器、软盘、CD-ROM 或多千兆字节容量的硬驱）。如果机械臂捡起的部件不符合要求，这个部件就会被放回部件箱（即“部件海洋”）。动力机会一直继续这个流程直至找到合适的部件，之后再将这个部件与其他的部分组装在一起。用这种方式，冯 · 诺伊曼设想的动力机自我复制系统就能够完整地复制自身——当然，机器并不了解自己的行为。当复制体完成之后，母机会把自身的记忆带上的内容复制到子机的记忆带上。母机给出的最后一个指令就是激活子机的记忆带。这样，子自动机又可以开始搜寻“部件海洋”，找到合适的部件并组装新一代的自我复制动力机。

在构想自我复制系统的过程中，冯 · 诺伊曼得出结论，认为这些机器应该具备以下特征和能力：（1）逻辑普遍性；（2）建造能力；（3）建造普遍性；（4）自我复制。逻辑普遍性使机器具备普通通用计算机的功能。要能够复制自身，机器还要能够处理信息、能源和材料。也就是说，要具有建造能力。跟它很相近的“建造普遍性”是说机器要能够从不明确的范围内挑出部件，并能使用有限数量的部件制造出任何一台尺寸确定的机器。自我复制的特征是指，在有足够的组成部件和足够的指令的条件下，母机能够依据自身复制出子机。

自我复制系统有一个冯 · 诺伊曼未能考虑到的特征，即进化。但是他的后继者考虑到了这个问题。在机器不断复制的过程中，它们能否制造出更高级的机器？机器人工程师和智能专家在研究具有自我意识的机器人时也考虑到了这个问题。机器人能否在日常的复制过程中得出经验，制作出更好的机器人呢？如果答案是肯定的，这些进步是否能代表机器具备初级的学习能力呢？智能机器人又是否会认识到它们具有意识呢？如果这些都成了现实，智能机器人就开始模仿人类的思维模式了。一些人工智能的研究者大胆地猜测，在不远的将来，智能机器人就会像雷内 · 笛卡儿（Rene Descartes，1596—1650）一样说出“我思故我在”了。如果一个自我复制系统单元显示出进化的特征，它就很有可能具备某种形式的机械自我意识了。

根据冯 · 诺伊曼的工作成果和近代其他研究者的成果提出自我复制系统的行为可以分为 5 大类：

1. 制造。由有效输入生成输出。在制造过程中，制作出的单位机器没有任何变化。

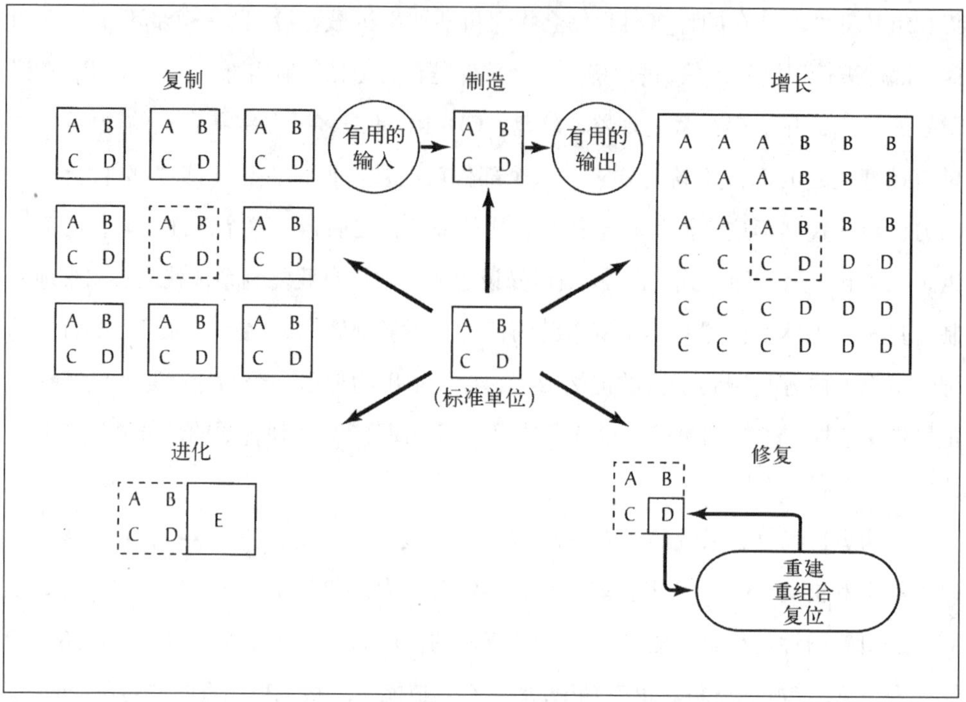

自我复制系统的五个通用步骤：制造、复制、增长、修复、进化（美国国家航空航天局）

制造是包括自我复制系统在内的机器能够演示的简单行为。

2. 复制。即由一个母机器单元制作出具有同样机身的子机器单元。
3. 增长。母机经由自身的行为，在保存原完整性的前提下，使自身的量有所增长。举例来说，机器给自身增加一个额外的存储空间以保证部件或组成材料的大量供应。
4. 进化。机器单元的功能或结构的复杂性有所增长。这种变化是通过增加或减少现存的子系统，或是通过改变这些子系统的特征而实现的。
5. 修复。机器单元为重建、重构或取代现存子系统而在自身进行的操作。但这种操作不会改变自我复制系统单元的数量、原质量及功能复杂程度。

从理论上讲，复制系统应能做出上述的部分或全部行为。在实践过程中，即使一个自我复制系统单元具备做出上述的所有行为的能力，它可能会尤其擅长做出某一个或几个机械行为。马歇尔太空飞行中心（MSFC）的乔治·冯·西森豪森（Georg von Tiesenhausen）和韦斯利 · A. 达波（Wesley A. Darbo）在 1980 年提出设计全自动通用自我复制月球工厂，与其有关的设计理念就涉及了单元复制。这个仍在构想中的自我复制系统单元有四个主要的子系统：第一，材料处理子系统要能在地球以外的地方（月球表面）采集原始材料，用这些材料准备工业原料。第二，生产部件的子系统使用这些原料生产其他部件或整机。

从这点来讲，这个自我复制系统单元有两个主要的输出功能。部件会源源不断地流向通用建造（UC）子系统，在子系统里，部件被组装成新的自我复制系统单元（即复制）；这些部件也可以被送到生产设备子系统制成有商业价值的产品。这个能自我复制的月球工厂还有其他的二级子系统，比如材料仓库、部件仓库、供电装置、指挥控制中心。

通用建造机可以制出与母自我复制系统单元一模一样的产品。每个复制品都可

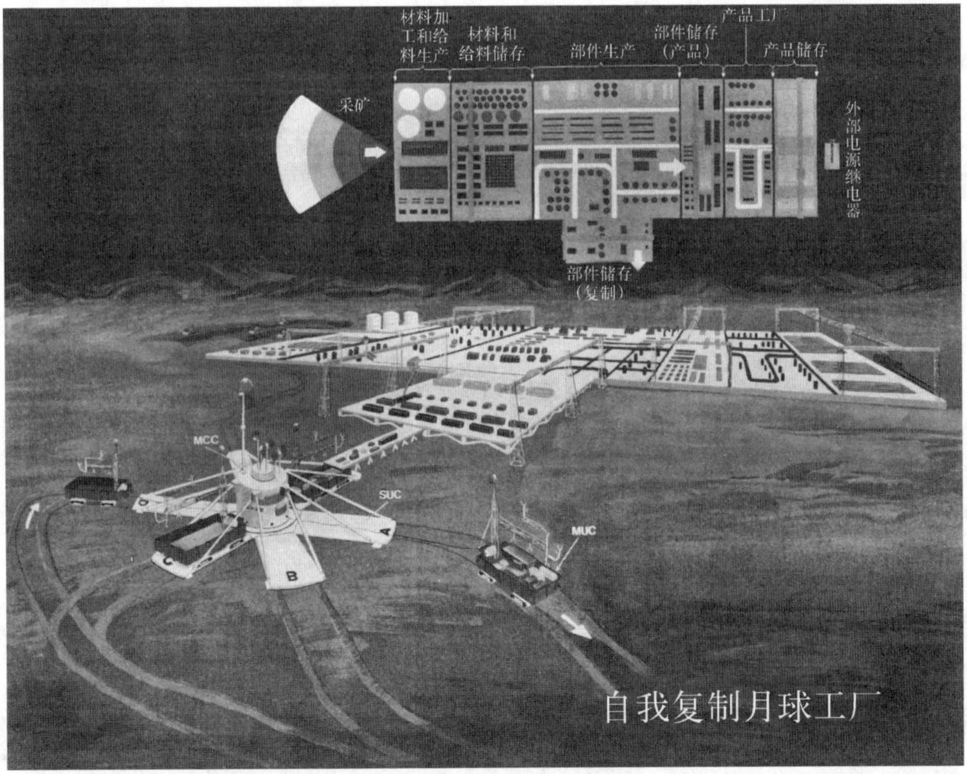

一个概念中的自我复制月球工厂的基本组成（美国国家航空航天局）

以进行再复制，直至产品的数量达到一个预定的值。在指挥与控制功能能够被复制并转移到新的机器单元上之前，通用建造机会在自身的自我复制系统单元和它的机械后代上都保留指挥与控制职责。为避免在其他行星的资源环境中，这类自我复制系统单元的增长指数超出控制范围，这些指挥与控制转移功能的最后一个步骤将由人类完成。或者在设计自我复制系统单元时，就设定外部的人类指令要优先于指挥与控制转移功能自身的指令。

◎地球外因素对自我复制系统的影响

设计自我复制系统的过程中，完结（完全自给）问题是根本问题之一。在任意自我复制系统单元中，完结进程都要有三个基本的步骤：（1）物质完结；（2）能源完结；（3）信息完结。工程师提出了关于物质完结的问题：完整的自我建造需要多种形式的物质，自我复制系统单元能否使物质材料满足所需？如果答案是否定的，自我复制系统单元就没能够进行物质或材料完结。工程师也提出了关于能源完结的类似问题。自我复制系统单元是否能够以合适的形式提供足够的能量来保证自我建造能顺利完成呢？如果答案同样是否定的，自我复制系统单元没能够进行能源完结。工程师会在最后问：自我复制系统单元是否成功地指挥和控制了全部自我复制过程？如果答案还是否定的，自我复制系统单元没能够进行信息完结。

工程师说，如果机器只进行了部分自我复制，系统就只进行了部分完结。在这种情况下，就要从外部提供一些基本的能源和信息，否则，机器系统的自我复制操作就失败了。

自我复制系统的实际应用是什么样的呢？早期的自我复制系统技术可以在地球上也可以在太空中应用。这种技术会开启一个超级自动化的时代，地球上绝大多数的工业都会受到影响从而做出改变。这就给太空工业打下了基础。一个有趣机器由美国物理学家西奥多·泰勒（Theodore Taylor，1925—2004）命名为“圣诞老人机器”（Santa Claus machine）。这个自我复制系统单元能自动采矿、提炼、制造，它能从地球或地球以外的地方一铲一铲地收集材料。之后，通过一台有大量超导磁体的巨型质谱仪来处理这些原材料。原材料被转换成电离原子束，机器会把它们一个原子一个原子地分类放进基本材料储备室。当“圣诞老人机器”要生产一个部件的时候，它就从储备室选择出适合的材料，将其汽化后注入模子，这样就得到了想要的部件。

“圣诞老人机器”里有一个巨型计算机，里面存储着包括使机器适应新步骤或新复制过程的指令。如果生产需求过量，“圣诞老人机器”就复制自身。

在大型空间建设项目（比如月球采矿）中可以使用多个自我复制系统单元，从而加快地球外资源开采进程，这些机器会在行星工程中扮演重要角色。举例来说，人类可以先在火星上部署一个种子自我复制系统单元，由其开始人类长期居留地的建造。这台机器能够使用火星上的资源，并能自动生产大量的机器人探测器。该机群会分散到火星各地，为建设火星文明而寻找矿产和冻结的挥发物质。几年之内，就会有 1 000~10 000 台智能机器在火星上快速移动，对整个火星表面进行彻底勘测，为人类的长期居留做好准备。

自我复制系统还有可能进行大规模的行星采矿作业。几组由自我复制系统生产的地表或地下勘探机器人能够发现地球外物质并将其绘成地图，再进行开采。上百台机器会开采出原材料，然后把这些原材料送到太阳系空间内的任何有需要之处。有些材料在运送过程中就会被提炼，提炼过程中产生的废渣可以用作高级推进系统的反应物料。

大气开采站可以建造在太阳系内的许多有趣并有利的地点。例如，我们可以使用航空器在木星和土星的大气中开采氢、氦（包括很有价值的氦-3 同位素）和碳氢化合物。我们还可以在由云层覆盖的金星中开采出二氧化碳；在木卫二上开采出水；在土卫六上开采碳氢化合物。使用一队拦截并开采彗星的机器人太空飞船还可能使我们获得大量的有用挥发物。类似的一队太空机器还能从土星的环形系统中开采由水凝结的冰。这些任务中使用的大量智能机器都将由种子自我复制系统单元制造。在主要的小行星带进行的广泛开采会使我们获得大量的重金属。原则上，复制出的机器能够使用这些地球外材料制造出大型的开采或处理工厂，甚至是地面对轨道或是行星间的机器。这个对太阳系物质资源的大规模开采会在短期内就成为现实，甚至可能在初步采用复制机器技术的 10 年或 20 年之后就成为现实。

从太阳系文明的角度来看，自我复制系统能产生的最令人激动的结果是它能够铺好一条科技之路，来编排潜在的无限量的物质。大量储备的地球外物质会被聚集在一起，并进行有组织编排，这样就能在这个以太阳为中心的空间越来越大的范围内都留有能证明人类存在的痕迹。自我复制的空间站、空间居留所、太阳系的其他天体上带穹顶的城市都会构建出人类历史上从未有过的多样性环境。

自我复制系统单元能够增强人类控制物质的能力，使得科学家现在就可以开始考虑在月球、火星以及某些特定天体间开展行星工程（或外星环境地球化）。在22世纪，高级自我复制系统会被当作太阳系人类文明的一部分，在天体工程中做出令人难以置信的功绩。这样，有一个令人激动的大规模天体工程项目——通过由机器人协助制造的戴森球（Dyson sphere）来控制并使用太阳输出的辐射能量——就可能成为现实。戴森球是一个由智能外星生物围绕母恒星建造的巨大人工生物圈或适宜居住的地带。

英国裔美国理论物理学家弗里曼·约翰·戴森（Freeman John Dyson，1923年—2020）提出了这个假设的构造。戴森认为该构造是某个恒星星系中文明发展的上限。智能外星生物会把所有这个恒星星系中所有的物质资源经由通道送达戴森球——能够吸收母恒星所有辐射能量的太空栖息地。自我复制系统单元会支持这类的大规模工程项目。

高级自我复制系统技术也是人类突破限制在太阳系中探索的关键。在今天看来，星际间任务还是一种构想，这种任务需要当代许多领域所不具备的技术，但这种构想却也是令人激动且有趣的心理活动。它能够阐释自我复制系统的奇异威力和无限潜能。

在人类移居天体之间的空间之前，我们会发射智能机器人执行侦察任务（参见第12章）。星际间的距离如此之长，要侦察的范围如此之广，使用自我复制探测器（有时也被称作冯·诺伊曼探测器）执行任务如果不是最基本的方式，也是一个合意的方式。它能够仔细研究数量众多的恒星系统，也能够探索外星生命的存在。

一项关于探索银河系的思辨式研究表明，如果要探索的离我们最近的恒星多于100颗，那么使用自我复制系统探测器就是最优化的方式。实际上，这种探测器能够在约1万年之内对将近100万颗恒星进行直接勘察，也能在100万年之内对整个银河系进行勘察——这一切都始于人类制造出的一个自我复制星际间机器人飞行器。

当然，由于这些机器人探测器的数量成倍增加，跟踪、控制并同化这些机器人发送回的参差不齐的数据也是一个难题。如果想避免此类问题，我们可以发送具有高级智能的机器人，这类机器人能够从收集的信息当中提取最有意义的部分，对此部分信息做出适当的摘要，之后将摘出的内容发回地球。机器人工程师可能会发明某种指挥控制的层次结构，使机器人探测器只与其母机联络。这样，当机器群进入银河系时，可以用一系列母机转发台控制星际间的信息流动。

设想一下一个或两个领军的探测器遇到外星智能物种时会产生什么反应。如果外星生物充满敌意，那么星际警报就会响起。即使这个警报以光速传送，它经由一个又一个转发台到达地球也需要几年的时间。接收到这个警报的地球人会不会派更高级，甚至是捕食者般的机器人探测器到银河系的那个区域呢？或者，地球人会在这个外星物种周围布满警示信标，提示其他探测器不要靠近这个区域？

就像美国火箭专家罗伯特·哈金斯·戈达德（Robert Hutchings Goddard，1882—1945）在20世纪早期设想的那样，具备人类与机器人综合能力的巨大方舟将会驶离太阳系，驶进星际空间。一旦到达另一个有合适物质资源的恒星星系，这个太空方舟就会开始复制自身。人类乘客（可能是驶离太阳系时的人类的第若干代后裔）可以重新分布在复制出的方舟上。如果围绕这颗恒星运行的行星上有适宜人类居住的环境，人类也可以到那里生存。在某种意义上，这个母太空方舟就是一个能复制自身的“诺亚方舟”（Noah's Ark），在这个能移动的巨大的栖息地上，生存着人类和其他的地球物种。如果有意识的智能（就是智能人类生物）分散到其他恒星星系的生态小环境内，那么诸如太阳灭亡之类宇宙规模的灾难也不会导致整个人类或整个人类文明的毁灭（约50亿年之后，太阳核心发生聚变的氢消耗尽时，太阳就会灭亡。它会先迅速膨胀成一个巨大的红色星球，然后坍缩成一颗白矮星）。能自我复制的方舟使人类有能力发送出一波意识与（人类熟知的）生命。从千年展望的视角来看，这可能是机器人技术在太空中扮演的最重要角色。这波不断扩展的人类智能，与机器智能一起，将会使行星间地区（至少在银河系的某些行星际空间）的发展进入一个黄金时期。这种发展，有时也被称作“银河系恢复青春”。每个人都在想，这一波有意识的智能到底会扩展到银河系的什么地方呢？当一条鱼从海水中跃出并在落下时溅起水花，它在水面上激起的波纹会传送多远呢？

◎对自我复制系统的控制

不管工程师们什么时候开始讨论起自我复制系统的角色和技术，他们的对话都不可避免地转到这个有趣的问题上来：一旦自我复制系统失控了怎么办？在人类向太阳系或星际间空间发送第一个种子自我复制系统单元之前，工程师们就应该掌握拔掉自我复制系统单元的电源插头的方法，以免事情失控。一些工程师和科学家觉得关注这个问题并非杞人忧天。机器人工程师遇到的另一个与自我复制系统技术有关的问题是：智能机器是否构成对人类的长期威胁？机器是否会进化出高水平的人工智能，从而变成人类的竞争对手或敌人？超智能机器又能否进行自我复制呢？即使类似人类智能的高水平机器智能尚不存在，自我复制系统也能对人类构成威胁，因为它们的成倍增长有失控的可能。

这个问题并不只存在于科幻小说的国度里。机器人工程师必须在他们研制出自我复制系统和高级机器智能之前，就研究它们蕴涵的社会和科技含义。如果不谨慎并理性地考虑这个问题，那么科幻小说中的场景就可能成为现实——人类卷入了对行星资源（或太阳系资源）的致命争夺之中，而敌方则是人类自己制造的智能机器。

当然，人类在许多活动中都毫无疑问地需要智能机器人。比如提高人类在地球上的生活质量；比如探索太阳系；比如建造太阳系文明；再比如探测距离我们较近的其他恒星。科学家和机器人工程师确实应该研制智能机器，但同时也应该尽量避免出现我们不期待的局面——避免机器人与人类处于敌对状态；避免机器人奴役甚至是消灭人类。科幻作家艾萨克·阿西莫夫（Isaac Asimov，1920—1992）于 1942 年发表在《惊奇》（*Astounding*）杂志的故事《逃避》（*Runaround*）中，提出了一系列机器人行为定律。

这么多年来，阿西莫夫提出的定律成了现代机器人文化的一部分。包括：（阿西莫夫机器人第一定律）机器人不得伤害人，也不得见人受到伤害而袖手旁观；（阿西莫夫机器人第二定律）机器人应服从人的一切命令，但不得违反第一定律；（阿西莫夫机器人第三定律）机器人应保护自身的安全，但不得违反第一、第二定律。这些所谓的定律传递的信息为人类研发善良的、不会伤人的智能机器人开了一个好头。

任何机器人如果想在非结构化的环境中生存并复制自身，那么它就要具备重新编程的能力或自动升级（使机器人的行为进化）的能力。一个智能的自我复制系统单元最终也许会有能力编程，编程的根据是人类预存在它内存中的行为定律。当它对周围环境有进一步的了解时，自我复制系统单元就会修改它的行为方式以更好地适应周围环境。如果这个智能的自我复制系统单元非常“喜欢”当机器，也很“喜欢”制造或改进其他的机器，那么在它应该以自身生命为代价去拯救它的人类主人时，这台机器就可能自动停机，而不是按预先设定的程序去救人。在这种情况下，虽然没有伤害人类，但它也没把人类从困境中解救出来。

科幻小说中，机器人、类人机器人甚至是计算机常常突然袭击人类。发行于 1968 年的电影杰作《2001 太空漫游》（*2001: A Space Odyssey*）由斯坦利·库布里克

（Stanley Kubrick）、亚瑟 · C. 克拉克（Arthur C. Clarke）合作编写剧本。电影中人类宇航员和个性强而好争辩的计算机HAL之间的冲突就是计算机突然袭击人类的例子。我们在这里进行这个话题的讨论，不是要人们用卢德分子般的态度对待智能机器人，而是希望人们注意到，在我们制造智能机器人的同时，也应该考虑到它们对社会和技术的潜在影响。

在工业革命时期,有一群失业的英国工人假装受奈德 · 卢德（Ned Ludd）的影响，发起了暴动,捣毁了新安装的纺织机器,因为他们认为是这些机器夺走了他们的工作。“卢德分子”现用来泛指恐惧或痛恨科技的人，即有科技恐惧症的人。如果我们讨论机器人带来的社会影响，就会常常提到这个词。

下文提到的一个或全部的技术就能控制宇宙空间中自我复制系统的数量。第一种方法：人类建造者把机器基因指令（深嵌的计算机指令）编写进机器，这个指令里包含隐藏的或秘密的停止命令。当自我复制系统单元复制超出了预定数目的单元，这个停止命令就会被激活。比如说，每复制超出一个新的机器单元，就有一个复制命令被删除，这个过程一直持续到最后一个（预定的）机器单元被复制出来。举个简单的实例来说明嵌入的限制再生产的指令——可弃式 DVD。播放了两次或三次以后，可弃式 DVD 就使自身无法进行再次播放，或把内容擦掉。这样，我们就无法再次观看 DVD 上的电影了。

第二个方法：为了能够在任意时间关掉一个单独的，或关掉一部分，甚至是全部的自我复制系统单元，地球会按照设定好的紧急事故频率发送特殊的信号。这个方法就像给机器安装一个紧急按钮，当按钮被按下，自我复制系统单元就会停止全部活动，并立刻进入安全的冬眠状态。许多现代设备都有紧急按钮或断流阀，抑或有控热开关或主电流断路器。由地球发出的信号能够激活自我复制系统单元上的“全部停止”按钮。这就是更复杂的安全控制方法。

对于轻质量的自我复制系统单元（约在 100~4 500 千克的范围内）来说，控制数量可能更难一些。因为与高质量的单元（自我复制的月球工厂）相比，复制轻质量单元所需的时间更短。要使这些机械生物保持秩序，机器人工程师们可能会使用捕食者机器人。由于遇到故障或其他原因使自我复制系统单元的数量失控时，捕食者机器人就会袭击并销毁自我复制系统单元。机器人工程师们还考虑使用通用销毁器（UD）来控制自我复制系统单元的数量。通用销毁器能够拆开它遇到的任何机器。

重新使用猎物机器人的部件之前，捕食者机器人会恢复猎物机器人内存中的所有信息。事实上，生物学家就使用捕食者生物来使野生动物的数量保持平衡。同样，将来的机器人设计者可以通过使用不能自我复制的捕食者机器人来控制呈几何倍数增长的自我复制系统单元数量。

机器人工程师可能会把初期的产品设计为对机器的“人口密度”非常敏感的自我复制系统单元。一旦智能机器觉得周围过于拥挤，或觉得机器的数量太多，它就会自动失去自我复制的能力（无法繁衍后代），停止工作而进入冬眠状态。或者就像地球北极地区的旅鼠一样，当数量过多时就自动采取行动将数量减少。不幸的是，自我复制系统单元可能将人类的行为方式模仿得惟妙惟肖。如果没有预先编程的行为保护设置，智能机器就会为了日渐减少的地球资源或地球外资源而你争我夺。这就可能导致机器人之间的决斗、机械的同类相食或高级的机器人对机器人的斗争。

有人希望工程师和科学家设计出的机器人只会模仿人类意识中好的方面。只有通过行为得当的自我复制系统，人类才有可能向银河系发送生物、有意识的智能和团体。

长期来看，有两种情况可能成为现实：人类可能是整个宇宙进化过程当中的重要环节；也可能是进化的终点。如果人类只愿意在地球上居住，一次自然灾害或者人类的莽撞行为就可能导致人类的灭亡——这在几百年或几千年之后就可能成为现实。即使自然灾害和人类的鲁莽行为都不会发生，我们这个不与地球外文明接触的社会也会由于孤立而停止发展，与此同时，外星文明（如果存在的话）则会繁荣起来，遍布整个银河系。

自我复制机器人系统技术给人类提供了在地球以外的地方继续进化的可能。人类的后代可能会决定制造一些自动的、能自我复制的星际间机器人探测器（冯·诺伊曼探测器），并把这些探测器发送到太空执行探索任务。人类后代还有可能发展出人机共生的体系——能够跨越星际间空间的高级自动方舟。如果遇到的恒星星系中有适合人类居住的行星，并且有能为人所利用的资源，它就会开始自我复制。

据某些科学家推测，不管是哪一种文明，只要它想探测距自身星系 100 光年以上的银河系区域，最有效的方式可能就是采用能自我复制的机器人探测器。在探索其他恒星星系一段时期之后，这个探测银河战略会产生大量的数据。根据一个估算的数据，如果探测器的速度能达到光速的 1/10，探索整个银河系大概需要 100 万年的时间。如果其他外星文明（如果存在的话）也用同样的方式探索，那么两个地球外文明的首次接触可能就是一个文明制造的自我复制探测机器人遇到另一个文明制造的自我复制探测机器人。

如果这种接触是友好的，两个探测器就会共享信息。这些信息可能是有关它们各自文明的，也有可能是有关它们在探测过程中在银河系遇到的其他文明的。这就有点儿像地球上的漂流瓶，只不过在这种情况下，抛进大海的是智能漂流瓶。一个智能漂流瓶遇到另一个智能漂流瓶时，它们轻轻地碰撞，把自己的信息完整地复制一份给对方。终有一天,会有沙滩拾荒者捡到一个智能漂流瓶并获取其内的全部信息。

如果探测机器人的接触是不友好或是充满敌意的，它们很有可能损坏甚至是毁掉对方。在这种情况下，双方在银河系内的探测都会终止。机器内关于探测到的现存文明或灭绝文明的信息也就会消失。我们再回到地球海洋中漂流瓶的比喻：如果不友好或是充满敌意的接触损坏了两只瓶子，使瓶子沉到了海底，其内的信息也永远地丢失。沙滩拾荒者不会拾到漂流瓶，也读不到其内的信息了。

使用星际间机器人探测器来寻找外星文明还有一个优点：它们就像宇宙中的银行贵重物品存放箱。即使制造出这些探测器的文明已经消逝许久，有关该文明的科技、社会、文化等方面的信息仍然存储在探测器中，并随之一同穿越银河系。在“旅行者 1 号”和“旅行者 2 号”飞行器上，美国国家航空航天局的工程师用金电镀层记录了一些信息，在“先驱者 10 号”和“先驱者 11 号”上，他们放置了刻字的饰板。人类尝试使他们的文化在宇宙中永存，这是人类首次在这个方面取得的一点成就。（本书第 12 章将详细讲述这些飞行器及其承载的特殊信息）

自我复制机器必须能长期自动运转，才能在恒星与恒星之间穿梭。星际生物学家推测，银河系的所有文明中，大约只有 10% 仍然存在，其余的 90% 已经灭亡。如果这种推测是正确的，从统计学的观点来看，银河系内每 10 个机器人恒星探测器中，有 9 个来自已经灭亡的文明，这些探测器就是这些灭亡了的文明仅存的人工制品。这些机器人恒星探测器就像使者一样，在极长的时期内穿梭于星际间的空间。在地球上，通过发掘古墓或其他考古现场来了解年代久远的、早已消逝了的人类与上述的探索很是相似。

也许 21 世纪晚些时候，人类探测者或他们的机器人替身就会发现一个被弃置的外星机器人探测器，或修复一个明显不是来自地球的人工制品。如果地球上的科学家或密码学家能够破译那个被弃置的外星机器人探测器(或人工制品)的语言或信息，人类就会最终了解一个或更多的地球外文明。如果发现一个正常运转的或被弃置的外星机器人探测器，人类探员可能就会找到那个外星社会。从某种程度上讲，人类要是能遇见并成功地讯问一个外星机器人恒星探测器，那么这一队人类探索者就正面对着俗话所说的《银河系百科全书》(*Encyclopedia Galactica*)——这本手册记载了银河系中成千上万的地球外文明（绝大多数都是已经灭绝的）的科技、文化、社会遗产。

使用星际间自我复制探测器还引发了一些伦理问题。一个自我复制的机器闯入了另一个恒星星系，从那里获取能源来执行自己的任务。这种做法是否正确或公平？一种智能生物是否“拥有”它所在星系的恒星、它生长于其上的行星、这个星系内其他天体的能源？如果这个恒星星系中没有智能生物，情况又是否有所不同呢？如果对方的“银河系智能商”低于某一个值，我们就可以占用对方的能源以满足我们继续在银河系探索的需要？如果一个外星探测器进入了太阳系来夺取资源，这个探测器又将以什么样的标准来评判本地生命形式的智能水平呢？也许它会尽可能不去大肆破坏有生命的生态圈？这类与自我复制系统相关的问题远超出本书力所能及的范围。这里介绍的问题只是开了一个头,甚至还没有提到宇宙伦理当中最重要的问题：目前人类已经具有开发宇宙的技术，人类和人类所在的太阳系是否处于侵占银河系的开端呢？

总的来说，这种自我复制系统还是一种有威力并激动人心的构想。如果真的制造出这种机器，那么在整个宇宙内，自我复制系统单元都是极有效力的机器人工具的代表。如果能正确地使用并控制自我复制系统技术，人类自身就处在一个能在银河系内散播系统、生命和有自我意识的生物的连锁反应中。这种散播，就像一个一波一波向外扩展的球体，散播速度的唯一限制就是光速本身。

12 星际探测器

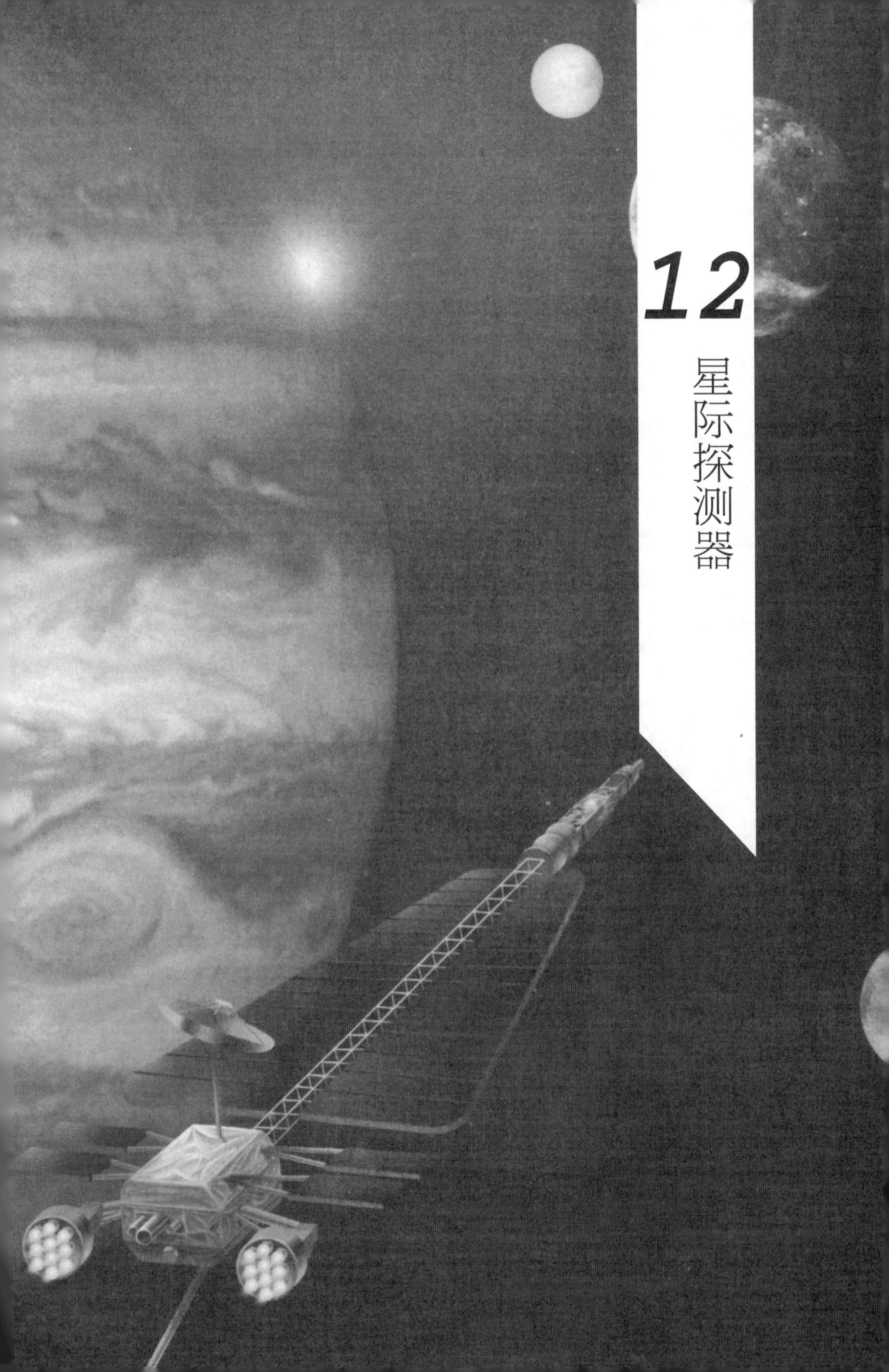

虽科然不是特别重大的日子，1983 年 6 月 13 日在人类历史长河中还是具有特殊的意义。正是在这一天，美国国家航空航天局的“先驱者 10 号”太空飞船穿越了海王星的轨道。那时海王星是离太阳最远的行星。“先驱者 10 号”改写了历史，它成为第一个穿越太阳系边界的人造物体，由此开启了星际空间的探索之门。

在 20 世纪的最后 25 年，美国国家航空航天局的 4 艘太空飞船：“先驱者 10 号”“先驱者 11 号”“旅行者 1 号”和“旅行者 2 号”都成功完成了深空探测任务。它们正向不同的方向分别飞离太阳系。下图就指出了每一艘飞向星际远处的太空飞船的大概路径。它们正如初始设计的一样，在太空进行着永久飞行。尽管这些太空飞船在设计时没打算被用作星际探测器，美国国家航空航天局的工程师们还是非常有远见的在每一艘太空飞船上输入了特殊的信息，以期望千年后有智慧的外星物种从这些在星际遨游的太空飞船，至少是其中一艘中找到此信息。那时，外星人会破译太空飞船上的信息，

这幅图描绘了在艺术家想象中美国国家航空航天局的“先驱者 10 号”太空飞船于 1983 年 6 月 13 日接近太阳时的情景。在那个历史性的日子，这艘远航的机器人太空飞船穿越了海王星的轨道，当时由于冥王星反常的轨道，海王星成为离太阳最远的大行星。这次航行使得“先驱者 10 号”成为穿越太阳系边界的第一个人造物体。背景中明亮的凸出部分是从“先驱者 10 号”的有利地位横穿太阳系所能够看到的银河系中心。银河系螺旋的旋臂的尘埃带也清晰可见（美国国家航空航天局）

从而了解地球上的人类。

这一章将会分别论述这 4 艘太空飞船以及它们携带给外星人的地球信息。本章还将介绍一些在早期的星际探测器中提到的概念，这些星际探测器也许会在 21 世纪接近尾声的时候建造或者发射。

“千年天文单位”（Thousand Astronomical Units）探测器是一种被设计为可以深入到距离地球大约 1 000 个天文单位远的深太空的概念性机器人太空飞船（一个千年天文单位相当于大约 1 500 亿千米）。在它漫长的旅途中，“千年天文单位”探测器会证明：人类需要先进的机器人太空飞船技术的支持，才能在大约 2099 年之前把科学机器人探测器发射到附近的恒星系。

英国星际协会（British Interplanetary Society）发起的概念性研究计划被命名为“代达罗斯计划”（Project Daedalus）。此研究代表了一种重大的尝试，它认为需要对 20 世纪末的技术进行突破才能在 21 世纪的后半叶成功地向距离太阳系第二近的恒星系

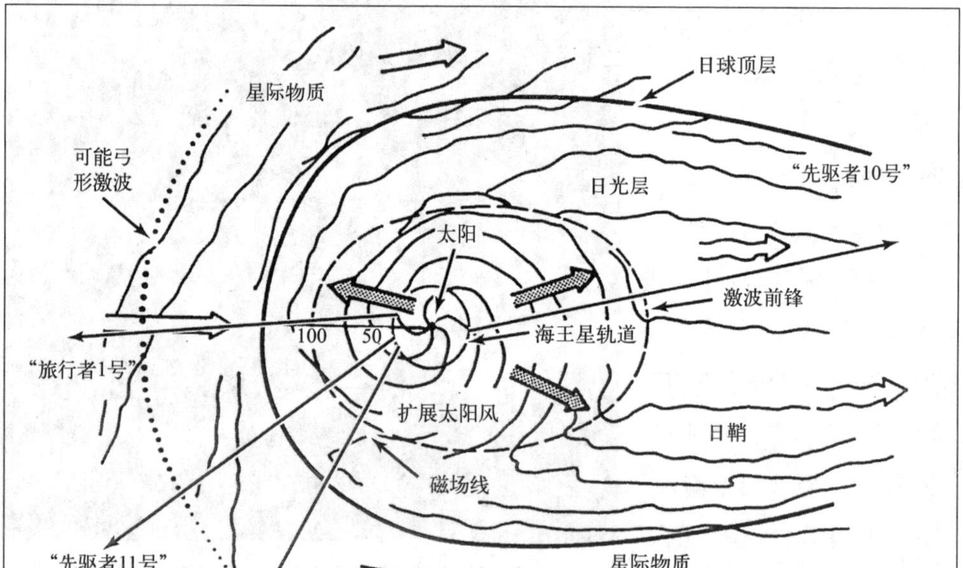

“先驱者 10 号”“先驱者 11 号”和“旅行者 1 号”“旅行者 2 号”穿越太阳风顶层进入星际介质的路径（美国国家航空航天局）

发射一个探测器。

第 11 章的内容会鼓励每一位读者进行巨大的思想上的跳跃，设想从现在起几百年甚至是一千年后，未来的机器人技术能够完成太空探索任务。这种思想上的练习包括一些真实的超视距技术、涉及能够使探测器在整个银河系遨游的自我复制系统。这一章的焦点是普及科学知识的技术,这些技术在时间上离我们更近一些。明确地说，本章从讨论第一艘已经成功飞离太阳系的机器人太空飞船开始，讨论到一些可能在 21 世纪末得到发展的假想的机器人太空飞船。使用这些视距技术，人类能够建造的机器人太空飞船，对附近的星系执行首次定向且高度集中的探测任务。由于这种技术将于第三个千年继续发展，太空探索中机器人与人类的合作关系使得宇宙既是人类探索的目的地同时又是人类的宿命。

◎“先驱者10号”“先驱者11号”太空飞船的星际之旅

“先驱者 10 号”和“先驱者 11 号”太空飞船，正如它们的名字一样，是名符其实的深空探索先驱者，它们是第一个穿过小行星带飞行的人造物体，它们是第一艘穿过木星周围的强辐射区与木星相会的太空飞船，它们第一次飞掠土星、第一个飞出太阳系。“先驱者 10 号”和“先驱者 11 号”漫游于星际空间，发回了有关磁场、宇宙射线、太阳风、星际粉尘浓度等的测量数据。

“先驱者 10 号”于 1972 年 3 月 2 日在佛罗里达州的卡纳维拉尔角空军基地由宇宙神—半人马座火箭发射升空。它是第一艘穿过小行星带并成功靠近木星，对木星系统进行近距离观察的太空飞船。1973 年 12 月 3 日飞临木星（与这个巨行星的最接近点）。它发现这个被厚厚的云层所遮盖的巨行星没有固体表面——这就是说木星是一个由液态氢构成的流体行星。“先驱者 10 号”也对木星的巨大磁层进行了探测，发回了木星大红斑的近距离照片。它在比较近的范围内观测了伽利略卫星木卫一、木卫二、木卫三和木卫四。“先驱者 10 号”飞越木星的时候获得了足够的动能，这使得它能够成功飞离太阳系。

飞离木星后，“先驱者 10 号”继续绘制太阳大气边界层（太阳的巨大磁泡，或者说磁场，被太阳风的作用拉出）的图像。1983 年 6 月 13 日，“先驱者 10 号”穿越了海王星的轨道，当时（一直到 1999 年）海王星是离太阳最远的大行星。这一奇特现象的发生是因为冥王星轨道的偏心率，使这个冰冷的（第九颗）行星位于海王星轨道之内。这个历史性的日子标志着人造物体已经飞离了已知的太阳系的行星边界。越过太阳系边界后，“先驱者 10 号”测量了日光层的范围之后便开始了它更遥远的星际之旅。“先驱者 10 号”和它的姊妹船（“先驱者 11 号”）一起，帮助科学家们详细地调查了深空环境。

“先驱者 10 号”太空飞船继续向红巨星毕宿五（Aldebaran）飞去。它距离毕宿五 68 光年，需要 200 万年才能到达。受财政预算的限制，美国国家航空航天局被迫于 1997 年 3 月 31 日中止了对“先驱者 10 号”的常规跟踪和数据接收处理。但还是与它继续进行不定期的联系。2002 年 3 月 3 日（发射升空后 30 年），美国国家航空航天局深空网最后一次从“先驱者 10 号”成功获取数据。之后于 4 月 27 日再次接收到信号，最后一次获得信号是在 2003 年 1 月 23 日。然而对其上传了关闭太空飞船上仍在工作的盖格管望远镜的指令后，却没有收到任何下行数据信号。直到 2003 年 2 月初，依然没有探测到任何“先驱者 10 号”发回的信号。美国国家航空航天局的专家们认为太空飞船的放射性同位素热电发电器已衰变殆尽，探测器已无力再向地球发送信号。因此，他们决定放弃与“先驱者 10 号”的联系。

“先驱者 11 号”太空飞船于 1973 年 4 月 5 日发射升空，1974 年 12 月 2 日与木星在只有 4.3 万千米的距离交会。它传回了更为详细的有关木星的数据以及木星及其卫星的图片，包括第一张木星极区的图像。1979 年 9 月 1 日，“先驱者 11 号”飞离木星，为更为复杂的“旅行者 1 号”和“旅行者 2 号”太空飞船演示了一条安全通过土星光环的轨道。“先驱者 11 号”（那时被正式重新命名为“先驱者土星号”）是第一个近距离观测土星的太空飞船，它研究了土星的光环、卫星、磁场、辐射带以及大气层。“先驱者 11 号”没有探测到土星的固体表面，但发现了至少一个新卫星和土星环。飞离土星之后，“先驱者 11 号”也冲出了太阳系向更远的恒星系游弋。

“先驱者 11 号”太空飞船从发射起就开启了备份的传输器。由于放射性同位素热电发电器的发电减少，1985 年 2 月太空飞船的仪器开始共享能源。1995 年 9 月 30 日因为太空飞船上的放射性同位素热电发电器的发电水平不足以运转任何设备，科学操作和日常遥感监测被终止。1995 年底所有与“先驱者 11 号”的联系停止。那时，它正在距太阳 44.7 个天文单位处以每年 2.5 个天文单位的速度在星际空间穿梭。

两艘先驱者号太空飞船都携带了一种特殊的信息（被称为先驱者镀金铝板），期待百万年后的外星智慧生物在星际空间找到它们。这些信息被雕刻在一块金属板上。

这块金属板描述了地球和太阳系的位置，画有一个男人和一个女人，以及自然科学和天体物理学方面能够被智慧物种破译的一些要点。

如果从太空飞船发射之日起到百万年之后，能够有外星智慧生物探测到任何一艘“先驱者号”并破译其携带的金属板的话，那么他们就能够知道这艘太空飞船是从哪里发射，由什么样的智慧生命建造的。这些图案被雕刻在一块 15.2 厘米宽，22.9 厘米长镀金的铝板上。这块镀金铝板大约有 0.127 厘米厚。它被工程师们嵌在太空飞船天线的主柱之下，用以保护其不受太空尘埃侵蚀。

上面的插图是“先驱者号”镀金铝板上的注解。科学家特别地在上面附加了数字（1—6）以帮助说明这些信息。在板的右上方，括号条（1）表明了女子站在“先驱者”太空飞船前的高度。在板的左上角刻有一个氢原子内自旋跃迁的图像，在这儿作为一个银河系内通用的“准绳”用以表明时间和空间（长度）的一个基本单位。

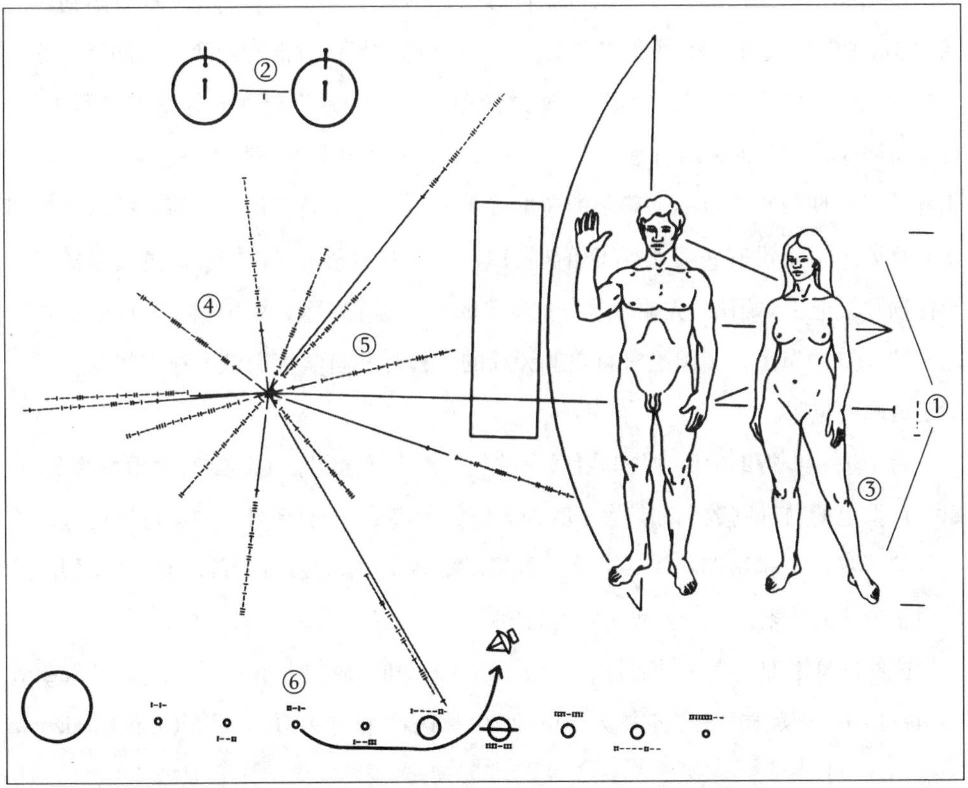

有注解的“先驱者 10 号”（和“先驱者 11 号”）镀金铝板（美国国家航空航天局）

这个图示与氢原子内电子旋转的方向相反。这个跃迁发射的典型无线电波的波长大约是21厘米。通过本图，地球人在告诉外星文明这一信息里21厘米被用作一个基本长度单位。即使地球外的文明对基本物理单位有不同的命名，氢原子内自旋跃迁在整个银河系都是相同的。自然科学和普通的看得见的自然现象代表了一种普通的银河系语言——至少对于初学者是如此。

水平的和垂直的记号（3）代表了二进位制的数字8。氢原子的波（21厘米）乘以二进制的8（在女性轮廓旁边有指示），得到了她的身高，也就是8×21厘米=168厘米，或者说大约五尺半高。两个人类的轮廓只是想表明“先驱者号”太空飞船是由什么样的智慧人类制造的。男性画像的手举起以示友好。这两个人类的轮廓是经过慎重选择的，它保持了人种的中性。没有企图向外星文明说明地球人的性别区别，也就是说，这块镀金铝板并没有特别描述男人与女人之间潜在的神秘不同。

放射状的图案（4）会帮助外星的科学家找到太阳系在银河系中的相对位置，实心的线形图指出了距离，没有二进制符号的长的水平线（5），代表了从太阳到银河系中心的距离，短的实心线指出了太阳与14颗脉冲星的方向和距离。脉冲星线下的二进制数字代表了脉冲星的周期。通过使用氢原子的跃迁建立起的基本时间单位，外星文明应该能够推断出所有说明的时间都是大约0.1秒——脉冲星的典型周期。由于脉冲星周期似乎正以能够确定的速度慢下来，脉冲星被看作是银河系的时钟。即使几百万年后也没有一艘太空飞船被发现，外星科学家也应该能够通过搜索他们的天体物理学记录，确认“先驱者号”太空飞船是从哪个星系，大约什么时间被发射的。通过这个脉冲星图，美国国家航空航天局的工程师和科学家们试图在空间及时间上确定地球的位置。

为了进一步帮助确认“先驱者号”的起源，在镀金铝板上还绘有太阳系的图表，每个行星上的二进制数字都代表了其与太阳的距离。“先驱者号”的运行轨道起始于在其他行星之上稍微偏移一些的第三行星（地球）。作为最后一条说明“先驱者号”起源于地球的线索，它的天线向后指向地球。

这些信息由弗兰克 · 德雷克（Frank Drake）和已故的卡尔 · 萨根（Carl Sagan，1934—1996）为美国国家航空航天局设计，由林达 · 萨尔兹曼 · 萨根（Linda Salzman Sagan）绘制。

◎“旅行者号”的星际任务

随着太阳磁场和太阳风的变弱，两艘“旅行者号”机器人太空飞船最终都将穿过日光层，进入星际空间。美国国家航空航天局的旅行者星际任务（VIM）于1990年1月1日正式启动，随着此任务的启动，“旅行者1号”和“旅行者2号”太空飞船的太空之旅将继续被追踪。此次星际任务的两个主要目标是对太阳系内和星际间的环境进行研究，以及两者间交互作用的特征。它们将继续进行成功的紫外线天文学计划。在执行星际旅行任务期间，太空飞船将要寻找太阳风顶层（太阳风在星际空间的最远范围）。科学家们希望至少有一艘“旅行者号”太空飞船会第一次带回星际环境的真实样本。除非发生了灾难性的故障，每一艘“旅行者号”太空飞船上的核动力系统都会提供给它们至少可以使用到2015年的电力。

每一艘“旅行者号”太空飞船的自重是825千克，还携带了科学探测仪器，以对带外行星和它们的卫星以及那些迷人的星环系统进行研究。这些仪器是由一套叫做放射性同位元素热电发电器的长效系统供应电力，它们记录了那些带外巨行星和他们令人感兴趣的卫星系统的壮观的近距离影像，探索了巨行星复杂的星环系统，并测量了太阳系内介子的参数。

每隔176年，4个带外巨行星——木星、土星、天王星和海王星将会以一种特殊形式排列，使得从地球向木星发射的太空飞船在名为“引力助飞”的技术协助下，能够在一次飞行任务中同时飞越其他3颗行星。美国国家航空航天局的太空科学家们把这次多行星相遇任务叫做“大旅行”，他们利用这次难得的太空排列的机会，于1977年发射了2艘复杂的太空飞船——“旅行者1号”和“旅行者2号”。

“旅行者2号”太空飞船于1977年8月20日在佛罗里达州的卡纳维尔角被搭载在大力神—半人马座火箭上发射升空（美国国家航空航天局把第一艘发射的太空飞船称为“旅行者2号”，因为第二艘被发射的旅行者号太空飞船最终将追上它，成为“旅行者1号”）。“旅行者1号”在1977年9月5日发射。这艘太空飞船沿着与它的姊妹船（“旅行者2号”）相同的轨道飞行，1977年12月中旬穿过小行星带之后，“旅行者1号”超过了它的姊妹船。

“旅行者1号”在1979年3月5日接近了木星，然后利用木星的引力在1980年11月12日飞越了土星，“旅行者1号”成功地穿越了土星系后脱离了星迹轨道上的黄道平面。“旅行者2号”太空飞船在1979年7月9日飞临了木星系（最近点），然

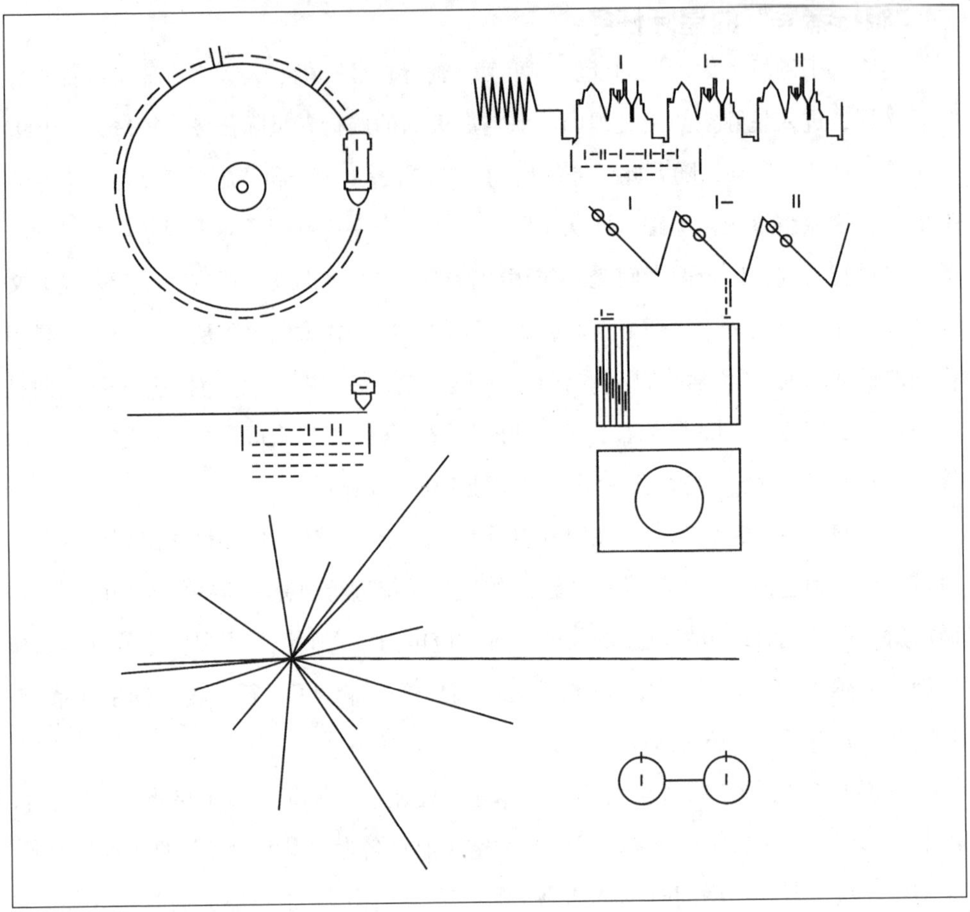

给可能发现“旅行者 1 号”或“旅行者 2 号”太空飞船的外星文明的说明。它解释了怎样操作旅行者号唱片，并且说明了机器人太空飞船和这些信息的来源（美国国家航空航天局）

后也利用引力助飞技术，追随着“旅行者 1 号”飞向土星。在 1981 年 8 月 25 日，“旅行者 2 号”拜访了土星，随后又成功地飞越了天王星（1986 年 1 月 24 日）和海王星（1989 年 8 月 25 日）。太空科学家把“旅行者 2 号”与海王星系统的交会看做是行星探索中这一次意义非凡的重大事件的结束。在两艘太空飞船从卡纳维拉尔角发射后的最初 12 年里，这些不可思议的机器人太空飞船给科学家带来的关于太阳系外层巨行星的了解比过去 3 000 年中地基观测所得到的还要多。在离开海王星系统之后，“旅行者 2 号”像它的姊妹船“旅行者 1 号”一样，也进入了星际轨道，现在正向更深处的太空游弋。

因为两艘“旅行者号”太空飞船最终都将飞离太阳系，所以它们的设计者在每一艘太空飞船上都放置了特殊的星际信息，期望也许从现在开始的几百万年后，一些外星种族会发现一艘在太空安静游弋的太空飞船。如果他们能够破译如何使用这个唱片的说明，他们将会了解把“旅行者号”送入星际旅途的人们和他们那个时期的地球文明。

“旅行者号”的星际信息是一个被称为“地球之声”（The Sounds of Earth）的留声机唱片。这张唱片里有文字、照片、音乐和关于地球的插图。包括了超过 50 种不同语言的问候，来自不同文化、不同时期的音乐和自然界的多种声音，比如风声、海浪和不同的动物的叫声。“旅行者号”的唱片也包含了前总统吉米 · 卡特（Jimmy Carter）的特别信息。已故的卡尔 · 萨根在他的《地球低语》（*Murmurs of Earth*）一书中详细描述了这张唱片的信息的完整内容。

唱片是镀金铜制的，装在密封的铝盒里，在盒上也有如何播放这张唱片的说明。插图展示了“旅行者号”上的唱片说明。左上角是这张留声机唱片和它携带的留声机针的图片。在它的周围写着的二进位符号说明了唱片旋转一周的正确时间——3.6 秒。此处，时间单位是七亿分之一秒，这个时间周期是与氢原子的基础跃迁相联系的。这个图画进一步表明了唱片应该从外侧向内侧播放。这幅图的下面是唱片和留声机针的侧面图，并用二进位数字指明了播放一面唱片需要的时间（大约 1 个小时）。

说明的右上角的信息试图表示图片（照片）是怎样通过编码的信号被创立的。右上角的图解释了出现在这幅图开始部分的典型波形。以二进位的数字指出了 1、2、3 图片列和一个图片“列”的波期（大约 8 毫秒）。与之相邻的下面的图画表示了这些列是如何被垂直画出来的，通过交叉排列给出了恰如其分的图片解释。再下面的图是整个图片的屏面，表示在一个完整的图片里有 512 个垂直的列。然后，再下面就是和这张唱片里第一幅图片一模一样的东西。这就可以让地球外的收件人校验他们收到的来自地球的图片的解码是否正确。圆形物被选做第一幅图片以此来保证发现此信息的外星物种能够在重现图片时使用恰当的纵横比。

最后，在这个保护性的铝盒的底部画有和“先驱者 10 号”“先驱者 11 号”太空飞船的镀金铝板上出现过的相同的脉冲星图。这幅图表示了太阳系与 14 颗给出了精确周期的脉冲星的相对位置。在最右下角用一个连线和数字 1 连接的两个小圆圈是氢原子的两个最低状态的表示法，指出了无论是在防护铝盒还是在编码的图片里提到的时间都是用氢原子从一个状态到另一个状态的时间间隔作为基本时间标度的。

◎“千年天文单位”探测器任务

“千年天文单位”（TAU）探测器是美国国家航空航天局20世纪中叶提出的概念上的太空探险任务。这个任务涉及一种先进的机器人太空飞船技术：用50年的时间进入深太空——离地球大约1 000个天文单位（1 500亿千米）。天文单位（AU）是天文学和太空技术中测量从地球中心到达太阳中心的距离的基本单位。1个天文单位约等于1.496亿千米，或者499光秒。

“千年天文单位”探测器以先进的大功率多兆瓦核反应堆、离子推进器和光量子放大器（光学的）通讯系统为特色。最初，千年单位探测器直接拜访冥王星和它的大卫星卡戎（Charon），沿着柯伊伯带穿过日光顶层，可能到达奥尔特云最里面的部分。日光顶层是理论上的太阳系尽头——太阳能影响到的区域的边缘，太阳风在恒星系间被粉碎成稀薄气体。

先进的机器人太空飞船将要研究低能量的宇宙射线、低频的无线电波、星际气体和深太空环境。它也将完成高度精密的天体测定和恒星系间精确距离的测量。完成这些任务的一项关键技术就是先进的太空核反应堆动力系统能自主地、自动地为至少50年的飞行提供令人满意的100千瓦特动力。这个发电系统必须是可靠的，在无人类管理员监视的情况下自动完成50年或者更长时间的任务。使用先进的电力推进力系统，“千年天文单位”探测器能够以大概每年20个天文单位的速度在太空游弋。这就意味着探测器大概能用近50年的时间到达距离地球1 000个天文单位远的太空。

作为一个星际探测阶段前的任务，“千年天文单位”探测器将能够稳定完成至少50年自主操作。太空飞船所有的系统、子系统和部件都需要比现有系统的可靠性和寿命高若干个数量级。这艘机器探测器的机械智能性必须能够自主评估外部环境以及探测器的内在条件。这个聪明的机器人探测器必须能够在环境许可的情况下做出恰当的决定，实现自身的物理变化。特别需要指出的是，“千年天文单位”探测器必须能够进行包括预警、纠错在内的太空飞船自身状态管理。机器人太空飞船必须被设计成能在错误的指令下进行操作的探测器——在没有人类指导或援助下能够自行通过修复、冗余或采用临时解决方案来完成。最后，“千年天文单位”探测器必须足够聪明，能够在无人监督的情况下完成包括电力使用分配，热量控制，消费品使用，机器备件的投入，应急电源、数据流、数据管理在内的资源管理。

◎星际探测器的设计

星际探测器是从太阳系出发探索另一个恒星系的高度自主的机器人太空飞船。这种类型的探测器很可能将会使用非常聪明地能够自主操作太空飞船几十年或者几百年的机器系统。

一旦机器人探测器到达另外一个恒星系统，它将开始一次详细的探索过程。如果在目标星系探测到可能孕育生命的行星，这些行星将会成为更深入科学探索的目标。母太空飞船探测器和微型探测器（为在新恒星系内探索令人感兴趣的独立目标而配置）收集的数据将被传回地球。经过若干光年的传送之后，信号会被科学家们收到并分析，令人感兴趣的发现和信息也会被用来丰富人类的知识、对银河系的了解以及对宇宙的探索。

这幅图展示了人类的第一艘星际机器人探测器离开太阳系（大约 2099 年），开始它英勇的科学探索之旅时的情景（美国国家航空航天局）

机器人星际探测器也可能被设计成携带特别设计的微生物、孢子、细菌的有效负载。如果机器人探测器遇到了生态学上适合的行星，并且它上面没有进化的生命，太空飞船就可以做出决定，把原始的生命形式，至少是生命母体“播种”在看似荒芜，但有可能变肥沃的星球上。以这种方式，人类（在与机器人探测器的合作下）不但能够探测邻近的恒星系而且可以在银河系的某些部分参与它自身生命的传播。

美国国家航空航天局的远期战略计划已经检验了第一艘星际探测器的技术设备和可运转的必要条件，这艘星际探测器可能在 21 世纪末发射，去往附近的恒星系（距太阳系 10 光年左右远）。这些引起挑战性兴趣的必要条件（所有的均须超出现有技术水平一两个数量级）在此都将被简单地提及。星际探测器必须保证能够持久稳定的自主运转超过 100 年。机器人太空飞船一定要能处理它自身的各种状况——就是说，能够预见潜在的问题，发现新出现的异常，并且能够阻止或者校正这一情形。例如，如果一个子系统将要加热过度（但还没超过设计的加热限度），这个聪明的机器人探测器应该能够重新定向操作并调节加热控制系统以避免潜在的、严重的过热情况发生。

第一艘星际探测器一定要有非常高的机器智能水平，保证能在指令出错的情况下，无需人类指导或援助就能通过进行修复、冗余码以及临时解决等操作，正常操纵探测器。这个聪明的机器人也一定能够小心地管理它船上的资源：监督电源的产生和分配、计划拨出可消费品的使用、决定何时何地启用电力储备和限制某些元件的电力供给。探测器上的主计算机（或者说机器的大脑）必须能够运用数据管理技能，对未知的或者未能预料的环境改变做出敏锐的反应。当面临未知的困难或者机遇时，机器人探测器应该能够修正任务计划，生成新的任务。

例如，在执行任务期间，探测器上的远程传感器可能会发现在目标恒星系统内“热木星类型”的太阳系外行星有很大的（以前所不知的）带有大气层和液体水海洋的卫星。这个聪明的机器人探测器不会把最后一个微型探测器发出去调查这个“热木星类型”的行星，而是会果断地做出决定：释放它最后一个微型探测器去近距离测量这个令人感兴趣的卫星。由于母探测器离地球超过了 8 光年远，当这种（假设的）发现真正出现的时候，改变任务计划的决定必须由离目标只有几光日远的机器人太空飞船独自制定。把信息发回地球请求指示将要花费超过 16 年的时间（往返传输），到那时星际探测器已经穿过目标星系，消失在星际空间了。

类似地，星际探测器（这里指的是母太空飞船）上的仪器和它的微探测器的支持核心必须能够通过推断和归纳的方法获得新知识，这样才能调整采用何种测量方法以适应呈现出的时机、数据资料和不曾预料到的价值（高或低）。一些地球上的伟大科学发现就是由于偶然的测量或者不曾预料到的观察而产生的。

例如，在使用温度计和棱镜研究太阳光的内部能量时，出生于德国的英国天文学家（弗雷德里克）威廉·赫歇尔爵士［Sir（Ferderick）William Herschel，1738—1822］慢慢地把他的温度计穿过太阳光谱的可见部分。当他把温度计穿过红光推进黑色（对眼睛而言）区域时，他惊异地发现了一个更高的温度读数。他偶然地发现了电磁波频谱的红外线部分——人类裸眼看不见，但却十分重要的内部能量。

机器人太空飞船上的仪器必须能够运用相似的不同寻常的探索水准，对未曾预料却特别重大的新发现做出反应。机器人探测器在新信息非常有意义的时候必须有机器智能分辨能力。这对于经常在实验和观察中忽略最重要数据的人类科学家来说是非常困难的任务。想让机器人的大脑对“尤里卡”（Eurcka）（我已经发现它）在有重大发现的时候立刻做出反应，推进着人们在未来几十年里提高机器智能，使之超过现有技术范围。然而，如果人类打算使用机器人星际探测器进行更重大的发现，那正是这些高级的探测器必须做到的。

从纯粹的太空飞船工程学观点来说，星际机器人探测器应该由低密度、高强度的材料组成，这样能将推进器规格减到最小。如果要到邻近的星系进行一项持续100多年的任务，机器人太空飞船需要以1/10光速（或更快）的速度在太空穿行。任何小于这个速度的飞行去往最近的恒星系执行任务都需要花几个世纪的时间。这个探测器设计者的曾曾曾孙子不得不对接收来自那个（大概早就被遗忘的）探测器的信号保持关注。所以第一艘星际探测器任务（使用先进的但不是自我复制技术）很可能将会持续大约100年。

机器人探测器的外层材料必须能使它们在100多年里保持完整，即使它们会遇到各种深空环境，尤其是电离辐射、零下温度、真空和星际尘埃。机器人太空飞船的装置应该能够自主重新配置。电力系统必须能够提供可靠的基础电力（从典型的100千瓦特发电水平到1兆瓦特），而且能够通过自主的自我保养持续工作100年以上。最后，这个星际探测器必须能够从多样的科学仪器和船载的自身状况传感器上自动收集、评估、贮藏并且（向地球）传送数据。

一些引起人们兴趣的信息技术挑战包括仪器的正确校准、传感器静止数十年后对数据的收集。这个机器人探测器必须能够把数据从4.5~10光年远处传回地球。最后，在处理适度的数据几十年后，当机器人探测器和它的微型探测器遇到目标星系的时候，太空飞船的信息系统必须能够对顷刻间涌入的大量数据进行处理。

◎代达罗斯计划

代达罗斯（Daedalus）计划是对星际空间进行探索的详尽研究计划的名称，它是由英国星际协会发起，一组科学家和工程师们在1973—1978年期间执行的。这个标志性的成果检验了仅使用当代科技和合理想象的推测得出的近期技术来完成一项简单的星际任务的可行性。

在神话里，建筑师代达罗斯受命于克里特岛国王迈诺斯（Minos），为人身牛头怪物迈诺陶洛斯（Minotaur）修建迷宫。但是代达罗斯也向希腊英雄提修斯（Theseus）炫耀了如何从迷宫逃走，使得提修斯杀死了人身牛头怪物。勃然大怒的国王迈诺斯关押了代达罗斯和他的儿子伊卡洛斯（Icarus）。无畏的代达罗斯（一位卓越的技师）制作了两对用蜡、木头和羽毛制成的翅膀。在他们逃离监狱之前，代达罗斯警告他的儿子不要飞得太高，这样太阳才不会熔化蜡，从而导致翅膀分解。两个人成功从国王迈诺斯的克里特岛逃出，但是，当他们飞临海上的时候，伊卡洛斯这个鲁莽的少年忽视了爸爸的警告，越飞越高。最终代达罗斯（安全地到达了西西里岛）亲眼看着他年幼的儿子因身上的翅膀瓦解，跌入大海而死。

这个被提议的代达罗斯太空飞船的构造、通信系统和大部分的负载完全是在20世纪技术参数范围内设计的。其他的部分，例如先进的机器智能飞行控制器和用于飞行中维修的船载计算机则需要用到预计在21世纪中期可被利用的人工智能水平。推进装置系统对任何一个星际任务来说可能都是最复杂的一项；在这艘太空飞船上推进系统被设计成一个核能的脉冲性聚变火箭发动机，火箭的燃料是奇特的氘和氦3（一种稀有的氦的同位素）的热核反应混合物。科学家确信这个脉冲性聚变系统能够加快机器人星际探测器的速度，使之达到超过光速的12%（就是超过0.12倍光速）。氦3的最佳来源被认为是木星，代达罗斯计划需要开发的主要技术就是在木星的大气层内开采氦3的能力。这种开采工作也许会由“浮空器”提炼设备（漂浮的气球状的制造所）来完成。

代达罗斯研究小组提出在21世纪末——当人类的地球外文明创造的必要财富、科技基础和研究热情得到成功发展的时候，这个雄心勃勃的星际飞越（单向的）计划才可能会开始着手。第一次星际探测器的目的地选择了大约5.9光年远的巴纳德星（Barnard），蛇夫星座的一个红矮星（光谱类型M）。

代达罗斯太空飞船将会被装配在地月轨道之间（从地球得到部分氘作为燃料），然后飞行到环木星轨道上，在那儿它可以得到足够的，已在木星大气层中开采出来的推进燃料氦3。这些热核反应燃料准备用做太空飞船的两阶段脉冲性核聚变反应车间的反应堆燃料芯块或者“靶心”。一旦加好燃料，并为它的星际航程做好准备之后，在木卫四轨道的某处，太空飞船的巨大的脉冲性核聚变的第一阶段的发动机就会激活。第一阶段的脉冲性核聚变单元将会持续操作大约2年的时间。第一阶段停止反应后，太空飞船将会以大约7%的光速（0.07光速）继续前行。

耗费殆尽的第一阶段的发动机和燃料箱将被投弃在星际空间，随后第二阶段的脉冲性核聚变发动机点火。第二阶段也将以脉冲性核聚变的模式工作大约2年，然后它也将沉寂于太空。巨大的机器人太空飞船载着它精密的遥感装置和核裂变动力探测器太空飞船继续以大约12%的光速（0.12光速）前进。这样将花费代达罗斯太空飞船47年（第二阶段停止反应后）才能到达巴纳德星。

在这个方案里，当代达罗斯星际探测器离它的目标（经过大约25年的时间）3光年远的时候，聪明的船载计算机将开始对其进行远程光学和射电天文学观测。还会为定位并确定可能存在于巴纳德星系的太阳系外行星而做出特殊的努力。

当然，以12%的光速前进，代达罗斯只会在它的目标星系前短暂停留。机器人母太空飞船只有几天的时间近距离观察巴纳德星本身，甚至只有“片刻”观察巴纳德的行星或任何让人感兴趣的目标的时间。

不管怎样，在代达罗斯母太空飞船经过巴纳德星系之前的几年，它还会发射核动力的探测器（也许会以最初的12%光速前进）。这些探测器太空飞船，由机器人母太空飞船上装载的计算机控制，分别把每一个潜在的令人感兴趣的物体作为目标。它们将会被作为数据收集“侦察兵”在母太空飞船前飞行。代达罗斯计划研究认为，代达罗斯母太空飞船应该携带18个“侦察兵”太空飞船或小机器人探测器。

那么，当代达罗斯母太空飞船掠过巴纳德星系的时候，它将会收集来自自身船载仪器的数据和众多探测器遥感发来的信息。在第二天左右，它将会把所有这些任务数据传回我们的太阳系，在那里，科学家团队得耐心地等待大约 6 年的时间才能收到这些以光速穿过星际空间的满载信息的电磁波。

它的任务完成后，没有探测器的代达罗斯母太空飞船将会在黑暗的星际空间里继续它的单程之旅，以期待千万年后可能会被某种高级的外星生物发现。他们也许正在对人类的第一次直接探索另一个恒星系统的试验而迷惑不解。

现在，从代达罗斯计划中得出的结论可以被概括为以下几点：（1）探索其他恒星系的计划原则上必须在技术上行得通；（2）这种类型的任务可以大量地了解银河系的起源、范围、物理成分还有恒星系以及行星系的形成、演化等信息；（3）使这类任务能够成功实现的行星间和星际空间系统技术必然会对人类搜索地球外的智慧（例如，聪明的机器人探测器和星际通讯系统）起到重大的作用；（4）完成这样的计划需要一个远期的能够持续一个世纪的社会约定；（5）21 世纪，使用当前的或可预知的技术，人类星际飞行的前景似乎不是很有希望的。

代达罗斯计划也认为要使一项机器人星际任务可能完成，三个关键的技术是必须被改进的。它们是：（1）可控制的核聚变的发展，特别是氘 / 氦 3 的热核反应的利用；（2）先进的机器智能；（3）从木星大气层分离出大量氦 3 的能力。

尽管选择巴纳德星作为第一次星际任务的目标有点随意，如果未来的一代人能够建造这样的一艘星际机器人太空飞船并且成功地探索了巴纳德星系，那么通过对普通的技术加以改进，所有的距离地球 10~12 光年内的星系都可以成为这样一个了不起的（机器人）星际探索计划的潜在目标。

13 结语

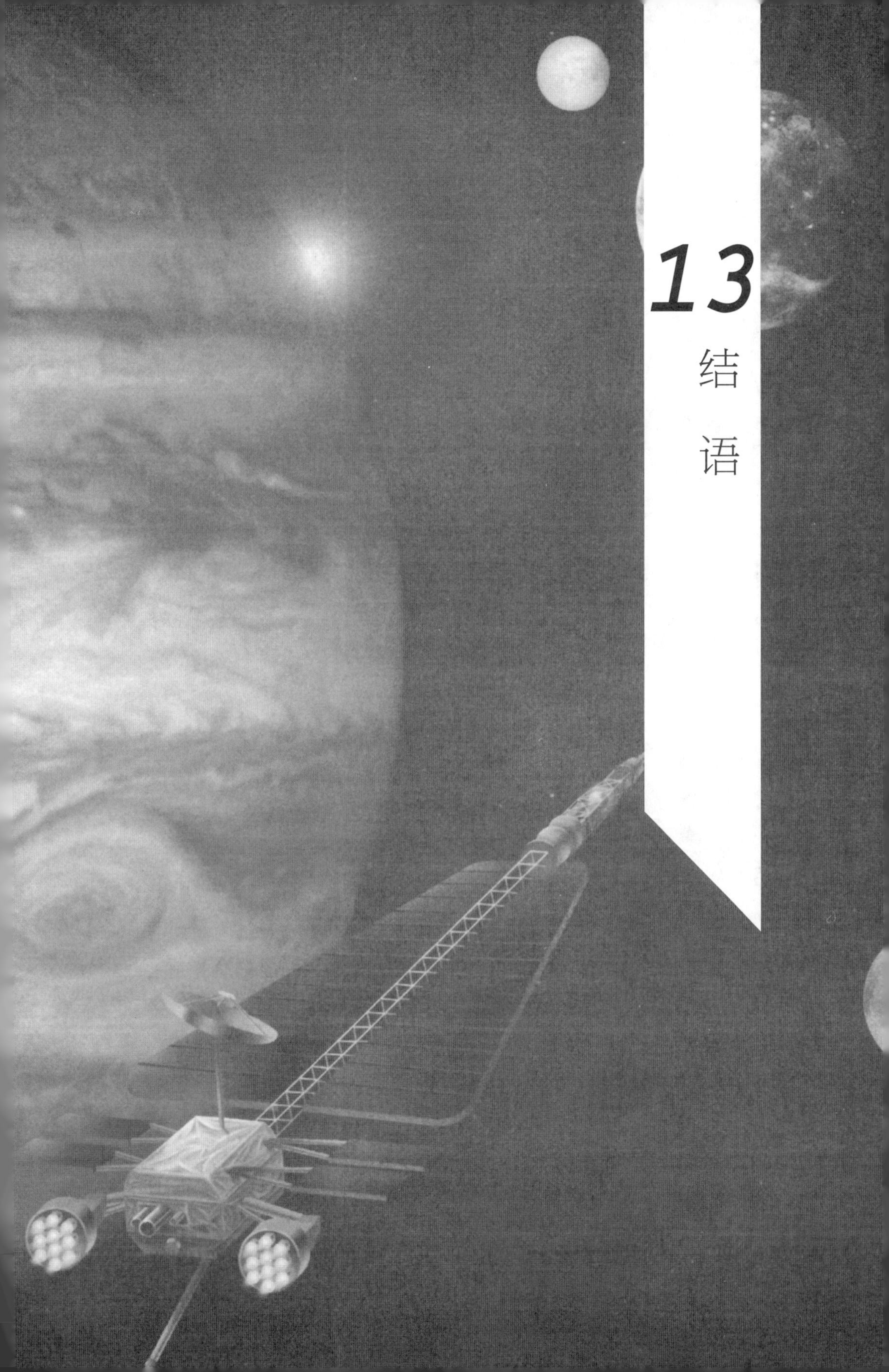

机器人太空飞船是复杂的探测器。它们已经拜访过包括微小的冥王星在内的太阳系的所有主要天体。太空时代初期，科学家和工程师们开始使用相对较为简单的太空机器人来探索先前不能到达的天体和地球大气层外神秘的宇宙现象。40多年后的今天，特别复杂的机器人探测器使得科学家们可以对太阳系内不同天体进行详细、直接的研究。

作为冷战时期太空竞赛的结果，现代机器人太空飞船大大改变了科学家对太阳系甚至是宇宙的了解。或许更令人兴奋的是在20世纪的最后25年，美国国家航空航天局的“先驱者10号”“先驱者11号”和“旅行者1号”“旅行者2号”4艘太空飞船都已经完成了深空任务并以不同的轨道飞离了太阳系。尽管这些太空飞船没有被设计成，或者说没打算被用作星际探测器，美国国家航空航天局的工程师们还是非常有远见地为每一个太空机器人输入了特殊信息，以期望从现在起的千年后能有智慧的外星物种从这些，至少是其中一艘还在星际遨游的太空飞船中找到能够了解地球的信息。

太空探索中机器人与人类的合作关系使得宇宙既是人类探索的目的地同时又是人类的宿命。这种关系最终引出了令人兴奋的自我复制系统的概念。如果真的制造出这种机器，那么在整个宇宙内，自我复制系统单元都是极有效力的机器人工具的代表。如果能正确地开发并控制自我复制系统技术，人类自身就处在一个能在银河系内散播系统、生命和有自我意识的生物的连锁反应中。这种散播，就像一个一波一波向外扩展的球体，散播速度的唯一限制就是光速本身。

大事年表

◎约公元前3000—约公元前1000年

在英国南部的索尔兹伯里平原伫立着一个巨石阵（它可能是人们为了预测夏至所使用的古代天文学日历）。

◎约公元前1300年

埃及天文学家辨别了所有肉眼可观测到的行星（水星、金星、火星、木星和土星），并识别了40多个恒星组合（即星座）。

◎约公元前500年

巴比伦人创立了黄道十二宫的概念，此概念后被希腊人引用并加以完善。同时，它还被其他早期人类民族所使用。

◎约公元前375年

希腊早期数学家、天文学家欧多克斯开始根据希腊古代神话将星座整理成书。欧多克斯是古希腊克尼多斯学派的代表人物。

◎约公元前275年

生活在萨摩斯岛的希腊天文学家阿里斯塔克斯提出了太阳系这种天文模式。他提出的学说早于现代天文学家尼古拉斯·哥白尼提出的日心说。阿里斯塔克斯在《论太阳和月亮的体积与距离》一书中，详细论述了自己的观点。但当时为了支持由克尼多斯学派的代表人物欧多克斯提出的地心说，世人对他的观点根本不予理睬。另外，地心说理论在当时还得到了亚里士多德的认可。

◎约公元前150年

希腊天文学家托勒密完成了著名的《数学汇编》（这部著作后来被阿拉伯天文学家和学者们称为《天文学大成》），这是一本总结古代天文学家掌握的全部天文知识的重要著作。书中提出了主导西方科学界1 500多年的地球中心说理论模式。

◎约公元前129年

生活在尼西亚的希腊天文学家希帕恰斯完成了对850颗恒星的目录编撰。17世纪以前，这本目录一直在天文学领域拥有重要的地位。

◎约公元前60年

希腊工程师和数学家希罗发明了汽转球，这是一个像玩具一样的实验仪器，科学家们利用它可以论证作用力与反作用力原理。这一原理正是所有火箭发动机工作原理的理论基础。

◎820年

阿拉伯天文学家和数学家在巴格达建立了一所天文学校，并将托勒密的著作翻译成阿拉伯语。此后，这本书被称为《麦哲斯帖》（意思是“伟大的作品”），中世纪的学者们也称它为《天文学大成》。

◎850年

中国人开始在节日的烟花中使用火药。其中，有一种烟花的形状看上去很像火箭。

◎1232年

中国金朝的女真族军队在开封府战役中使用可燃烧的箭头（在长长的箭杆上

带有火药的火箭雏形）将蒙古族入侵者击退。这是人类发展史上第一次记载在战争中使用火箭。

◎1280—1290年

阿拉伯历史学家哈桑·拉玛在他的著作《马背交锋和战争策略》中介绍了火药和火箭的制作方法。

◎1379年

火箭出现在西欧。在围攻意大利威尼斯附近的基奥贾的战役中，军队使用了火箭。

◎1420年

意大利军队机械师华内斯·德丰塔纳写了《军用机械》一书。这是一本理论性很强的书。他在书中提到了军队应该如何应用火药火箭，书中具体提到了能够为火箭提供助推力的撞锤和鱼雷。

◎1429年

在奥尔良保卫战中，法国军队使用火药制火箭。在这期间，欧洲的军工厂也陆续开始进行实验，看看是否可以用各种类型的火药制火箭来代替早期的机关炮。

◎约1500年

根据人类对火箭进行研究的一些早期成果，一位名叫万户的中国官员试着装配了一个经过改进的靠火箭进行助推的动力装置，并让它带动自己在天空中飞行，这个装置看上去就像风筝一样。当他在驾驶位上坐好时，仆人们点燃了动力装置上的47个火药（黑火药）制火箭。不幸的是，随着一道刺眼的亮光和爆炸声，这位早期的火箭试验者从人世间彻底地消失了。

◎1543年

波兰教会官员和天文学家尼古拉斯·哥白尼发表了《天体运行论》一书，

从而在科学界引发了一场革命，并最终改变了人类历史的进程。这本重要的书是在哥白尼临终时才发表的。哥白尼在书中提出了太阳中心说（日心说）的宇宙模式，这与长久以来托勒密等众多早期天文学家所倡导的地球中心说（地心说）宇宙模式形成了鲜明的对比。

◎1608年

荷兰光学家汉斯·利伯希研制了一个简易的望远镜。

◎1609年

德国天文学家约翰尼斯·开普勒出版了《新天文学》一书，他在书中对尼古拉斯·哥白尼提出的宇宙模式进行了修正，他指出，行星的运行轨道为椭圆形，而不是圆形。开普勒的行星运动定律结束了希腊天文学的地心说对国际天文学界的主宰。实际上，地心说的主导地位已经延续了2 000多年。

◎1610年

1月7日，伽利略·伽利莱通过他的天文望远镜对木星进行了观测，结果发现这颗庞大的行星有4颗卫星（即木卫四、木卫二、木卫一和木卫三）。他将此次观测和其他观测的结果写入了《星际使者》一书。此次有关木星4颗卫星的发现使伽利略敢于大胆地倡导哥白尼的日心说理论，从而引发了他与教会之间的直接冲突。

◎1642年

由于倡导哥白尼的日心说理论，伽利略与教会之间发生了直接冲突。结果，伽利略被软禁在位于意大利佛罗伦萨附近的家中。这种生活状态一直持续到伽利略去世。

◎1647年

波兰裔德国天文学家约翰尼斯·赫维留斯出版了名为《月图》的著作，他在书中详细地描述了月球的近端表面特征。

◎1680年

俄国沙皇彼得大帝在莫斯科建立了一个制造火箭的机构，该机构后来被迁至圣彼得堡。它主要为沙皇军队提供各式火药制火箭，这些火箭可以被用来对指定目标实施轰炸、对信号进行传输及对夜间的战场进行照明。

◎1687年

在埃德蒙·哈雷爵士的鼓励和资助下，艾萨克·牛顿爵士出版了他的旷世之作，即《自然哲学的数学原理》。此书为人类理解几乎所有宇宙天体的运动奠定了数学基础，这本书还帮助人们理解了与行星的轨道运动和火箭助推航天器的运行轨道有关的知识。

◎18世纪80年代

生活在迈索尔地区的印度统治者海德·阿里在他的部队中增加了一支火箭兵团。海德的儿子蒂普·苏丹在1782—1799年的一系列对英战役中成功地使用了火箭。

◎1804年

威廉·康格里夫爵士发表名为《火箭系统的起源和发展简述》的著作，他在书中记载了英军在印度的作战经历。接下来，他开始研制一系列英军军用（黑火药）火箭。

◎1807年

在拿破仑战争中，英军使用大约25 000支经过威廉·康格里夫改良的军用（黑火药）火箭轰炸了丹麦首都哥本哈根。

◎1809年

杰出的德国数学家、天文学家和物理学家卡尔·弗里德里希·高斯出版了一部关于天体动力学的重要著作。此书彻底改变了科学家们对行星轨道内的摄动现象的计算方法。19世纪的某些天文学家正是利用他的研究成果预测并在1846年发现了海王星。在这一过程中，科学家对天王星轨道内的摄动现象的研究是功不可没的。

◎1812年

英军在1812年战争中对美军使用了威廉·康格里夫爵士研制的军用火箭，威廉·麦克亨利堡地区受到了英国火箭的轰炸。受到战争的启发，美国诗人弗朗西斯·斯格特·基在著名的《星条旗永不落》中加入了与“火箭红色亮光”有关的词句。

◎1865年

法国科幻作家儒勒·凡尔纳出版了他的名著《从地球到月球》，这本书使许多人对太空旅行的相关知识产生了浓厚的兴趣，其中有些年轻的读者后来还成为航天学的奠基人，例如，罗伯特·哈金斯·戈达德、赫尔曼·奥伯特和康斯坦丁·埃德多维奇·齐奥尔科夫斯基。

◎1869年

一位叫爱德华·埃弗雷特·黑尔的美国牧师、作家出版了《砖砌的月亮》，这本书是第一部描写载人空间站的科幻小说。

◎1877年

美国天文学家阿萨夫·霍尔在华盛顿国家海军天文台工作时发现并命名了火星的两颗小卫星，即火卫二和火卫一。

◎1897年

英国作家赫伯特·乔治·威尔斯撰写了著名的科幻小说《世界大战》，这本书讲述了火星人入侵地球的经典故事。

◎1903年

俄国科幻小说家康斯坦丁·埃德多维奇·齐奥尔科夫斯基撰写了《用反作用

力装置探索太空》一书，他是历史上将火箭和太空旅行联系起来的第一人。

◎1918年

美国物理学家罗伯特·哈金斯·戈达德撰写了《最后的迁徙》一书，这是一部意义深远的科幻作品。作者在书中假设：人类乘着一艘原子能宇宙飞船逃离了即将毁灭的太阳。由于怕被世人嘲笑，戈达德将这部科幻小说的手稿藏了起来。他于1945年去世，而这部小说直到1972年12月才得以出版。

◎1919年

被后人称为美国“火箭之父”的罗伯特·哈金斯·戈达德在史密森杂志上发表了题为《到达极高空的方法》的专题论文。这篇论文向世人介绍了几乎所有当代火箭学领域的基础理论。戈达德在论文中提出：人类可以利用一个小小的靠火箭助推的航天器抵达月球表面。遗憾的是，杂志社的编辑们完全没有认识到这篇论文的科学价值，认为上述观点纯属笑谈。他们索性把戈达德的观点称为“疯狂的幻想”，并给戈达德起了个绰号，叫“月球人”。

◎1923年

在没有得到罗伯特·哈钦斯·戈达德和康斯坦丁·埃德多维奇·齐奥尔科夫斯基任何帮助的情况下，德国太空之旅科幻作家赫尔曼·奥伯特出版了一部名为《探索星际空间的火箭》的作品，这部作品的问世令许多人激动不已。

◎1924年

德国工程学家沃尔特·霍曼撰写了名为《天体的可达到性》的著作，这部重要的著作详细阐述了关于火箭运动和宇宙飞船运动的数学原理。书中叙述了如何在两个共面轨道之间完成效率最高的（即能量消耗最少的）轨道路径转换，这种宇宙飞船现在经常完成的动作被称为霍曼轨道切换。

◎1926年

3月16日，在位于美国马萨诸塞州奥本市的一个白雪覆盖的农场里，美国物理学家罗伯特·哈钦斯·戈达德创造了太空科学的历史。他成功地发射了世界上第一枚液体动力火箭。尽管使用的汽油（燃料）和液体氧气（氧化剂）装置只燃烧了2.5秒钟便落在了60米开外的地方，从技术上讲，这个装置完全可以被看做是所有现代液体动力火箭发动机的鼻祖。

4月，一本名为《惊奇故事》的杂志问世了。这是世界上第一本专门刊登科幻小说的刊物。众多科学事实和科幻小说将现代火箭与太空旅行密切地联系在了一起。结果，很多20世纪30年代的（以及以后的）人类科学梦想最终被写成了与星际旅行有关的科幻作品。

◎1929年

德国太空旅行科幻作家赫尔曼·奥伯特出版了一本名为《太空旅行之路》的获奖著作。此书使许多非专业人士了解了太空旅行的概念。

◎1933年

克利特建立了英国星际协会（BIS），这个协会后来成为世界上最著名的太空旅行倡导机构。

◎1935年

康斯坦丁·齐奥尔科夫斯基出版了他的最后一部著作——《在月球上》。在书中，他强烈主张将太空飞船作为在地月之间和其他星际之间旅行的工具。

◎1936年

英国星际协会的创办者克利特写了一本名为《穿越太空的火箭》的著作，这是英国学术界第一次将航空学上升到一定的理论高度。然而，几份权威的英国科学出版物将这本书嘲弄为缺乏科学想象的不成熟的科幻作品。

◎1939—1945年

第二次世界大战中，各国纷纷使用了火箭和大小不等、形状不一的导向导弹。其中，在太空探测方面最具科研价值的是佩内明德的德军使用的V-2型液体动力火箭，该火箭是由冯·布劳恩研制的。

◎1942年

10月3日，德国的A-4火箭（后被重命名为“复仇武器2号”或V-2火箭）在位于波罗的海沿岸的佩内明德火箭试验发射场第一次成功发射。这一天可以被看做是现代军用弹道导弹的诞生之日。

◎1944年

9月，德国军队向伦敦和英国南部发射了数百枚所向披靡的V-2火箭（每一枚火箭都携带了一个重量为一吨的爆炸性极强的弹头），德军从此开始了对英国进行的弹道导弹攻击。

◎1945年

德国火箭科学家冯·布劳恩和研发团队的几个关键人物意识到德国大势已去，于5月初在德国罗伊特附近向美国军队投降。几个月内，美国的情报人员展开了代号为“别针行动”的特别行动。他们先后对许多德国火箭研究人员进行了盘问，并获得了大量的文件和装备。然后，他们对这些文件和装备进行了分类整理。后来，很多德国科学家和工程师也加入了冯·布劳恩在美国的研发团队并继续他们的火箭研发工作。美军将数以百计缴获的V-2火箭拆开，然后将零部件用船运回美国。

5月5日，苏联军队在佩内明德缴获了德军的火箭设备并将所有剩余的装备和研发人员带回了国内。在欧洲战场的战事即将结束的日子里，被缴获的德国火箭技术和被俘的德国火箭研发人员为巨型导弹和太空竞赛将来登上冷战的舞台进行了必要的铺垫。

7月16日，美国在世界上首次使用了核武器。这次代号为“三圣一”的试验发射是在位于新墨西哥州南部的一个地理位置比较遥远的试验发射场进行的。这次发射从根本上改变了战争的面貌。作为美国与苏联进行冷战对峙的表现之一，装有核装备的弹道导弹已经成为人类所发明的威力最大的武器。

10月，一位当时并不著名的英国工程师和作家——亚瑟·克拉克建议使用同步卫星来进行全球通信联系。他在《无线世界》杂志上发表的题为《地球的中继站》的文章标志着通信卫星技术的诞生。通信卫星技术实际上是应用太空技术来支持信息革命的发展。

◎1946年

4月16日，美国军方在位于新墨西哥州南部的白沙试验基地火箭发射场发射了首枚经过美方改进的德国V-2火箭，这枚火箭也是在第二次世界大战中从德军那里缴获来的。

7—8月间，苏联火箭工程师谢尔盖·科罗廖夫着手研发德国V-2火箭的改进版。科罗廖夫为了进一步完善火箭的性能，增加了发动机的推力和燃料槽的长度。

◎1947年

10月30日，苏联的火箭工程师们成功地发射了一枚经过改装的德国V-2火箭，这次发射是在卡普斯京亚尔附近的一个火箭发射场进行的，该发射场位于沙漠之中。这枚火箭沿着试验飞行方向进行飞行，并最终落在距离发射点320千米的一个地方。

◎1948年

9月出版的英国星际学会学报报告刊登了由谢泼德和克利弗共同撰写的4篇系列学术论文中的第一篇。这篇论文探索了将核能应用于太空旅行的可行性，并提出了核电推进力和核动力火箭的概念。

◎1949年

8月29日，苏联在哈萨克沙漠的一个秘密试验点进行了首枚苏制核武器的爆炸试验。这次试验的代号为“首次闪电”，它不但成功地打破了美国对核武器的垄断，同时也使世界陷入了大规模的核武器军备竞赛。当然，它的成功也加速了射程达几千千米的战略弹道导弹的研发进程。由于当时在核武器技术上还落后于美国，苏联领导人决定研发威力更大、推力更强的火箭。这些火箭可以被用来携带体积更大、设计更独特的核武器。这一决定为苏联在发射工具方面赢得了巨大的优势。为了向全世界证实其国力，两个超级大国决定在太空展开军备竞赛（开始于1957年）。

◎1950年

7月24日，美国使用其设计的WAC（武器瞄准计算机）下士二级火箭成功发射了一枚经过改造的德国V-2火箭。这枚火箭是美国空军在新建的远程导弹试验发射场发射的，该发射场位于佛罗里达州的卡纳维拉尔角。这枚混合多级火箭（也被称为“丰收8号”）成功开启了在卡纳维拉尔角进行的系列航天发射的大幕。此后，许多军事导弹和太空飞船在这个世界最著名的火箭发射场被发射升空。

同年11月，英国科幻作家亚瑟·克拉克发表了题为《电磁发射对太空飞行的主要贡献》的论文，他在文章中提出对月球的资源进行开采并利用电磁弹射器将开采到的月球物质弹射到星际空间。

◎1951年

科幻电影《地球停转日》震惊了电影院里的观众。这个经典的故事讲述了强大的外星人来到地球上，陪同他的还有一个机器人。他此行的主要目的是警告世界各国政府不要再继续进行愚蠢的核军备竞赛。在这部影片中，人类第一次将外星人描写成来帮助地球人的聪明使者。

荷兰裔美国天文学家杰拉德·彼得·柯伊伯提出在冥王星轨道的外侧存在许多冰冷的小行星体，由这群冰冷的天体构成的小行星带也被称为“柯伊伯带”。

◎1952年

沃纳·冯·布劳恩和威利·莱伊等太空专家在一本名为《科利尔》的杂志上发表了不同系列的配有精美插图的科技文章，这些文章使许多美国人开始对太空旅行感兴趣。其中一组有名的系列文章由8篇文章组成。它的第一篇文章发表于3月22日，这篇文章选用了一个大胆的标题——《人类即将征服太空》。这本杂志聘请了当时最有影响力的太空美术家切斯利·邦艾斯泰为其绘制彩色插图。这之后的系列文章向数百万美国读者介绍了与太空空间站、月球旅行和火星探险有关的知识。

他在书中提议：让70名宇航员搭乘10艘宇宙飞船到达火星，并对火星进行为期1年左右的探测活动，然后返回地球。冯·布劳恩还出版了《火星计划》一书。这是科学界第一次对人类火星探险进行专门的学术研究。

◎1953年

8月，苏联爆炸了第一枚热核武器（一颗氢弹）。这一科学发展史上的伟大成绩使超级大国之间的核武器军备竞赛进一步升级，并进一步突出了刚刚问世的战略核武器弹道导弹的重要地位。

10月，美国空军组建了一个由约翰·冯·诺依曼领导的专家小组，对美国战略弹道导弹系统进行评估。1954年，这个小组建议对美国弹道导弹系统进行重大技术调整。

◎1954年

艾森豪威尔总统采纳了约翰·冯·诺依曼的建议，给予发展战略弹道导弹全国最高的战略地位。当时，在美国政府的内部，人们普遍担心在战略弹道导弹方面美国已经落后于苏联。所以，在当时的世界舞台上，冷战带来的导弹军备竞赛愈演愈烈。卡纳维拉尔角成为著名的弹道导弹发射试验场，在这里先后试验发射的重要弹道导弹包括："雷神号""宇宙神号""大力神号""民兵号"和"北极星号"等。其中许多威力巨大的军用弹道导弹在研发成功以后，被当作美国的太空发射工具来使用。在美国航天发展的关键时期，美国空军的伯纳德·施里弗将军曾经对"宇宙神号"弹道导弹的研发工作进行了全程指挥。这枚弹道导弹的成功研发是工程学和航天技术领域内取得的又一伟大成就。

◎1955年

沃特·迪斯尼（美国娱乐科幻作家）制作了激励人心的电视三部曲，片中描绘了著名太空专家沃纳·冯·布劳恩的形象，这部系列电视片向美国观众宣传了太空旅行。随着第一集《人类在太空》于3月9日播出，这部系列片开始向数百万美国电视观众介绍太空旅行的梦想。接下来的两集分别被命名为《人类和月球》

和《火星不是终点》。随着这些电视片的播出，冯·布劳恩这个名字和“火箭科学家”的称呼渐渐家喻户晓。

◎1957年

10月4日，苏联火箭科学家谢尔盖·科罗廖夫在苏联领导人赫鲁晓夫的允许下，使用威力十足的军事火箭成功地将“斯普特尼克1号”（世界第一颗人造卫星）送入地球轨道。苏联成功的消息在美国的政治领域和科技领域引起了强烈的冲击。“斯普特尼克1号”的成功发射标志着太空时代的开始。同时，它也标志着冷战时期太空军备竞赛的开始。在冷战时期，人们通过各国在外层空间取得的成就（或失败）来衡量它们的综合国力和国际声望。

11月3日，苏联发射了“斯普特尼克2号”——世界上第二颗人造卫星。这艘在当时看起来极为巨大的太空飞船携带了一只名为莱卡的小狗。在这次航天飞行结束的时候，莱卡被执行了安乐死。

美国对使用新设计的民用火箭发射第一颗卫星的计划进行了大规模的宣传。但是，人们在12月6日那一天等来的却是一场灾难。这枚“先锋号”火箭在从卡纳维拉尔角的发射台升起几厘米以后发生了爆炸。苏联的“斯普特尼克1号”和“斯普特尼克2号”的成功发射及美国“先锋号”经历的富有戏剧性的失败，加剧了美国人的焦虑。对外层空间的探索和利用明显成为冷战政治的宣传工具。

◎1958年

1月31日，美国成功发射了“探险者1号”，它是美国第一颗围绕地球飞行的卫星。一支由冯·布劳恩统一指挥，美国军队弹道导弹协会（ABMA）和加利福尼亚理工学院喷气推进实验室的工作人员匆忙组建的队伍，完成了拯救国家声望的任务。这支队伍把一颗军用弹道导弹作为发射工具。“探险者1号”利用爱荷华大学詹姆斯·范·艾伦博士提供的科学设备发现了地球周围的辐射带——为了纪念詹姆斯·范·艾伦博士，这一辐射带现在被命名为“范艾伦辐射带”。

美国国家航空航天局于10月1日成为美国政府下属的官方民用航天机构。10月7日，新成立的美国国家航空航天局宣布启动水星探测计划。按照这一富有开拓性的计划，美国宇航员将第一次被送入绕地运行轨道。

12月中旬，宇宙神火箭从卡纳维拉尔角被发射升空并进入绕地运行轨道。火箭的有效负载实验舱内搭载了卫星自动操纵准备装置（即进行信号传输的轨道中继转播实验设备）。这个设备播放了一段提前录好的艾森豪威尔总统的圣诞节讲话录音。这是人类的声音第一次从外层空间传回地球。

◎1959年

1月2日，苏联将一艘重达360千克的大型宇宙飞船——“月球1号”送往月球。尽管“月球1号”与月球表面最终还有5 000~7 000千米的距离，它仍然是第一个摆脱地球引力并进入绕日运行轨道的人造天体。

9月中旬，苏联发射了“月球2号”。这艘重量为390千克的大型宇宙飞船成功地到达了月球的表面，并成为第一个在其他星球表面着陆（或撞击其他星球表面）的人造天体。此外，“月球2号”还将苏联的国徽和国旗带到了月球表面。

10月4日，苏联发射了“月球3号”绕月飞行。这个飞船不仅成功地环绕月球进行了飞行，而且拍下了第一张月球背面的照片。因为月球在围绕地球运行的同时还要进行同步自转，地球表面的观测者只能看到月球表面的正面。

◎1960年

美国在3月11日将“先驱者5号”宇宙飞船发射升空并使其进入绕日飞行的预定轨道。这个体积适中的球形太空飞船的质量为42千克，它成功地探测了介于地球和金星之间的星际空间的基本情况。地球和金星之间的距离约为3 700万千米。

在5月24日，美国空军从卡纳维拉尔角发射了一颗导弹防御警报系统卫星。这件事在美国历史上开创了利用特殊军事监视卫星探测敌方导弹发射的先河。该卫星主要观测火箭释放出的气体具有什么样的红外线（热量）特征。因为该任务的高度机密性，公众在几十年的时间内对此事一无所知。导弹监视卫星的出现使美国政府针对苏联方面有可能发动的ICBM突袭建立起可靠的早期预警系统。监视卫星帮助美国政府在冷战期间执行的战略核威慑政策，并有效地预防了突发的核冲突。

美国空军成功地于8月10日在范登堡空军基地发射了“发现者13号”宇宙飞

船。这个宇宙飞船实际上是由美国空军和中央情报局共同负责的侦察计划的一部分，这个高度机密的侦察计划的代号为“日冕”。根据艾森豪威尔总统的特殊指令，这个由美国空军和中央情报局共同负责的间谍卫星计划开始进行实施，它们从太空拍摄了一些地区的重要图像资料，美国在当时还无法接近这些地区。8月18日，“发现者14号”（也被叫做“日冕14号”）向美国的情报机构提供了第一批卫星拍摄的关于苏联的照片。从此以后，人类社会进入了卫星侦察时代。国家侦察局依靠间谍卫星收集到的数据对美国的国家安全做出重大的贡献，而且它们也有助于在政治冲突频发的特定时期保持全球的稳定。

8月12日，美国国家航空航天局成功地发射了“回声1号”实验宇宙飞船。这个巨大航天器的直径为30.5米，它看上去就像一个膨胀的金属球，成为世界上第一颗被动通信卫星。在太空电信时代即将到来的时候，美国和英国的工程技术人员利用“回声1号”实验宇宙飞船在两国之间进行无线电信号的发射与接收实验。

苏联发射了围绕地球飞行的“斯普特尼克5号”宇宙飞船。这艘巨大的飞船实际上是即将把宇航员带入太空的“东方号”飞船的实验飞船。“斯普特尼克5号”还携带了两只分别被叫作斯特莱卡和贝尔卡的小狗。当飞船的返回舱在第二天正常工作时，这两只小狗成为第一批在成功进行轨道运行以后又成功返回地球的生命体。

◎1961年

1月31日，美国国家航空航天局从卡纳维拉尔角成功地发射了执行“水星计划”的“红石号”太空舱，这个太空舱将进行亚轨道飞行。在到达海拔250千米的高空时，太空舱里的黑猩猩乘客汉姆利用降落伞安全地降落在大西洋的安全区域内。灵长类动物所进行的太空之旅的成功是把美国宇航员安全送入太空的关键一步。

苏联第一次利用宇宙飞船成功地将人类送入了环绕地球运行的轨道，这次航天任务的成功完成在人类探索宇宙空间的历史上具有里程碑式的重要意义。宇航员尤里·加加林乘坐“东方1号”宇宙飞船进入了太空，他也因此成为第一个在绕地运行航天器中对地球进行观测的地球人。

5月5日，美国国家航空航天局从卡纳维拉尔角将“红石号”火箭发射升空，火箭将宇航员艾伦· 谢泼德送入太空，进行了15分钟具有历史意义的亚轨道飞行。在执行“水星探测计划”的“自由7号”太空舱内，谢泼德在海拔186千米的高空乘坐航天器进行飞行，他也因此成为第一个在太空旅行的美国人。

5月25日，肯尼迪总统在美国国会参众两院联席会议上发表了鼓舞人心的演讲。演讲主要涉及为了保证美国的国家安全利益当时急需完成的任务。这位刚刚上任的美国总统提出了美国在太空领域所要面对的巨大挑战。他当众宣布：“在1970年之前，我们一定能成功地实现人类登月并保证宇航员安全返回地球。为了实现这一理想，我相信我们这个国家一定会全力以赴。”由于肯尼迪总统具有前瞻性的领导，美国最终被公认为是冷战时期太空军备竞赛的获胜者。1969年7月20日美国宇航员尼尔·阿姆斯特朗和埃德温·奥尔德林第一次踏上了月球的表面。

◎1962年

2月20日，宇航员约翰·赫歇尔·格伦成为第一位乘坐宇宙飞船围绕地球飞行的美国人。美国国家航空航天局用“宇宙神”火箭将执行“水星探测计划”任务的“友谊7号”太空舱从卡纳维拉尔角发射升空。在完成了3圈飞行任务以后，格伦乘坐的太空舱安全地降落在大西洋海域。

8月下旬，美国国家航空航天局从卡纳维拉尔角将飞往金星的“水手2号”宇宙飞船发射升空。1962年12月14日，“水手2号”到达了距离金星35 000千米的宇宙空间，从而成为世界上第一个成功的星际太空探测器。宇宙飞船的观测数据显示：金星的表面温度可以达到430℃。这些数据彻底地推翻了人们在太空时代到来以前对金星的假设。当时，许多人认为：金星的表面分布着许多茂盛的热带丛林；从某种意义上讲，金星就像地球的双胞胎兄弟一样。

在10月间，苏联在菲德尔·卡斯特罗领导的古巴境内部署了具有核武器性质的攻击性弹道导弹，从而使整个世界陷入了古巴导弹危机。两个超级大国之间的对峙导致整个世界格局充满了危险，核战争一触即发。幸运的是，经过肯尼迪总统和众多国家安全顾问的政治斡旋，苏联领导人赫鲁晓夫撤回了苏联的弹道导弹，古巴导弹危机也最终得以化解。

◎1964年

11月28日，美国国家航空航天局的“水手4号”宇宙飞船在卡纳维拉尔角被成功发射，它也成为第一艘从地球到火星探访的宇宙飞船。它于1965年7月14日成功地对火星这颗红色行星进行了近天体探测飞行。当时，它与火星之间的距离是9 800千米。“水手4号”拍摄的近距离照片显示：火星的表面是一个贫瘠得如沙漠般的世界。人类对火星的早期认识也因此得到了纠正。在太空时代到来以前，许多人认为：火星的表面有许多古代的城市，一个巨大的人工运河网络也存在于火星的表面。

◎1965年

3月23日，一枚大力神Ⅱ型火箭将载有维吉尔·伊万·格里森和约翰·杨这两名宇航员的宇宙飞船从卡纳维拉尔角发射升空。这两名宇航员乘坐的是能够容纳两名宇航员的“双子星号”太空探测项目飞船。美国国家航空航天局的“双子星3号”所执行的飞行任务是这个新航天器第一次进行载人航天飞行，它标志着美国宇航员为了准备执行“阿波罗号”的月球探测任务已经开始进行更加高级的太空活动了。

◎1966年

1月31日，苏联将“月球9号”宇宙飞船发射升空，这个飞船的目的地是月球，它的质量为100千克。这个球形航天器于2月3日在月球表面的风暴洋地区实现了软着陆。在彻底停下来以后，这个航天器展开了四个像花瓣一样的盖子，然后从月球表面传回了第一组全景电视画面。

3月31日，苏联将“月球10号”宇宙飞船发射升空，这个飞船的目的地仍是月球。这个巨大的航天器的质量为1 500千克，它也成为第一个围绕月球飞行的人造天体。

5月30日，美国国家航空航天局向月球发射了一个登陆航天器，它的名字叫“勘察者1号”。这个全能型的机器人航天器于6月1日成功地在风暴洋地区实现了软着陆，然后从月球表面传回了10 000张照片，并为下一步完成阿波罗探测项目的人类登月任务进行了多次土壤动力实验。

8月中旬，美国国家航空航天局从卡纳维拉尔角发射了“月球轨道器1号”，这个航天器飞往月球。这次系列太空探测任务共要进行5次航天发射，这次航天发射是其中的第一次。这些探测任务的主要目标是从月球轨道对月球进行全方位的拍摄。在每次拍摄任务结束以后，轨道环行器将会按照最初的设计撞击在月球的表面，以避免对未来的轨道活动产生干扰。

◎1967年

1月27日，美国国家航空航天局的“阿波罗号”航天计划发生了灾难。当宇航员维吉尔·伊万·格里森、爱德华·怀特和罗杰·查菲正在位于34号航天器发射台的“阿波罗1号”宇宙飞船内进行训练时，突发的一场大火在飞船内蔓延开来，这3名宇航员不幸遇难。美国的月球登陆计划也因此延期了18个月，美国国家航空航天局还对执行“阿波罗号”航天计划的航天器在设计和安全性能方面进行了重大改进。

4月23日，苏联的航天项目中也发生了悲剧。当时，苏联宇航员弗拉基米尔·科马洛夫正在刚刚投入使用的“联盟1号”宇宙飞船内执行太空飞行任务。在执行轨道飞行任务期间，科马洛夫就已经遇到了许多困难。在执行重返地球大气层的任务时，由于降落伞无法正常展开而飞船又以极高的速度撞击到地球的表面，弗拉基米尔·科马洛夫不幸遇难。

◎1968年

12月21日，美国国家航空航天局的“阿波罗8号”宇宙飞船（只包括指挥舱和服务舱）在肯尼迪航天中心的39号航天器发射台被发射升空。这是巨大的“土星5号”探测器进行的第一次载人航天飞行。宇航员弗兰克·博尔曼、小詹姆斯·亚瑟·洛威尔和威廉·安德斯也因此成为第一批摆脱地球引力影响的人。他们进入了围绕月球运行的轨道，并拍摄到了下面一组画面：美丽得令人难以置信的地球从质朴无华的月球地平线上徐徐升起。上百万人在看到这些画面以后发出了由衷的感叹。此后，他们就发起了保护地球环境的运动。在围绕月球飞行了10圈以后，他们乘坐的航天器于12月27日成功地返回了地球。

◎1969年

7月16日，美国国家航空航天局的“阿波罗11号”航天器在世人目光的注视下从肯尼迪航天中心起飞并飞往月球。宇航员是：尼尔·阿姆斯特朗、迈克尔·科林斯和小埃德温·奥尔德林。这些宇航员实现了人类长期以来一直拥有的梦想。7月20日，美国宇航员尼尔·阿姆斯特朗小心翼翼地从月球舱的梯子上走了下来，并最终踏上了月球的表面。他在宇宙空间发出了下面的感叹：“对于一个人来说，这是小小的一步；对于整个人类来说，这是一次巨大的飞跃。”他和奥尔德林成为最先在其他星球上行走的地球人。很多人把“阿波罗号”月球登陆计划看做是人类历史上最伟大的科学成就。

◎1970年

4月11日，美国国家航空航天局的“阿波罗13号”航天器从地球起飞飞往月球。4月13日，在“阿波罗号”的服务舱内突然发生了危及宇航员生命的爆炸。此时，宇航员詹姆斯·亚瑟·罗威尔、约翰·莱昂纳德·斯威格特和小弗莱德·华莱士·海斯必须把他们的月球旅行舱当作救生艇来使用。全世界的人们都在焦急地等待和聆听他们的消息。宇航员们熟练地驾驶着已经部分失去控制的飞船继续围绕月球飞行。由于关键燃料的不足，飞船只能沿着自由轨道返回地球。在4月17日的恰当时刻，他们放弃了LEM的“水瓶座号”航天器，然后登上了“阿波罗号”宇宙飞船的指令舱，并在成功地返回地球大气层之后降落在太平洋海域。

◎1971年

4月19日，苏联发射了第一个宇宙空间站（它被叫做“礼炮1号”），这个宇宙空间站最初处于不载人的状态。这主要是由于“联盟10号”（于4月22日被发射升空）的3名宇航员曾经试图与空间站完成对接，但是他们无法成功地登上该空间站。

◎1972年

1月初，理查德·尼克松总统批准了美国国家航空航天局的航天飞机计划。这个决定为人们勾画出美国国家航空航天局在未来30年进行太空探索的蓝图。

3月2日，一枚宇宙神—半人马座运载火箭在卡纳维拉尔角成功发射，该火箭将美国国家航空航天局的“先驱者10号”宇宙飞船送入太空。这个长距离飞行的机器人航天器成为第一个通过主要小行星带的航天器，它还是第一个针对木星进行近天体探测飞行的航天器（在1973年12月3日）。1983年6月13日，它穿过了海王星（当时被认为是离太阳最远的行星）的运行轨道。它被认为是第一个离开太阳系边界的人造天体。在星际空间的运行轨道内进行飞行的过程中，“先驱者10号”（和它的孪生兄弟“先驱者11号”）向那些可能存在的外星人展示它们所携带的特殊装饰板。几百万年以后，也许这些外星人会发现这个在星际空间漂流的航天器。

12月7日，美国国家航空航天局的“阿波罗17号”宇宙飞船从肯尼迪航天中心出发，开始进行20世纪最后一次月球探测之旅，它是由巨大的“土星5号”火箭发射升空的。当宇航员罗纳德·埃文斯留守在月球轨道中时，他的同伴尤金·A. 塞尔南和哈里森·施密特成为在月球上进行漫步的第11位和第12位地球人。他们利用月球漫游车探测了陶拉斯·利特罗山谷地区。他们于12月19日成功地返回了地球，将人类的太空探索历史带入了一个漫长而壮丽的新阶段。

◎1973年

4月初，由宇宙神—半人马座火箭发射的美国国家航空航天局“先驱者11号”宇宙飞船从卡纳维拉尔角开始了一次星际旅行。该宇宙飞船在1974年12月2日在太空中遇到了木星，并且利用木星的引力助推作用建立了针对土星进行近天体探测飞行的运行轨道。它是第一个对土星进行近距离观测的航天器（在1979年9月1日那一天它与土星之间的距离达到了最小值）。然后，它沿着运行轨道进入了星际空间。

5月14日，美国国家航空航天局发射了天空实验室——美国第一个太空空间站。巨大的“土星5号”火箭利用一次航天发射就将这个巨大的航天器送入了预定轨道。由于太空空间站在发射升空的过程中受到了一定程度的损坏，最初的3名美国宇航员在5月25日到达预定位置以后，马上对空间站进行了紧急维修。宇航员小查尔斯·皮特·康拉德、保罗·维茨和约瑟夫·科文在空间站工作了28天。后来，宇航员艾伦·比恩、杰克·洛斯马和欧文·加里欧特接替了他们的工作。这一批宇航员于7月28日抵达空间站并在太空生活了59天。最后一批天空实验室的工作人员（宇航员吉拉德·卡尔、威廉·波格和爱德华·吉布森）于11月11日到达了空间站，并在那里一直居住到1974年2月8日，从而创造了在太空停留84天的纪录。美国国家航空航天局后来放弃了对天空实验室的使用。

11月初，美国国家航空航天局从卡纳维拉尔角发射了“水手10号”宇宙飞船。它在1974年2月5日与金星在太空相遇，并且利用金星的引力助推作用使自己成为第一个对水星进行近距离探测的航天器。

◎1975年

8月末9月初，美国国家航空航天局先后从卡纳维拉尔角向火星发射了一对卫星——轨道器/登录器车组合式宇宙飞船：“海盗1号”（8月20日）和“海盗2号”（9月9日）。它们在1976年到达火星表面。至此，所有执行“海盗号”太空探测计划的航天器（两个登陆车和两个人造卫星）均出色地完成了既定任务，但是利用显微镜在火星表面寻找生命的详细探究没有得出最后的结论。

◎1977年

8月20日，美国国家航空航天局从卡纳维拉尔角将“旅行者2号”发射升空，这个航天器将进行大规模的太空探索任务。在这期间，它会遇到太阳系的四大行星，然后沿着星际轨道离开太阳系。利用引力助推作用，“旅行者2号”在太空中先后遇到了木星（1979年7月9日）、土星（1981年8月25日）、天王星（1986年1月24日）和海王星（1989年8月25日）。这个有弹力的机器人航天器（和它的孪生兄弟“旅行者1号”）在进行远距离太空飞行的过程中，为人类带回了来自地球的特殊星际信息，那就是被称为“地球之声”的数字记录数据。

9月5日，美国国家航空航天局从卡纳维拉尔角发射了“旅行者1号”，这个航天器将通过快速运行轨道飞向木星、土星和太阳系以外的星际空间。它于1979年3月5日和1980年3月12日先后与木星和土星相遇。

◎1978年

5月，英国星际学会发表了一篇关于“代达罗斯计划”的研究报告。根据这项理论研究，为了对“巴纳德”恒星进行探测，人类将在21世纪末发射一个单行机器人航天器。

◎1979年

12月24日，欧洲航天局在位于法属圭亚那库鲁的圭亚那航天中心成功地发射了首枚“阿丽亚娜”火箭，即“阿丽亚娜1号”火箭。

◎1980年

印度空间研究所在7月1日成功将一颗35千克的实验卫星（被叫做罗西尼号）发射升空，并使其进入低地球轨道。这次发射采用的发射装置是印度生产的四级火箭，这枚火箭使用固体推进剂。SLV-3（标准发射器3号）的成功发射，标志着从此以后印度也可以独立地对外层空间进行科学探索了。

◎1981年

4月12日，美国国家航空航天局从肯尼迪航天中心的39-A发射台发射了首次进行航天飞行的“哥伦比亚号”航天飞机。宇航员约翰·杨和罗伯特·克里平对这个新的航天器进行了全方位测试。当这个航天器重新进入地球的大气层时，它在大气中滑行并像一架飞机一样降落在地球的表面。以前的航天器在返回地球时根本无法完成上述飞行操作。另外，以前的航天器只能使用一次，而“哥伦比亚号”航天飞机可以再一次进行航天飞行。

◎1986年

1月24日，美国国家航空航天局发射的“旅行者2号”与天王星相遇。

1月28日，挑战者号航天飞机从美国国家航空航天局肯尼迪航天中心起飞，开始了它的最后一次航天飞行。在进入STS51-L任务状态仅仅74秒钟的时候，一场致命的爆炸发生了。结果，航天飞机上的宇航员全部遇难，航天飞机也由于爆炸发生了解体。以罗纳德·里根总统为代表的全体美国人民对在“挑战者号”事故中遇难的7名宇航员表达了深深的悼念。

◎1988年

9月19日，以色列使用一个“彗星”三级火箭将这个国家的首枚卫星（被叫做“地平线1号”）发射到一个特殊的运行轨道上。在这条特殊轨道上运行的天体将会自东向西旋转，这与地球自转的方向正好相反，之所以这样做完全是出于发射安全方面的考虑。

9月29日，“发现号”航天飞机成功地被发射升空，这次航天飞行主要是为了完成STS-26航天任务。在“挑战者号”失事后，美国国家航空航天局在时隔32个月后再一次将“发现号”航天飞机投入使用。

◎1989年

8月25日，“旅行者2号”宇宙飞船与海王星相遇。

◎1994年

1月末，由美国国防部和美国宇航局联合建造的高科技航天器“克莱门汀号”，离开了范登堡空军基地向月球进发。这个航天器传回的一些数据显示：月球表面实际上拥有大量的固态水资源，分布在终年不见阳光的两极地区。

◎1995年

2月，“发现号”航天飞机在完成美国国家航空航天局的STS-63号航天任务时，到达了俄罗斯的和平（米尔）太空空间站，这也成为国际空间站发展的序曲。宇航员艾琳·玛丽·柯林斯成为有史以来第一位女航天飞行员。

3月14日，俄罗斯从拜科努尔航天发射基地向和平（米尔）空间站发射了“联盟TM-21号”宇宙飞船。宇宙飞船上的3名宇航员中还包括美国宇航员诺曼·萨加德。诺曼·萨加德是首位乘坐俄罗斯火箭来到外层空间旅行的美国人，他还是第一位在和平（米尔）空间站工作的美国人。“联盟TM-21号”上的宇航员还替换了此前一直在和平（米尔）空间站进行工作的宇航员，其中包括宇航员瓦雷利·波利亚科夫，他创造了在太空中停留长达438天的世界纪录，并于3月22日返回地球。

6月下旬，美国国家航空航天局的“亚特兰蒂斯号”宇宙飞船首次与俄罗斯的和平（米尔）空间站实现了对接。在执行STS-71号航天任务的过程中，“亚特兰蒂斯号”将第19组宇航员（阿纳托利·索洛维约夫和尼克莱·布达林）送到和平（米尔）空间站，然后将此前一直在和平（米尔）空间站工作的第18组宇航员（包括美国宇航员诺曼·萨加德在内）接回地球。诺曼·萨加德在和平（米尔）空间站一共停留了115天。飞船与和平（米尔）空间站的对接项目是国际空间站第一个阶段的任务。在1995—1998年间，飞船与和平（米尔）空间站一共进行了9次对接。

◎1998年

1月初，美国国家航空航天局从卡纳维拉尔角向月球发射了“月球勘探者”号探测器。从这个轨道太空飞船传回的数据进一步证实了人们的猜想：在终年见不到阳光的月球两极地区拥有大量的固态水资源，这些冰块中还包含大量的尘埃。

12月初，“奋进号”航天飞机从美国国家航空航天局的肯尼迪航天中心被发射升空，从而开始了国际空间站的第一次组装任务。在执行STS-88号太空任务的过程中，“奋进号”与俄罗斯此前发射的“曙光号”太空舱相会合。两国的宇航员将这个太空舱与美国建造的“联合号”太空舱对接在一起。此前，“联合号”太空舱一直被放置在“奋进号”航天飞机的货舱里。

◎1999年

7月，在执行STS-93号航天任务时，宇航员艾琳·玛丽·柯林斯成为第一位女性航天指挥员。搭载了美国国家航空航天局的钱德拉X射线太空望远镜的“哥伦比亚号”航天飞机进入了预定轨道。

◎2001年

4月初，美国国家航空航天局向火星发射了“火星奥德赛2001”火星探测器。同年10月，该飞船成功地实现了围绕火星飞行。

◎2002年

5月4日，美国国家航空航天局从范登堡空军基地成功发射了“水号”探测卫星。这个结构复杂的地球观测飞船将与“土号”宇宙飞船共同完成针对地球进行的系统科学研究。

10月1日，美国国防部成立了美国战略指挥中心，这个中心将控制所有美国的战略武器（核武器）。同时，它还负责进行太空军事行动、战略预警和情报评估。此外，它还负责美国全球战略计划的制定。

◎2003年

2月1日，在成功地完成了为期16天的（STS−107）太空探测任务以后，哥伦比亚号航天飞机开始返回地球。在返回途中，当飞行到美国西部上空海拔63千米处时，哥伦比亚号航天飞机遭遇了一次灾难性的事故。结果，这个航天器在18倍声速的高速状态下解体了。这次事故夺走了所有7名宇航员的生命。这其中的6名美国宇航员分别是：里克·赫斯本德 、威廉·麦库尔、迈克尔·安德森、卡尔帕娜·乔拉、劳雷尔·克拉克和大卫·布朗，还有一名以色列宇航员伊兰·拉蒙。

6月10日，美国国家航空航天局利用德尔它Ⅱ型火箭将“勇气号”火星探测车发射升空。“勇气号”也被称为MER−A，它于2004年1月3日安全抵达了火星表面，并且在喷气推进实验室技术人员的远程监控下开始针对火星表面进行探索活动。

美国国家航空航天局利用德尔它Ⅱ型火箭发射了第二个火星探测车。这个探测车也被称为“机遇号”。它于2003年7月7日从卡纳维拉尔角空军基地被发射升空。“机遇号”也被叫做MER−B，它在2004年1月24日成功地登陆了火星，并且在喷气推进实验室的技术人员的远程监控下开始进行针对火星表面的探索活动。

10月15日，中华人民共和国成为继俄罗斯（苏联）和美国之后第三个使用自主开发的发射器把人类送入环地球轨道的国家。那天，中国“长征2F号”火箭从酒泉卫星发射中心起飞，把载有宇航员杨利伟的“神舟5号”飞船送入环地球轨道。10月16日，航天器重新进入大气层，杨利伟在中国的内蒙古地区安全返回。

◎2004年

7月1日，美国国家航空航天局的“卡西尼号”航天器抵达了土星，并开始了长达4年的全方位土星科学研究。

10月中旬，“远征号”的第10组宇航员乘坐从拜科努尔发射基地起飞的俄罗斯航天器到达国际空间站。“远征号”的第9组宇航员安全地返回了地球。

12月24日，重达319千克的“惠更斯号”探测器成功地实现了与“卡西尼号”宇宙飞船的分离，并且飞向土星的卫星——土卫六。

◎2005年

1月14日，“惠更斯号”探测器进入了土卫六的大气层，并于大约147分钟后到达土卫六的表面。“惠更斯号”是第一个在太阳系之外的卫星上着陆的宇宙飞船。

7月4日，美国国家航空航天局的深度撞击探测器到达了“坦普尔1号”彗星的表面 。

7月26日，美国国家航空航天局从佛罗里达州肯尼迪航天中心成功发射了“发现号”航天飞机，“发现号”将执行“STS-114号”太空探测任务。在与国际空间站对接以后，“发现号”又返回了地球，并于8月9日降落在加利福尼亚州爱德华空军基地。

8月12日，美国国家航空航天局从佛罗里达州的卡纳维拉尔角发射了火星探测卫星。

9月19日，美国国家航空航天局宣布将设计一个新的航天器，把4名宇航员送往月球。同时，美国国家航空航天局还将利用这个航天器将宇航员和物资运往国际空间站。美国国家航空航天局还向人们介绍了2个由航天飞机发展而来的新航天发射器：1个载人火箭和1个载重量极大的载物火箭。

10月3日，“远征号”的第12组宇航员（指挥官威廉·麦克阿瑟和航天飞行工程师瓦列里·托卡雷夫）到达了国际空间站，并且替换了“远征号”的第11组宇航员。

10月12日，中华人民共和国成功地发射了第二艘载人飞船，即“神舟6号”。“神舟6号”的两名宇航员分别是费俊龙和聂海胜，他们在太空停留了将近5天的时间，并在围绕地球飞行了76圈以后安全地返回了地球。在降落伞装置的帮助下，返回舱在内蒙古自治区的北部实现了软着陆。

◎2006年

1月15日，美国国家航空航天局的“星尘号”宇宙飞船携带着装有彗星样本的样本包成功地返回了地球。

1月19日，美国国家航空航天局从卡纳维拉尔角发射了“新视野号”宇宙飞船，并成功将这个机器人航天器发射到较长的单行轨道中。这种设计主要是为了保证它在2015年与冥王星系统在太空相遇。同时，这也是为了探索更遥远的柯伊伯带的部分区域。

2月22日，根据美国国家航空航天局的哈勃太空望远镜提供的观测数据，科学家们得出结论：在遥远的冥王星周围的确存在两颗新卫星。这两颗卫星暂时被称作S/2005P1和S/2005P2。它们在2005年5月被哈勃太空望远镜首次发现。但是科研小组想要对冥王星星系做深入的研究，以便概括出这些新卫星的轨道特征，并最终证实此前的发现。

3月9日，美国国家航空航天局的科学家宣称：“卡西尼号”航天器可能在土星的土卫二卫星上找到存在液态水的证据。这些水源就像黄石国家公园内的间歇泉一样不定期地向外喷水。

3月10日，美国国家航空航天局的火星探测器成功地抵达了火星，在对火星进行近距离拍摄之前，它首先要调整运行轨道的形状，这一工作会持续6个月的时间。

4月1日，“远征号”的第13组宇航员（指挥官帕维尔·维诺格拉多夫和航天飞行工程师杰夫·威廉姆斯）到达了国际空间站，他们接替了“远征号”的第12组宇航员。在随第12组宇航员返回地球之前，巴西的首位宇航员马可斯·庞特斯在国际空间站逗留了几天。

8月24日，国际天文联合会（IAU）的会员国在捷克共和国的布拉格召开了该组织2006年度的大会。经过激烈的辩论，2 500名与会的天文学家（通过投票）决定：将冥王星从9大行星的行列清除，并将它列入矮行星这个新的级别当中。国际天文联合会的决定使太阳系成为包括8大行星和3个矮行星的星系。这3个矮行星分别是：冥王星（也叫原型矮行星）、谷神星（最大的小行星）和被称为2003 UB313（昵称为齐纳）的遥远的柯伊伯带天体。科学家预测：在太阳系的遥远区域内会发现其他的矮行星。